U0160735

〔法〕亨利·法布尔 著

姜 丽 译

昆虫记

中华书局

图书在版编目(CIP)数据

昆虫记/(法)亨利·法布尔著;姜丽译. —北京:中华书局,
2023.9
(语文课推荐阅读丛书)
ISBN 978-7-101-16315-5

Ⅰ.昆… Ⅱ.①亨…②姜… Ⅲ.昆虫学-青少年读物
Ⅳ.Q96-49

中国国家版本馆 CIP 数据核字(2023)第 152035 号

书　　名	昆虫记
著　　者	〔法〕亨利·法布尔
译　　者	姜　丽
丛 书 名	语文课推荐阅读丛书
责任编辑	刘　三
责任印制	管　斌
出版发行	中华书局
	(北京市丰台区太平桥西里 38 号　100073)
	http://www.zhbc.com.cn
	E-mail:zhbc@zhbc.com.cn
印　　刷	大厂回族自治县彩虹印刷有限公司
版　　次	2023 年 9 月第 1 版
	2023 年 9 月第 1 次印刷
规　　格	开本/920×1250 毫米　1/32
	印张 13　插页 2　字数 280 千字
印　　数	1-5000 册
国际书号	ISBN 978-7-101-16315-5
定　　价	35.00 元

出版说明

　　飞速发展的互联网、日新月异的新媒体，给我们带来了迅捷、海量的信息，每天似乎刷着手机、翻着一篇篇网文，便能满足日常阅读的需求。那么，在这样的时代，我们还需要阅读经典名著吗？答案是肯定的。经典名著，是经过时间的淘洗，沉淀了人类知识、情感和思想精华的好书，它可以让我们见识大千世界，领略百态人生，在有限的时光里经历更多，感受更多，思考更多。阅读经典，能丰富我们的生命、加深认知的深度。阅读经典，才能避免在泛滥的碎片化信息中迷失自我，并以此抵抗认知和思维水平在浅层次的网络阅读中逐渐衰退。

　　对于中小学生而言，阅读经典名著还能有效地提高读写能力。经典名著结构缜密，意蕴丰富深刻，阅读它们的过程就是理清作品叙述思路、与作者进行情感和思想上的深层对话的过程，是锻炼思维能力的过程，也是剖析和升华自我的过程。喜欢阅读名著的学生，他们的作文往往更加有深度、有内涵，能够旁征博引，深入浅出，语言也更加丰富灵动。阅读经典名著，对学生心灵的滋养潜移默化，无可替代；对学生能力的促进作用，毋庸置疑。

正因为阅读经典名著如此重要，近年来，中、高考越来越重视对名著阅读的考查，相关题目的分值越来越大，题型越来越多样化，考查的内容也越来越细致、具体——有些题目，如果只读"名著速读""名著速成"之类的教辅书，而没有真真切切地读过原著，根本答不上来。读原著、读整本书，不仅是写进《义务教育语文课程标准》和《普通高中语文课程标准》的要求，更是落实到中、高考的重要考点。

那么，作为一名学生，从小学到高中究竟需要读哪些名著？各个学段具体应该如何选择书目？为此，我们推出这套"语文课推荐阅读"丛书，对阅读书目做一些规划，对阅读版本做一些必要的推荐，以期让学生在有限的课余时间里有系统、有规划地读到那些最具价值的名著。

本丛书的书目有多种来源，分为三个层级。第一层级是核心书目，也是最基础的书目：对小学生而言，是统编小学语文教材"快乐读书吧"要求阅读的名著；对初中生而言，是统编初中语文教材"名著导读"要求阅读的名著；对高中生而言，是统编高中语文教材"整本书阅读"单元要求阅读的名著。想阅读更多名著的学生，可以继续阅读第二层级的名著，这一层级的书目来自《义务教育语文课程标准》和《普通高中语文课程标准》的"关于课内外读物的建议"，"建议"里的书目有的已经列入第一层级，还有一部分未在其中，这些名著也值得好好阅读。学有余力的学生，还可以阅读第三层级的名著，这部分书目有的来自与统编语文教材课文相关的名著——喜欢一篇课文，便可以把课文所出自的整部书找来阅读；有的来源于教育部发布的《中小学生阅读指导目录》；有的是编辑部根据文学史、文化史的评价而推荐的公认值得一读的名著。整个丛书书目力求包罗古今中外，涵盖从小学到高中必读、应读的经典著作，体现名著的经典性、丰富性，阅读的层级性、系统性。

我们力求提供最优良的名著版本，如古典名著选用经中华书局严谨点校的版本，外国名著采用老一辈翻译名家和中青年优秀翻译家的中译本。

为方便学生阅读，我们约请了相关领域的专家学者，为每一部名著撰写了"导读"，介绍该名著的作者、版本、写作背景、主要内容、思想内涵、艺术风格等。还随文对疑难字词做了必要的注释，帮助学生扫清阅读障碍。另外，对中、高考要考查的名著，编写了《名著阅读知识点梳理与检测》手册，从备考的角度对重点、难点和考点进行梳理和总结，并精编中、高考真题供学生练习。对某些历史文化底蕴深厚、阅读难度较大的名著，则特别编写《专题学习》单册，分专题深入解读原著。

希望这套丛书能让读者获得阅读经典的美好体验，并在心中埋下阅读的种子，受益终生。

中华书局编辑部

导读

法布尔的爱好与《昆虫记》的问世

世界上存在着数百万种昆虫。和人类相比，它们大多体积很小，时常容易被忽略。有时候，因为其独特的外形特征，甚至还会招致厌烦或恐惧。但是，作为地球上众多生命的一分子，它们也有属于自己的生活方式、行为举止、旺盛的生命力以及令人敬佩的品质。尽管昆虫们的一生普遍不长，却也在奋力演绎着微小而精彩的故事。

生命是平等的，值得歌颂的。这正是法布尔写作《昆虫记》的核心理念。作为首位在自然环境中研究昆虫并取得巨大成就的科学家，他通过对身边，也就是法国南部普罗旺斯地区的众多昆虫，例如螳螂、蚂蚁、蝗虫、蝉等的观察，详细生动地记录了它们的外形、习性等特点，一点一点揭开了昆虫世界许多不为人知的秘密。

法布尔生于1823年，幼年曾被寄养在祖父母家。当时，他不仅像很多同龄人一样，喜欢听大人讲故事，更是喜欢观察昆虫，平日里十分愿意与蝴蝶或蝈蝈为伍，细致入微地观察它们的生活。

不仅如此，随着年龄的增长，法布尔也喜欢上了诗歌。即便在生活遇到困难的时候，他还是不惜花大价钱买诗集，也没有放弃对昆虫的探究。

对昆虫的热爱非但没有使法布尔放松学业，反而使他变得更加努力。他不仅获得了奖学金，更是充分运用自己的天赋，在两年时间里就学完了三年该学的课程，剩下的一年，则被他用于自学博物学、拉丁语和希腊语。

毕业后，法布尔成了一名小学自然科学史教师，经常带孩子们去野外上课。在与学生交谈、互动的过程中，他对昆虫学更加迷恋了，因此开始大量阅读相关的专业书籍。为了能更深入地了解这门学科，他还自学了数学、物理、化学等，并取得相关学位。

除此之外，法布尔也与几位植物学家成了好朋友，从他们身上学到了很多非常有用的知识。法布尔写下了大量昆虫学方面的论文。其中的《节腹泥蜂习性观察记》修正了当时的昆虫学大师莱昂·杜福尔的错误观点，赢得了法兰西研究院的赞誉，法布尔也因此被授予实验生理学奖，一度被达尔文称赞为"无与伦比的观察者"。

后来，受到巴黎出版社社长的鼓励，法布尔开始写作面向民众的科普读物。不久，因为法国和德国之间的战争，他的生活变得动荡起来，但他依然坚持观察昆虫，发表论文，并于56岁时出版了《昆虫记》第一卷。之后他买下一所老宅子，取名为"荒石园"，日常居住之余，长期在那里研究昆虫，写下大量笔记，相继出版了《昆虫记》的后九卷。

《昆虫记》一经问世，就取得了巨大成功。人们惊诧于这位学者细致耐心的观察与严谨的科学态度，更为他充满诗性的语言所折服，认为这是一部关于昆虫的史诗，可以与古希腊的荷马史诗相媲美，称他为"昆虫界的荷马"或"科学界的诗人"。

众多荣誉也接踵而来。法国学士院授予他最高荣誉——布其·得尔蒙奖，法国、比利时、俄罗斯等国的昆虫学会吸收他成为荣誉会员，就连法国文学界也推荐他参选诺贝尔文学奖。在他92岁高龄离开人世后，《昆虫记》作为当之无愧的传世经典，依然长盛不衰，先后被翻译成六十多种语言，受到各国人民的喜爱。

1923年，周作人先生第一次将这部长达十卷的鸿篇巨制引入中国。这是一套概括昆虫种类、特征、习性的巨著。因此，首先，《昆虫记》具备很强的科学性。全书详细记录了一百多种昆虫，记述了它们如何建巢、繁育后代等真实细节，填补了昆虫学的很多空白，全面系统地阐述了严谨的专业知识。例如蝉需要在地下苦苦蛰伏四年，才能换来短短一个夏天的生命；蚂蚁是如何搬运超过自身几百倍重的东西，还能精准认路的；蝎子是怎样在石缝间克服干燥和炎热，生存、繁衍下来的……

其次，在法布尔的放大镜下，本来有些枯燥的科学摇身一变，变得绚烂而富有生机。法布尔本人也说过，相对于昆虫解剖学，他更倾向于"情感昆虫学"。他不喜欢把昆虫做成标本，再将它们解剖分类，而是更喜欢看到活生生的昆虫，乐于窥探它们的生活，探究它们与周围环境的关系，发现不同昆虫之间的共生与冲突。

很多时候，为了验证一个微不足道的细节，他可以一动不动地坐在树林里或者荒草中，手拿放大镜，连续观察几个小时之久，就像一座雕像一样。如果这样依然不能满足研究所需，他还会小心翼翼地把昆虫带回家中，悉心培养，直到得出满意的结论为止。这些方法，在昆虫学研究中，大概可以归结为野外实验法与观察法。

正是由于大量熟练使用这些科学方法，并对长期的探究结果做出全面细致的总结，《昆虫记》才最终呈现在世人眼前。时至今日，它不仅向我们展示了关于昆虫的神秘世界，更传递了一种难能可贵的科学精神，一种求真务实的科学态度，一种孜孜不倦的科学追求。相对于前者，这些显然是更为宝贵的财富。

《昆虫记》独特的写作风格

《昆虫记》不仅是自然科学方面的丰碑，也是世界文学史上的佳作。尽管法布尔是具备高度专业造诣的科学家，写作的时候，却没有重蹈很多科学家的覆辙，采用高深的术语和枯燥的论文式写法，而是尽量从实际出发，照顾到普通读者的兴趣与理解能力。他运用大量比喻、拟人等修辞手法，在对自然界细致的描写中，让人们能够不知不觉地生出身临其境的感觉，切身体会到迷人的野外风光，进而拉近与昆虫的距离。

在行文过程中，法布尔巧妙地赋予了昆虫人的情感，将昆虫的一举一动与人的行为模式做对比，使原本陌生的昆虫世界变得栩栩如生，热热闹闹，容易理解。细细读来，每一只昆虫都像坐在读者面前，亲口讲述自己的故事似的。同时，他还引用了大量希腊神话、历史事件以及《圣经》中的典故，夹杂以大量的诗歌，这些都使《昆虫记》的文学性变得更加浓厚，字里行间充满着浓浓的浪漫主义风情。

在法布尔眼中，昆虫不是实验室里一串串冷冰冰的数据或者土地上长着六条腿的生物，而更像自己的朋友、亲人。甚至于很多时候，他把自己都当成了昆虫的一分子，想昆虫所想，急昆虫所急。正是由于这种难得的理解和换位思考，他才能真正把昆虫写好、写活。

《昆虫记》蕴含的哲学思想与人文价值

深植于法布尔思想中的人文主义关怀，对自然、对生命的热爱和尊重，对平等的向往，对自由的讴歌，使《昆虫记》蕴含深刻的哲学思想与人文价值。法布尔除了热爱研究昆虫，也喜欢写诗、绘画、谱曲，是一个很有生活情趣的人。在他的认知中，昆虫和人类都是组成世界的一部分，原则上是平等的，不存在高低之分，昆虫和昆虫之间更是如此。人们应该抛弃狂妄自大的想法，不能仅从自己的角度出发，来称赞或贬损任何一种昆虫，这是很不公平且没有道理的。

例如，蜜蜂很勤劳，在人类社会里，勤劳确实是一种值得称赞的品质。但我们必须注意到，即便是令多数人感到厌烦的苍蝇，也是自然环境中非常重要的一部分，理所当然地具备生存和生活的权利。这是每个生命最基本的诉求。每一种生命，只要存在于世界上，每天都在努力地生活，为自己的生存和发展顽强而坚韧地斗争，就都是值得赞美的。

因此，作为高级灵长类物种，人类不应该带着固有的偏见，用人类社会的伦理道德去衡量昆虫。衡量身边的人，也不能仅以自己的见识和经验为基础，认为凡是与自己不同的、相悖的，无法理解的，就都是不可理喻的、不该存在的。这正是法布尔从观察昆虫之中得到的关于人生的感悟。

《昆虫记》的写作也带有时代的印记。在法布尔生活的年代，第一次工业革命已经完成，第二次工业革命正在如火如荼地展开。相对于工业革命前的法国乃至于欧洲社会，工业革命后，资本主义迅速发展，人们千百年来固守的传统观念被强烈冲击，时间观念被迫加强，生活节奏更加紧迫，行为模式更加机械化，社会上到处充斥着拜金主义的气息。与此同时，法国国内政局不稳，对外战争也很频繁。这样的外部环境不仅对法布尔的现实生活造成了一定的冲击，也引发了法布尔关于社会和人类命运的思考，影响了《昆虫记》这部著作。

在对昆虫的观察与记录中，法布尔在一定程度上表达了对社会现状及人类命运的担忧，但他始终坚信，只要保持爱与坚韧，充满对生活的热爱、对生命的尊重，不忘善良、勇敢等优良品质，并一直践行下去，未来就一定是美好的，值得期待的。正是这种积极乐观的理念构成了《昆虫记》的不朽内核，使《昆虫记》时隔百余年，依然被人们喜爱着。

整体来说，《昆虫记》的基调是轻松的，作者写作的初衷，不是完成一部骇人的大部头著作，或者向同行阐述枯燥的科学成果，而是出于对昆虫学的兴趣和对自然、生命的热爱，并在生命达到一定积淀的时候，记述自己多年以来观察昆虫得出的科学结论，外加遇到的趣事，以及对社会、对人生的思考与感悟，在普及科学知识之余，传递给读者生活的希望、智慧的启迪和美的享受。

目录

荒石园 ……………………………………… 001

隧　蜂 ……………………………………… 012

舒氏西绪福斯蜣螂与蜣螂父亲之本能 ………… 028

圣甲虫 ……………………………………… 040

圣甲虫的梨形粪球 ………………………… 063

西班牙蜣螂 ………………………………… 077

南美潘帕斯草原的食粪虫 ………………… 096

粪金龟与公共卫生 ………………………… 120

昆虫的装死 ………………………………… 133

昆虫的"自杀" ……………………………… 146

红蚂蚁 ……………………………………… 160

蝉和蚂蚁的寓言 …………………………… 180

蝉和蚂蚁 …………………………………… 188

蝉出地洞 …………………………………… 194

螳螂捕食 …………………………………… 204

大孔雀蝶 …………………………………… 218

小阔条纹蝶 ………………………………… 239

纳博讷狼蛛 …………………………………… 253

圆网蛛织网 …………………………………… 271

迷宫蛛 ………………………………………… 284

天　牛 ………………………………………… 303

蟋蟀出世记 …………………………………… 317

蟋蟀的歌声 …………………………………… 334

朗格多克蝎的家庭 …………………………… 351

荒石园

这就是我的梦想之地，让我魂牵梦绕：拥有一小块土地，不是特别大，但四周围拢起来，也没有紧邻公路的不便；这样一块荒废的、贫瘠的、被太阳烤焦的土地上，长满了蓟（jì）类植物，是膜翅目昆虫的天堂。在那里，我不用担心被过路人打扰，我能探问土蜂和泥蜂，并和它们进行困难重重的对话，我们之间的提问和回答都是用实验性的语言。在那里，不需要花时间搬运，不需要费心力跑远路，我就能制订作战计划，布设陷阱，每天随时跟踪观察。这是梦想之地，是的，是我的心愿，我梦寐以求，在那里我总是身心放松，总能让我逃避未来的阴霾。

没有什么比在野外建一个实验室更方便的了，尤其是我每天都在为面包发愁。四十年来，我一直在为战胜生活中的各种困难而努力；我渴求的实验室终于建好了。为建这个实验室所付出的坚持不懈的辛苦劳动，我不想再提。实验室建成了，我的实验条件很艰苦，但苦中可能有乐。我之所以说"可能有乐"，是因为我脚上始终像戴着苦役犯的脚镣一样。愿望已经实现。有点迟了，我可爱的昆虫们！我很怕我手里刚拿到一个桃子，就已经没有牙齿去咬它了。是的，有点迟了：开始时的宽广视野，现在变得低矮狭窄，令人窒息，一天天地逐渐缩小。

我对过去没有后悔，除了我失去的，什么也不后悔，对我过去二十年的所作所为从不后悔，也不再希望什么，因为历经辛苦，我甚至怀疑是否要继续坚持照这样活下去。

在我所在的这片废墟正中，还伫立着一段残存的墙，它的地基是石灰和沙子混合修建的，所以非常坚固。这是我对科学真相的热爱。哦，我那些灵巧的膜翅目昆虫，我是否足够有资格为你们的故事再书写几页？

我付出的努力不会事与愿违吧？为什么我很长时间以来都忽视了你们？我的朋友们因此责怪我。啊！去告诉他们吧，告诉我和你们的那些朋友们吧，告诉他们我没有忘记你们，没有厌倦而抛弃你们，我一直都想着你们。我知道节腹泥蜂的巢穴里还有很多秘密需要我们去发现，掘土蜂的袭击也会带给我们新的惊喜。但是我没有时间了，我独自一个人被命运抛弃，过着贫寒的生活。在高谈阔论之前首先要活下来才行。你告诉他们吧，他们就会原谅我。

另外一些人指责我在书中的语言不够严肃，说好听一点，不是纯粹的学术性语言。他们害怕毫不费力就能读完一页的书没有表达出真相。我想他们的意思是，只有艰涩难懂的语言才能显得出深度。不管你们是什么样子，带着螯（áo）刺，长着护甲鞘（qiào）翅的所有昆虫都请你们快到这里来，请你们为我辩护，为我作证。告诉他们我和你们在一起时是多么小心翼翼，我观察你们时是多么不厌其烦，我记录你们的行为时是多么一丝不苟。

你们的证词是一致的：是的，我写的书没有空洞的口号，没有冒充博学者的胡言乱语，对观察到的情况进行了恰如其分的描述，没有添油加醋，也没有偷工减料，那些想要探访你们的人也会得到和我同样的答案。

而且，我亲爱的昆虫们，如果你们不能令那些自诩正派的先生们信服，因为你们人微言轻，我也可以站出来跟他们说："你们研究昆虫时，给它开膛破肚，而我是观察活着的昆虫；你们把昆虫做成可怜又可怖的标本，而我却让大家喜爱它们；你们在酷刑和肢解的车间工作，而我在蓝天下观察，伴着蝉鸣；你们将细胞和原生质放进试剂中，而我研究昆虫本能的最高表现；你们观察死的昆虫，而我考察活着的昆虫。我为什么不再补充一下我的想法：野猪将清澈的泉水弄浑浊了，自然史本来是青少年喜欢的科学研究，却因为细胞学的演进而变成了一个面目可憎的东西。与其说我是在为学者们写作，为那些想要解决本能这个棘手问题的哲学家写作，不如说我首先是为青少年写作，我想让他们重拾对自然史的兴趣，即使你们已经让他们对自然史生厌了。这就是为什么我在保持一丝不苟地反映真实世界的同时，舍弃了你们的科学术语，这样的语言常常借助休伦人①的土语。"

但是这些不是眼下我要说的事情。我想谈谈我找到的这块土地，我计划在这里建立观察昆虫的实验室，这块土地在一个偏僻的小村子里。他们叫它"哈马斯"，这个名字在当地的意思是"未

---

① 北美印第安人的一支。此处指这样的语言难懂。

开垦的、有很多鹅卵石的，只能长百里香植物的土地"。这块地太贫瘠了，都不值得耕耘。春天的时候，如果正好下了点雨，长出了一些小草，才会有羊群来这里吃草。

我的荒石园在成堆的鹅卵石中夹杂着少量红色泥土，以前曾经有过耕种，别人告诉我，这里曾经是一个葡萄园。实际上在这里稍微挖掘一下就能发现散落着以前残留下来的树枝，在漫长的时间中已经变成半焦的树桩。这种土地唯一能使用的耕作工具——三齿叉，以前曾经用在这里，我对此很遗憾，因为这里原始的植被因此消失了。这儿再也没有百里香，再也没有薰衣草，再也没有胭脂虫栎（lì）了，这种矮小的树丛我们可以轻松跨过去。这些植物，特别是前两种，对我而言特别有用，它们能供给膜翅目昆虫食物，我不得不重新在这片土地上栽种这些被三齿叉赶走的植物。

这里有很多杂草，在我没有干预的情况下，首先在这片被翻过的土地上生长，自生自灭。最多的就是犬齿草，这种可恶的禾本植物，就算持续三年对它进行剿灭也难以根除。其次，比较多的是矢（shǐ）车菊，它们野蛮生长，茎上布满尖刺或星状戟（jǐ）。有黄矢车菊、丘矢车菊、红矢车菊、糙叶丘矢车菊。黄矢车菊占统治地位。在杂乱无章、相互纠缠的矢车菊中间还随处可见像一个个大烛台燃烧着炙热火焰的橘色花朵，这是野蛮生长的西班牙洋蓟，茎上有很多像钉子一样的尖刺。凌驾在它们之上的还有伊利里亚大翅蓟，它们笔直的茎一枝独秀，可以长到一两米高，顶端的花朵是玫瑰色的绒球。它的武器与西班牙洋蓟相比毫不逊色。还别忘了蓟类大家族。首先是浑身长满刺的恶蓟，使人无处下手；然后是披针蓟，长着宽大的叶片，叶脉的顶端像矛尖一样；最后是染黑蓟，就像是长满刺的玫瑰花环。在这些蓟类植物的缝隙中，地上还趴着荆棘的新枝，像一根根浑身是尖刺的绳索，结出淡蓝色的果子。要想在这个多刺的灌木丛中观察膜翅目昆虫如何采蜜，就必须穿及膝长靴，不然你的小腿就会被划出血痕，还会发痒。

春天，当地里积蓄了一些雨水，这些疯长的植物就会显露出勃勃的生机。黄矢车菊用一团团黄花铺成了地毯，在地毯上面伸出来西班牙洋蓟的金字塔花序和大翅蓟的尖刺，但是当干燥的夏日来临，这里就成了一片枯枝败叶，只需要点燃一根火柴就能把整片土地烧个精光。这就是我与昆虫们朝夕相处的美妙伊甸园，自从我拥有了它，我四十年的奋斗都值得了。

我说这里是伊甸园，这是名副其实的。这块贫瘠的土地，没有人愿意在这里撒一把萝卜的种子，但却是膜翅目昆虫的天堂。这里茂盛的蓟类植物和矢车菊为我吸引来了各种各样的昆虫。我在捕捉昆虫的时候，从来没有见过在一个地方聚集了这么多种，它们在这里汇聚一堂。这里有捕食各种猎物的猎人，有用土坯建房子的建筑工，有棉织物的编织工，有切割后的树叶碎片或花瓣碎片的收集工，有纸板建筑工，有使用黏（nián）土的抹灰工，有在木头上钻孔的木匠，有在地下挖隧道的矿工，有处理肠膜的工人……我还知道些什么？

这是谁啊？这是一只黄斑蜂。它刮擦着黄矢车菊网状的叶梗，然后将它们堆成一个棉絮状的球，再骄傲地用上颚的末端把这个球推到地上，做成类似棉毛毡包用来存放蜂蜜和蜂卵。那这些激烈争夺战利品的是谁啊？是切叶蜂，它们的腹部有黑色、白色或火红色的花粉刷。它们离开蓟类植物去旁边的灌木丛中，将叶片切割成椭圆形带回来，把这些收集起来的叶片做成合适的容器，盛装它们收获的食物。

那些穿着黑色丝绒外衣的是谁啊？这是石蜂，它们用泥浆和沙砾来修房子。在荒石园的鹅卵石上很容易就找到它们的蜂巢。那这些突然跃起、嘈杂地嗡嗡叫着的是谁啊？这是砂泥蜂，它们的巢建在破旧的残墙上或者附近向阳的斜坡上。

现在，我们来看壁蜂。一只壁蜂正将它的巢堆叠进空蜗牛壳的旋转坡道上；另一只将树莓的干枝中的汁液吸走，为它的幼虫准备好了一栋圆柱形的房子，这栋房子内部还分了好几层；第三只将一段折断的芦苇秆做成一个自然的通道；第四只则不劳而获地住进了石蜂遗弃的长廊里。

我们再看看大头蜂和长须蜂，雄性的头上长着长长的触须；毛斑蜂的后腿上有浓密的毛刷，是它采蜜的器官；还有种类繁多的地花蜂，以及腹部纤细的隧蜂。

我就写这么多了，不再详细叙述。如果我要继续写下去，我的蓟类灌木丛中有数不清的几乎所有种类的采蜜昆虫。我曾经给波尔多的一位昆虫学家佩雷教授呈报了我发现的这些昆虫的名称，他问我是否我有特别的捕捉技巧，能给他寄去这些稀有的新奇的物种。我不是专业的捕虫者，而且也不热衷于此，因为让我感兴趣的是昆虫平时的工作状态，而不是做成标本被大头针钉在盒子底部的样子。我的捕虫秘密就藏在这片茂密生长的蓟类和矢车菊丛里。

巧合的是，和这些人满为患的采蜜昆虫的大家庭生活在一起的还有它们的天敌。泥瓦工为了修围墙在荒石园各处堆放着大量的沙土和石块。但修围墙的工程遥遥无期，这些建筑材料自从进场之后就被昆虫们占领了。石蜂选择了石头的缝隙作为晚上过夜的宿舍，它们一群一群地挤在一起。强壮的眼斑蜥喜欢就近袭击，张着大嘴巴，追着人或是狗跑。它们会选择一个巢穴在那里静待路过的金龟子。

穗鹛（jí）穿得像多明我会的修士^①，白色的长袍、黑色的翅膀，站在最高的一块石头上向下俯瞰，唱着它那简短的乡村小调。在这些沙石堆里的某个角落有它的鸟窝，里面有天蓝色的鸟蛋。这位小多明我会修士很快就消失在石堆里。我感到有点儿遗憾，因为它是一个有趣的邻居。如果是眼斑蜥消失了，我是一点儿也不遗憾的。

沙子也为其他昆虫提供庇护所。沙蜂正在打扫它住所的门口，将尘土向身后扬去，画出一道抛物线。耙掌泥蜂正用触角拖着螽（zhōng）斯。一只大唇泥蜂正在将它存储的叶蝉放进洞里。让我深感可惜的是，泥瓦匠把这些捕猎者的部落驱散了。但是只要有一天我想召唤它们回来，只需要重新堆一堆沙子，它们很快

---

① 多明我会修士身披黑色斗篷，因此称为"黑衣修士"。该组织是天主教托钵修会的主要派别之一。

就会都回来了。

　　还有些昆虫没有消失，因为它们的住所不同，这就是泥蜂。我看到它们在花园的小径和草地上飞来飞去寻找毛毛虫。有一种泥蜂出现在春天，另一些出现在秋天。而蛛蜂则机警地扇着翅膀，悄悄地在角落里寻觅，希望能在那里与蜘蛛不期而遇。它们最想捉的是法国狼蛛，它们的巢穴在荒石园里并不少见。这种巢穴像一个垂直的竖井，井沿上是蛛丝缠绕的青草秆做成的井栏。在巢穴的底部，有什么东西像小钻石一样在闪闪发光，那是强壮的狼蛛的眼睛，大多数人看了都会觉得毛骨悚然。而蛛蜂"不入虎穴焉得虎子"，冒着极大的危险捕捉狼蛛！现在让我们来看看吧，在一个炎热的夏日午后，亚马逊蚂蚁成群结队地从"兵营宿舍"里出发去远方捕获奴隶。我们有空的时候再去看看它们是怎么捕猎的。还有那边，在一堆已经腐烂变成土壤的草堆周围，几只身长一法寸①半的土蜂从容不迫地飞舞着，时不时地钻进草堆，它们被草堆里丰富的猎物所吸引，那是鳃角类角虫、蛀犀金龟子和金匠花金龟的幼虫。

　　有太多的昆虫可以研究了，无穷无尽！这里的房屋和土地一样被遗弃了，人走楼空，重回宁静，动物们就跑来了，占领了整个地方。莺在丁香花丛中安家，翠鸟则在茂密的柏树中搭窝，而麻雀在瓦片下面用叼来的破布和稻草筑巢。在梧桐树的树顶，南方金丝雀在鸣叫，它们舒适的鸟巢只有一颗杏的一半大。角鸮（xiāo）

---

① 法国古长度单位，等于1/12法尺，约合27.07毫米。

习惯在晚上让大家听到它那单调的像长笛一样的声音；雅典娜[①]的象征猫头鹰也飞来了，它发出刺耳的叫声。

房屋前面有一个大池塘，池塘里的水来自为村里供应泉水的引水渠。在动物的发情期，方圆一千米之内的两栖动物都聚到这里。蟾蜍（chán chú）的个头有时候像盘子那么大，身上长着狭窄的黄色条纹，约好了在这里泡澡。黄昏时分，我们能看到作为"助产士"的雄蟾蜍在池塘边蹦蹦跳跳，它们的后腿上挂着一串胡椒大小的卵。它们是从很远的地方赶来的，这些慈爱的父亲把珍贵的卵袋放进水里，然后退到一块石板下面，唱着叮叮咚咚的歌曲。当我们听不到雨蛙在树叶间吟唱时，它们就在池塘里优雅地潜水。五月，夜幕降临的时候，池塘成了震耳欲聋的大乐池，不要想在这里边吃饭边聊天，也别想晚上睡个好觉。我们不得不使用有点过于严厉的方法来治理。该怎么做呢？困得不行却被吵得睡不着的人都会变得六亲不认。

膜翅目昆虫更是大胆，它们直接占据了我的家。在我家门口的门槛上有一堆瓦砾土，那是白边泥蜂的家，我要进门就得小心别破坏它的窝，别将这位专心致志工作的矿工踩着了。我都有四分之一个世纪没有看到这种蝗虫的捕猎者了。我以前为了观察它，还走了好几千米的路。每一次都是在八月的烈日烘烤下的长途跋涉。今天我发现它就在我家门口，我们成了亲密的邻居。关闭窗户的缝隙给长腹蜂提供了一个暖和的公寓。它用泥土把巢穴

---

① 希腊神话中的智慧女神、战争女神和艺术女神。

建在石墙的表面。关闭的百叶窗上偶然形成了一个小洞，这位捕捉蜘蛛的猎人回家时就只需穿过这个小洞。

在百叶窗的线脚上，几只孤独的石蜂在那里建立了蜂巢群。在半开的百叶窗的表面，一只黑胡蜂用土修了一小座圆顶房屋，顶部有一个喇叭状的进出口。胡蜂和长脚胡蜂是我家的常客。它们会到我的餐桌上，替我试吃一下葡萄，看看是否熟透了。

当然，我还远远没有列举完全部，这个昆虫社会的成员人数众多，我只选择了其中一些，如果我能想办法和它们交谈，我将不再孤独。

我亲爱的动物们，新朋旧友，欢聚一堂，在这方小天地里捕猎、采蜜、筑巢。此外，如果需要变换观察环境，几百步开外就是一座山，山上有野草莓灌木丛、岩蔷薇丛和欧石楠树丛，有沙蜂最爱的沙质地层，有各种膜翅目昆虫善于利用的泥灰岩斜坡。这就是为什么我发现了这块宝地之后，就从城市逃到乡村，来到塞里尼昂，给萝卜除草、给生菜浇水的原因。

人们花了很多钱在大西洋和地中海沿岸建立实验室，用来解剖对我们没有什么用的小型海洋动物。人们挥霍巨资用于强大的显微镜、精密的解剖装置、捕猎机器、船只、渔业人员、水族馆，只为了知道环节动物的卵黄如何分裂，而我看不出这有什么重要性。但是人们轻视陆地上的小昆虫，尽管这些昆虫与我们有着千丝万缕的联系，为普通心理学研究提供了无价的资料。有些昆虫常常毁坏庄稼，对我们的公共财产造成损失。我们应该建立一个昆虫实验室，不是为了研究泡在三六烧酒①里的昆虫尸体，而是研究活的昆虫。这座实验室的研究目标是昆虫们的本能、习惯、生活方式、劳作、斗争和繁殖。这些研究应该对我们的农业和哲学有重要意义。彻底了解损坏葡萄的昆虫也许比知道腕足动物的神经末梢是怎样的更加重要。通过实验建立智力和本能的边界，经过与动物世界的实际情况相比较，揭示出人类的理性是否是人类固有的特性，所有这些应该比弄清楚一只甲壳动物的触须上有多少个环节更重要。为了研究这么多问题，我们需要很多研究者，但是却一个人也没有。现在时兴的是研究软体动物和植虫动物②。海底被大量的挖泥船挖掘探索，而我们脚下的土地却少有人问津。在等待研究潮流转变期间，我在荒石园建立了研究活的昆虫的实验室，这个实验室没有花纳税人一分钱。

---

① 一种高度酒。
② 指的是营固着而非运动性的动物。

隧　蜂

　　你认识隧蜂吗？你可能不认识。这没有关系，不认识隧蜂，我们照样可以品尝生活中的甜蜜。然而，如果你坚持去了解它，这种看起来微不足道的昆虫，就会给我们讲述一些特别的故事。如果我们想要扩大对这个拥挤纷杂的世界的认识，就不得不经常提起它。既然我们现在有时间，那就去了解一下隧蜂吧，它们值得我们去了解。

　　怎样去了解它们？它们是蜂蜜制造者，比我们蜂巢里的蜜蜂身材更纤细、更瘦长。它们的族群人数众多，身材和颜色各异。有些隧蜂个头超过了普通的胡蜂，而有些却跟家蝇差不多大，甚至还有比家蝇小的。尽管它们大不相同，对新手来说会摸不着头脑，但是有一种特征是固定不变的。所有的隧蜂都有着清晰可辨的种族证明。

　　请你看看它背面腹部末端的最后一节腹环。如果你抓到的是隧蜂，那里就有一根光滑锃（zèng）亮的线条，那是一道细细的凹槽，当它处于防守状态时，螫（shì）针就会沿着这道凹槽伸出和缩回。这道让利刃出鞘的凹槽是隧蜂家族成员的标记，不用再看它们的体色和大小。在其他尾部有螫针的昆虫中，都没有这个独特的移动凹槽。这是隧蜂的显著特点，是它们家族的族徽。

我们来看三只隧蜂的故事。其中两只是我的邻居，就像我的家人一样亲。每年，它们很少在围墙内的正确位置上筑巢。它们在我之前占领了这片土地，我还得小心不要打扰到它们，相信它们会补偿我对它们的宽容。我作为它们的邻居，实在是太幸运了，每天只要一有空就可以去拜访它们。我得好好利用这个便利条件。

在我研究的三个对象中，首先研究的是彩带隧蜂，它们在长长的腹部上优雅地披着一条黑色和淡红色相间的披巾。它身材苗条，个子和胡蜂差不多大，美观大方的着装让它成为彩带隧蜂亚科的主要代表。

它们在坚实的地面上挖洞筑巢，这样就不用担心它们在筑巢的过程中会有塌方的危险。在我的围墙里，人行道上的泥土，混合了小鹅卵石和红色黏土，就非常适合它筑巢。每年春天，它就开始在这里忙碌，它从来不是孤军奋战，而是成群结队的，每个家族的人数不等，有的多达百余名成员。于是形成了一些彼此间隔的小村落，在这些村落里工作和居住的地方是分开的。

每只隧蜂都有自己的家，是不可侵犯的，只有房主本人才有权进入。那些胆敢侵入别人家的隧蜂会受到强烈的抵制，它们不得不遵守秩序。在隧蜂家族中这样的冒犯是不能容忍的。隧蜂们各得其所，各司其职，使这个——由邻居组成的而不是由合作者组成的——初始社会维持着完美的和平。

四月份，工程隐秘地开始了，只有出现新鲜的土堆，才能让人发现它们。在外面看不出一点儿动静。工人们很少出来露面，因为它们在竖井下面太忙碌了。有时候，这儿，那儿的小土包顶端会摇摇欲坠，顺着圆锥形的坡滑下来，那是一个工人从洞里运出来一堆废土，并把土推出洞外，它自己并不露出地面。现在隧蜂只干这个活。

还需要小心翼翼地保护：别让小村落被路过的行人无意中踩到。我将每一个小村落用芦苇秆做成的栅栏围了起来，并在中央设置了一个警告标志——一根头上贴着纸条的小木棍。有这样标记的小径是禁止通行的，我的家人也不能走这条路。

洒满阳光、鲜花盛开的欢乐五月到来了。四月里挖土的工人现在忙于采蜜。小土包就像一个火山口，我总能看到浑身沾满黄色花粉的隧蜂停在那里。我们首先应该来看看它们的蜂巢。房子的布局会给我们提供有用的信息。铁锹和三齿叉可以向我们揭示这种昆虫的洞穴是什么样的。

一个尽可能垂直的竖井，通道是笔直的还是蜿蜒曲折的取决于土壤中的鹅卵石的位置，一直深入两三分米的地下。供隧蜂进出的通道必须要提供足够的落脚点，所以这个长长的门廊是凹凸不平的。这里没有规则的形状和光滑的表面。这样精巧的建筑艺术只留给幼蜂的卧室。隧蜂妈妈需要的是方便上下、能忙忙碌碌地爬上爬下的通道，因此就让这个直径和一根铅笔一样粗的走廊保持粗糙。

在整套住房的下部，水平方向上在不同高度层层叠叠分布着房间。这些从土里挖出来的房间呈椭圆形，长度一两厘米。这些房间的尽头呈现短小的瓶颈，开口的形状就像典雅的双耳尖底瓶。每一个房间都像在肚子上做顺势疗法的小瓶子一样可爱。所有的房间都通向走廊。

这些房间的内壁光滑发亮，连我们技艺最精湛的抹灰工看了都羡慕不已。墙上有微微的纵向菱形印记。这是最后一道工序打磨墙壁所用的镘（màn）刀留下的印子。这镘刀是什么啊？当然就是隧蜂的舌头了。隧蜂把舌头当成抹刀，在墙上一点一点地有规律地舔着，就把墙打磨光滑了。

在对墙面进行粗加工之后，最后再上一层精致完美的釉。在那些没有储存食物的房间里，我们看到墙上有一些小坑，好像缝纫用的顶针的外表面。这里可以看出是隧蜂用上颚在干活，它们用上颚的尖端来挤压黏土，使劲压紧，并把其中所有的沙粒挑出来。这么做的结果就使抛光层既坚实又有附着力。接着隧蜂往墙上涂抹一种细腻的黏土，这种土经过它精心挑选、净化、混合，然后再一块一块地涂抹上去。这时候就需要舌头的帮助了，舌头在将墙面抹平磨光的同时，它的唾液也会和黏土混合，增加黏性，使这层涂料干了之后变成防水清漆。

春天的阵雨使地下非常潮湿，地下的小巢穴也变得泥泞不堪。面对这样的危险，唾液涂层就是一种极好的防腐剂。我们虽然没有亲眼看到，但也能猜到，这层涂料有多细密。防水性能是显而易见的。我在其中一个房间里装满水。液体在里面保存得很好，一点也没有渗漏。可爱的小瓶子好像在粗粒方铅矿上涂了釉。陶工通过烈火煅烧而使容器具有防水性，隧蜂用唾液加上舌头的细细研磨就实现了。有了这层保护，即使处于被雨淋湿的土地里，幼虫也可以享受到干燥卫生的环境。

如果我们愿意，可以将那层防水膜剥离出来，至少能剥下来一点碎片。我们先将有小房间的一个土块放在水里浸泡。水慢慢地浸湿土块，将泥土变成一摊泥水，我们就可以用刷头扫去表面的泥土。要有耐心，小心翼翼地扫，然后我们就从粗糙的泥土中分离出一种细腻如缎子一样的碎片。这种碎片无色透明，可以防潮。只有蜘蛛的编织制品，不是蛛网，才能与它相媲美。

由此可见，修建隧蜂的房间是相当耗时的。隧蜂先是在黏土地里挖出一个椭圆形的巢穴地基。它用上颚当镐（gǎo）子，用带着爪子的跗（fū）节当耙（pá）子。因为它要来回穿过一个窄瓶颈一样的出口，这个出口刚刚容得下它这个挖掘机通过，所以这项初始的工作非常艰难费力。

挖出来的废土很快就堆起来了。隧蜂把废土收集起来，然后前足合抱着废土倒退着走，它把废土推上走廊，再运到外面，小土包因此不断积累，巢穴的门槛变得越来越高。接下来就是精细的润色工作了——给墙面抹灰，将灰泥加入优质黏土中，用舌头仔细地打磨墙壁，涂上防水涂层，把洞口做成双耳尖底瓶的样子。这个陶瓷工的杰作，最后还要加上封口的塞子——当需要时，就可以把房间封闭的门。所有这一切都具备了几何学的精确。

因为隧蜂幼虫的房间是如此完美，它们不可能是在即将产卵的时候才开始修建，而是夜以继日地细细雕琢。隧蜂们提前了很久修筑巢穴，在三月末到四月，这个时候万物还未复苏，鲜花也很少见，气温忽上忽下。这个时期还有点冷，偶尔有突降的暴雨，虽然隧蜂尽全力去修建它的巢穴，但有时候也是徒劳无功的。隧蜂妈妈独自在井底下忙碌，很少出门，不遗余力地为孩子们修筑房间，只要有时间就对墙面进行打磨。

在五月灿烂的阳光照耀下，鲜花盛开的时候，房间修建工程就差不多结束了。这是一个漫长的准备过程，现在房间已经造好，就差搬进食物了。呈现在我们面前的房间有十二个左右，全部完工，但是还是空的。先修好房屋是明智之举。这样隧蜂妈妈就不需要在采蜜和产卵时再分身去干这些粗重的挖土的活了。

五月到来了，一切都准备好了。气候温和，小草在微笑，成千上万朵花竞相开放，蒲公英、向日葵、委陵菜和雏菊。采蜜的隧蜂在花上打滚，身上沾满花粉变成了黄色。隧蜂蜜囊里装满蜂蜜，花粉筐也满载花粉，就回到了它的小村落。它飞得特别低，几乎贴着地面了，游移不定地急转弯，好像迷路了。隧蜂就像看不清楚，在小村子里的众多房屋面前犯了难。在这么多同样外观的房屋里，哪一个才是它的家呢？它只能通过某些只有它自己知道的特征才能找到它的家。于是，它总是突然飞起来，然后又迂回曲折地飞舞着，在这片地方仔细察看。最后隧蜂找到了自己的家，降落在家门口，很快就钻进了屋里。在竖井底部发生的一切应该跟其他蜜蜂的行为相同。收获颇丰的隧蜂后退着进入小房间里，把身上的花粉卸到房间里，然后再转过身，在花粉堆上咳出蜜囊里的蜂蜜。做完这些之后，它又不知疲倦地重新离开家，飞走了，去寻找花朵。在来回了很多趟之后，房间里的食材准备得足够了。现在做面包的时候到了。

　　隧蜂妈妈开始揉面，它把花粉和适量的蜂蜜混合在一起。然后把这种混合物做成一个圆面包的形状，只有一颗豌豆大小。和我们吃的面包相反，这种面包里面是硬芯，外面却是软的。面包的中心部分是隧蜂幼虫最后吃到的部分，因为当隧蜂幼虫吃完表面的部分就长大了一些，就有足够的力气来吃中心部分，这部分是只由干燥的花粉制成。

　　蜜囊里的蜂蜜涂抹在大面包的表面，那是刚出生的隧蜂幼虫的第一口食物，是面包最柔软的部分，就像抹满蜂蜜的美味吐司。这种大面包根据幼虫的成长需求来提供不同类型的食物。幼虫刚出生时，吃的是表面的富含蜂蜜的面糊，长大后吃的是最中心的干花粉。从这里可以看出隧蜂妈妈勤俭持家的本领。

　　一个弯弓形的卵被产在了面包上。通常情况下，现在就要关上房间门了。在采蜜的昆虫中，比如砂泥蜂、壁蜂、石蜂等其他蜜蜂都是先在房间里堆满足够的食物，然后产卵，再将房间封得严严实实，它们就再也不管了。

　　而隧蜂的方法不同。它修好房间，放上圆面包，在上面产一个卵之后，却让房间的门一直敞开着。因为这些房间都通向巢穴里的公共走廊，隧蜂妈妈可以每天自由地来去看望自己的孩子，了解家庭成员的情况，而不会太影响它做其他事情。我猜想——我还没有切实的证据——它还会时不时地给幼虫发放食物，因为我比较了一下其他蜜蜂为幼虫准备的食物，隧蜂妈妈准备的面包太小了。

某些猎虫的膜翅目昆虫，比如沙蜂，习惯于给幼虫分批供应食物。它们为了给幼虫提供新鲜的猎物，即使是猎物尸体，也会每天会给幼虫的房间里装满美食。隧蜂没有这样的需求，因为食物的性质决定了其耐保存的特点，隧蜂妈妈可以在幼虫的食量变大的时候给幼虫补充喂食花粉。我找不到其他能解释喂养幼虫期间隧蜂的房间能自由进出的原因了。

这些幼虫受到无微不至的照顾，饱食终日，长得肥硕无比，即将变成蛹了。只有在这个时候，房间门才会关闭。隧蜂妈妈把一个粗糙的黏土塞子塞进瓶口一样的门。从此以后，幼虫就没有了来自母亲的关爱，剩下的路要自己走了。

我们到此为止都只看到了温馨平和的家庭氛围。现在把时间往前拨一点，我们将见识到一场巧取豪夺。

五月份的时候，大约早上十点，此时隧蜂们正在辛勤劳动，储存食物。我每天都会去拜访人数最多的蜂群小村落。我坐在一张矮凳上，晒着太阳，弯着背，手臂撑在膝盖上，一动不动地观察它们直到该吃晚饭为止。吸引我的，是一种寄生昆虫，一只不起眼的小飞蝇，但对隧蜂来说，却是胆大包天的侵略者。

这个坏家伙有名字吗？我想是有的，但是我不在乎，我不想浪费时间去查询这个读者几乎不感兴趣的信息。比起讲述枯燥的昆虫命名，清晰明了地描述事实更可取。我只需要简单地描绘一下罪魁祸首的外貌。它是一种五毫米长的双翅目昆虫，深红色的眼睛，白色的面部，灰色的胸部，胸部有五排细小的黑点，这些黑点是向后倾的纤毛。腹部灰白色，腹下苍白，足是黑色的。

在我观察的小村落里，这种小蝇大量存在。它们躲在阳光下，等在一个隧蜂巢穴附近。当隧蜂满载而归，足上沾满黄色的花粉时，它就起飞了。它一刻不停地追在隧蜂身后，跟着隧蜂那弯弯曲曲的飞行路线。最终，膜翅目昆虫一个俯冲进了家门。而尾随它的小蝇也突然停在这个小土包上，就在入口旁。它望着巢穴的大门纹丝不动，等待着隧蜂在里面忙完家务。终于，隧蜂再次出现了，它停在门口向外张望，头和胸都露在外面。小蝇仍然一动不动。

它们经常面对面望着，中间只隔了一根手指的距离。它们俩都没有动静。从隧蜂的安静状态可以看出它对这个在一旁窥伺它家的寄生虫毫不在意。而寄生虫也并没有表现出对它的胆大妄为可能遭受的惩罚有所畏惧。小矮人在巨人面前镇定自若，哪怕巨人只要一伸腿就能把它踩扁。

我仔细地观察，想在它们中的某一个身上寻找到担忧的迹象，然而我无功而返。隧蜂一点儿也没有觉察到危险在临近。双翅目昆虫也一点儿不担心自己的行为会受到严厉地惩罚。强盗和受害者在这一刻只是两两相望。

如果这位宽厚的隧蜂愿意，它立刻就可以把这个毁坏它家园的强盗置于死地，开膛破肚，用上颚将它压碎，用螯针将它刺穿。它什么都没做。强盗近在咫尺，隧蜂却无动于衷，任它一动不动地用红色的眼睛盯着自己的家门。隧蜂这种愚蠢的仁慈究竟是为什么呢？

隧蜂飞走了。小蝇立刻闯进了它的家，就像回自己家一样自由自在。现在它大摇大摆地在里面选择一间堆满食物的房间，因为我们前面已经讲过，这些房间都开着门。它有条不紊地把那个房间变成了自己的产卵室。在隧蜂回来之前，没有任何人会打扰它。隧蜂要想双足都沾满花粉，蜜囊都装满花蜜，是一项很费时的工作，因此强盗就有了充足的作案时间。它对时间控制得非常精准，准确地知道隧蜂什么时候回家。当隧蜂回家时，小蝇已经逃跑了。它飞到了离巢穴不远的一个有利位置，等待着下一次侵入的机会。

如果寄生虫在作案时被隧蜂碰到会怎么样？没有什么大不了。我看到有些大胆的小蝇跟随隧蜂就进了蜂巢，还在里面待了一阵子，这个时候隧蜂正忙着制作花粉和蜂蜜的混合物。因为小面包还没有做好，小蝇没有办法吃，所以它就自如地飞了出来，在蜂巢的大门外等着。它们回到太阳下时，毫不惊慌，镇定如常，充分表明它们在隧蜂工作的蜂巢底部没有遇到什么麻烦。

如果小蝇太猖狂，老在小面包周围兜圈子，房主为了驱赶它可以在它脖子上敲一记。小矮人从正在工作的巨人的巢穴里出来之后，安然无恙，步履平稳，足以看出盗贼和受害者之间没有发生冲突。

当隧蜂回家的时候，我们上文已经提到，不管它有没有收获，它都是犹犹豫豫地在小村落上方盘旋，突然往前又接着后退，贴着地面来来回回地转圈。它可能想用这种错综复杂的路线图来迷惑尾随的敌人。它显得很小心谨慎，其实却是愚蠢的一招。

其实它担心的问题不是如何防备敌人，而是如何找到自己的家，这里的小土包一个挨着一个，村子里的小路也是纵横交错，每天都有新的蜂巢出现，所以村子的面貌也随时在变。它的犹豫不决显而易见，它时常会弄错地方，降落在别人家的门口。通过门边的细微差异，它才发现自己走错了地方。

它又起飞了，沿着螺旋曲线飞行，跌跌撞撞地继续寻找它的家。终于找到了家门，隧蜂一头钻了进去。尽管它迅速地消失在地下，小蝇也已经抵达它家的门口，在那里守着，只等隧蜂出来，它就会再一次扑向它的蜜罐。

当房主从洞里爬出来时，小蝇往后退了一点儿，只留出一点儿空间让隧蜂能顺利通过，仅此而已。小蝇为什么要多挪地方呢？它们的见面是如此平和，如果不了解情况的人是不会想到这是一个受害者和强盗在见面。小蝇并不担心隧蜂突然回来，它一点儿也不放在心上。同样，隧蜂也对闯入者毫无察觉，只要这个强盗不追着它飞，不扰乱它的飞行。否则膜翅目昆虫就会突然一个急转弯，飞远了。

当弥寄蝇紧跟着欧洲狼蜂和其他捕猎的蜜蜂想把卵产在即将堆满食物的房间里时，欧洲狼蜂和其他捕猎的蜜蜂就会这么做。它们在巢穴附近偶遇弥寄蝇时没有反应，非常平静地回到家。但是在飞行的时候，如果感觉到自己被人跟踪尾随，它们就会飞快地逃跑。弥寄蝇通常不敢在捕猎者卸下战利品的时候到房间里，而是安安静静地守在门口，等着欧洲狼蜂出现。它们的作案手段是在捕猎者正要进门消失在地下之际，将卵产在战利品上。

想要寄生到隧蜂家的小蝇则不同，因为它们遇到了更多的困难。隧蜂回到蜂巢时，采的花蜜在蜜囊里，足上的花粉刷上沾满花粉，但小偷进不了蜜囊，花粉太松散，不是稳定的支撑物。而且这些食物还远远不够。为了做圆面包，隧蜂还要往返采蜜很多次。当做面包的原材料堆积成山，隧蜂开始用它的上颚尖端来混合原料，再用足把原料加工成小圆球。双翅目昆虫的卵如果产在这些原料里，就会在制作过程中被压碎了。

因此外来小蝇的卵只能在小面包做好之后再放上去，因为食物的准备工作都发生在地下，因此小蝇必须要下到隧蜂的巢穴里。小蝇胆大包天，有时候甚至隧蜂就在家里它都敢闯进去。隧蜂有可能是懦弱无能，也可能是愚蠢的宽容，就任凭强盗在它家里为所欲为。

小蝇执着地窥伺和鲁莽地闯入隧蜂家，它的目的不是自己享受隧蜂的食物。它只需飞到花上就可以毫不费力地享用大餐，而不用当窃贼。我想小蝇在隧蜂的巢穴里，只是浅尝即止，了解食物的味道就行了。它最大的也是唯一的事情就是生儿育女、繁殖后代。它偷窃食物不是为了自己，而是为了它的孩子们。

让我们把隧蜂的花粉面包挖出来看看，可以发现面包都成了碎渣，被浪费了。在房间地板上的黄色花粉碎屑中，可以看到有两三条尖嘴蛆虫，这是双翅目昆虫的幼虫。有时候在它们旁边能找到真正的房主隧蜂的幼虫，但是因为食不果腹而羸（léi）弱不堪。这些贪吃的寄生虫，虽然没有虐待房主的幼虫，却掠夺了它最好的食物。饥饿的可怜虫逐渐消瘦，干瘪（biě），不久之后就一命呜呼了。它的尸体变成了残渣，和剩下的食物一起成为寄生虫的盘中餐。

隧蜂妈妈在这场灾难中做了什么？它任何时间都可以去看它的孩子，只需要把头伸进房间的窄瓶口就能看到孩子们的悲剧。面包被糟蹋和寄生虫窜来窜去，它都可以一目了然。它如果知道了肯定会将这些寄生虫的肚子戳破！它一瞬间就可以用上颚把它们碾碎，扔到门外去。然而愚蠢的隧蜂妈妈却什么都没有做，任凭寄生虫鸠占鹊巢。

隧蜂妈妈还做了更愚蠢的事情。等到它的幼虫化蛹的时候，它就会把所有的房间门用一块黏土塞子堵上，包括那些被寄生虫侵占的房间。如果房间里有一只隧蜂幼虫的蛹，那么这最后的封闭房门是一个很好的保护措施。但如果房间里已经被寄生虫洗劫一空，这样封闭就很荒谬了。在这样的情况下，隧蜂毫不犹豫地封闭了空房间。我之所以说是空房间，因为狡猾的寄生虫在吃完房间里储存的食物之后就逃之夭夭了，它们好像预见到门口将会有一个未来的小蝇无法逾越的障碍，因此它们在膜翅目昆虫还没有封闭房门的时候就逃走了。

寄生虫既诡计多端，又行事小心。一旦房门即将被封上，它们就会逃离这个即将埋葬它们的地方。土坯的凹室，经过打磨刷上涂料的墙壁，具有很强的防水防潮性，对寄生虫来说应该是一个不错的等待化蛹的好地方。寄生虫却不愿意待在里面。它害怕自己变成小蝇之后被围困在里面，它们就爬了出来，分散在竖井旁边的土里。

我挖掘了隧蜂的巢穴，看见小蝇的蛹确实在房间外，从来没有在房间里面。我在黏土地里发现这些蛹，它们挤在一个小巢穴里，是逃出来的蛆虫自己修建的。第二年春天，破茧而出的时候到了，成虫只需要钻出崩塌的土堆就可以了，简直轻而易举。

寄生虫还有一个必须要搬走的原因，虽然不是那么迫切，那就是到了七月，隧蜂会进行第二代繁殖。而双翅目昆虫每年只繁殖一次，现在还在蛹里，等着来年才能变成成虫。隧蜂又开始在原来的家里劳作，它就利用春天修建的房间和竖井走廊——这样可以大大节约时间！主要是因为这些建筑都很精细，保存完好，只需要稍做休整就可以继续居住。

如果隧蜂在打扫房间的时候发现了一个蛹会怎么样呢？它非常爱卫生，它会将这些蛹连同灰泥残渣一起清理出去。这对它来说就是一个垃圾，一颗沙粒，它用上颚就可以夹住，也许就夹碎了，然后抛到外面的瓦砾堆里。在地面上，风吹日晒，蛹的死亡不可避免。

我很钦佩寄生虫的这种清醒的预测，它为了将来的安全，抛弃了现时的享受。摆在它面前的有双重危险：不是被关在一个小房间里，变成苍蝇之后出不去，就是被隧蜂当成垃圾，在修整打扫房间时扔到室外，日晒雨淋之后死亡。为了避免这双重危险，它在门关上之前，在七月隧蜂把房间收拾得井井有条之前，就逃脱了。

现在让我们看看寄生虫的结果。在六月，隧蜂的村落一片安静，我搜寻了我观察的规模最大的村落，有大约五十个洞穴。地下室发生的苦难，我尽收眼底。我们有四个人一起用手指来筛选挖掘出来的土壤。第一个人检查完了，第二个人再筛查一次，然后第三个人、第四个人分别筛选。结果很糟糕。我们没有发现一个隧蜂的蛹，一个都没有。这个隧蜂密集的村子遭受了灭顶之灾，它们全被双翅目昆虫取而代之。双翅目昆虫的蛹多得难以计数，我收集了一些回去，准备研究它们的进化繁衍。

一年过去了，红棕色的小蛹仍然一成不变，寄生虫在里面缩小身体，逐渐变硬。它们是潜伏着生命的种子。七月的骄阳并没有把它们从昏睡中唤醒。七月的时候是第二代隧蜂活动的时候，好像是上帝颁发了一张休战令：寄生虫休息了，隧蜂得以安静地工作。如果敌对行动一次又一次地重新爆发，夏天像春天时一样造成大量死亡，那么过度隐忍的隧蜂种族也许就会灭绝了。第二代隧蜂有时间休养生息，让生态恢复平衡。

四月，当彩带隧蜂开始在荒石园的小径上绕来绕去寻找最佳的筑巢地点时，寄生小蝇也迫不及待地羽化了。啊！简直太精确了，两种昆虫之间的生物钟竟然如此协调一致，一个是侵略者，一个是受害者！

隧蜂刚要开始它的工作，另一位也准备好了，小蝇又要开始抢劫食物来饿死隧蜂幼虫了。

如果这只是一个孤立事件，我们就不禁会想：自然界里多一只隧蜂或少一只隧蜂对生态平衡没有什么影响。但是在关乎生存的战争中，各种形式的掠夺都成了一种规律。从低等生物到高等生物，生产者总是被不事生产的人剥削。虽然人类自身有着特殊地位，应该远离这样的苦难，但却在这种野蛮的掠夺中显得出类拔萃。人类对自己说："工作都是为了别人的钱。"就像小蝇对自己说："工作是为了隧蜂的蜂蜜。"为了更好地实施盗窃，人类发明了战争这种大规模屠杀的艺术，因为如果小规模地杀人就会被绞死。

在村里的教堂每个礼拜日都会演唱我们终极的梦想：荣耀归于至高的天上的主，平安归于地上心怀善念的人们。[①]我们永远都看不到这个梦想的实现。如果战争只在人类之间发生，也许未来我们能维持和平，因为有慷慨大度的思想在人群中传播，会起作用。但是这种灾祸也同样在动物界存在，它们冥顽不化，永远听不懂道理。如果这种灾难是普遍现象，那这种顽疾就是无法治愈的了。令人担心的是，未来的生活将和今天的一样，是一场永无休止的屠杀。

于是，人们由于绝望而努力想象出一个能掌控行星的巨人，他具有无坚不摧的力量，也是正义和权力的化身，他知道我们的战争、杀戮、火灾、野蛮的胜利，他知道我们的炸药、炮弹、鱼雷艇、战列舰和所有的死亡机器。他同样也知道，即使是最低等的生物也会有可怕的食物之争。那么这位正义的无所不能的巨人，当他把地球抓在手里时，他会毫不犹豫地把地球捏碎吗？

他不会犹豫……他会让一切顺其自然。他自言自语："古老的信仰是有道理的，地球是一个长虫的坚果，被邪恶之虫啃咬。这是一个野蛮的开端，是迈向更加温和宽厚的命运的一步。就让一切顺其自然，秩序和正义总会到来。"

---

① 出自《圣经·新约》。

舒氏西绪福斯蜣螂（qiāng láng）与蜣螂
父亲之本能

    几乎只有高等动物才会有父亲养育孩子的义务。鸟类这方面做得很好，有皮毛的动物也做得很出色。再低等的动物，父亲通常对家庭漠不关心。昆虫也很少有例外。每只昆虫想的只是繁衍后代，它们也几乎同样在一时的激情得到满足后就立刻断绝家庭关系，无忧无虑地离开家，尽可能地摆脱家庭的束缚。

    这种父亲的冷漠在高等动物里是可恶的行为，因为幼小的孩子比较柔弱，需要父母长时间的养育。但在昆虫世界就不是这样，父亲可以借口新生儿一出生便很强健，只需要把它们放到合适的地方，不需要帮助，它们就能自己找吃的。对于粉蝶来说就是如此，为了繁殖后代，只需要把卵产在一棵卷心菜的叶子上，何必还要父亲的关心呢？母亲具有植物学的本能，也不需要帮助。在产卵的时候，有人在旁边反而会徒增麻烦。就让父亲去别处玩吧，它在这里反而会给这么重要的事情添乱。

    大多数昆虫都实施这种粗放的育儿策略。它们所要做的就是选择在一个食物充足的地方安家，一旦孩子孵化出来，它自己寻找食物就很方便。在各种情况下，都不需要父亲。在婚礼过后，无所事事的昆虫父亲就变得一无是处，苟活几天之后，对家庭毫无贡献的它就去世了。

事情并不都是这么冷酷的。还是有一些种类的昆虫会给家庭储备一笔财产，给子女的出生提前准备好食物和房间。尤其是膜翅目的昆虫，它们擅长为孩子准备食物储藏室，制作罐子和瓮来盛装蜂蜜，它们是建筑巢穴的艺术大师，在巢穴里堆放给幼虫准备的食物。

但是这项沉重的工作，既要修筑巢穴，又要获取和储存食物，耗费了昆虫妈妈一生的心血。这些劳动只有昆虫妈妈一个人在做，所以它精疲力竭，疲惫不堪。而昆虫爸爸在巢穴附近闲逛，被太阳晒得昏昏欲睡，看着忙碌的妈妈在辛勤劳作。它偶尔还跟女邻居们说说笑笑，根本不可能去帮妈妈干苦力。

昆虫爸爸为什么不去帮忙呢？这是一个稍纵即逝的机会啊。它要是以燕子夫妇为榜样就好了，它们会一根根地往窝里衔回稻草，一块块地往窝里涂沙泥，一只只地将抓到的小虫子喂给孩子们吃。它游手好闲，也许是以妻子比它强壮为借口享清福。但这是一个糟糕的理由，从树叶上切一块小圆片，从毛茸茸的植物上面耙一些棉絮下来，在泥泞的土地上挖一块泥土，这样的工作它完全可以胜任。它可以很好地协助妻子，至少搭把手，把妻子采集的东西放好。它无所事事的真正原因，其实是无知。

真是很奇怪：膜翅目昆虫有勤劳工作的天赋，却不知道怎么履行父亲的职责。它为满足孩子们的需求应该发展出更高超的才能，但它却做得和蝴蝶一样少，对家庭不管不顾。我们对它的天赋才能预测不准。

　　正因为膜翅目昆虫中的父亲没有起到应有的作用，我们才会对摆弄粪球的昆虫中的父亲具有的这种优秀品质那么惊艳。各种各样的蜣螂都是夫妻共同承担家庭的重任，因为它们知道夫妻合作更有力量。我们还记得粪金龟夫妻一起为幼虫准备遗产的事情，让我们再来看看这位爸爸吧，它在帮助妻子制作压缩香肠时非常用力地拍打着。这样高尚的家庭互助品格令人赞叹，因为其他昆虫大多是雌性独自养家。

　　除了这个独一无二的例子，我还继续在这方面研究，今天我还要再增加三个同样有趣的例子。这三个都是食粪虫的同行。我将对它们简要地介绍，因为在圣甲虫、西班牙蜣螂等其他昆虫的故事里也会有相同内容。

　　我们将要看到的第一个昆虫是舒氏西绪福斯蜣螂，在滚粪球的选手中，它是个子最小热情却最高的一位。它身手敏捷，在崎岖陡峭的路上猛摔一跤，然后迅速翻滚，总能坚强地将粪球重新推回到正轨。为了让大家记住这位永不言败的体操健将，拉特雷尔[1]给这种昆虫命名为西绪福斯。西绪福斯是一位古代神话中生活在地狱里的名人。他非常不幸，要将一块巨石推上山顶，每一次就快到山顶时，巨石就会滑落，回到山脚下。可怜的西绪福斯又重新推，周而复始，永无止境。西绪福斯的苦难永远也不会结束，除非巨石能稳稳地立在山顶上。

────────────

[1] 拉特雷尔（1762—1833），法国著名的昆虫学家。

我很喜欢这个神话。这有点儿像我们自己的故事，我们不应该是受到永远折磨的恶人，而是勤劳善良、乐于助人的人。我们唯一需要赎的罪就是贫穷。就拿我来说，半个多世纪以来，我在艰难地攀登过程中，留下了斑斑血迹的衣服碎片。我汗流浃背，血管枯槁（gǎo），为了挣到每天养家糊口的面包，背负着重担竭尽全力地往上爬。而刚刚放稳的面包，就又滑动起来，加速向下滚落，坠入深渊。重新来过吧，可怜的西绪福斯，再来一次，直到最终这块巨石滚落下来砸碎你的头，才能让你彻底解脱。

自然界的西绪福斯不知道有这些悲苦。它兴高采烈，对陡峭的坡道毫不在意，背负着它的巨石，有时那是它自己的面包，有时是它儿子们的面包。这种蜣螂在我这里很少见到。如果没有一个合适的助手，我永远也找不到适合我研究题目的蜣螂，我将介绍一下我的助手，因为他在我后面的叙述中还会不止一次地出现。

他就是我的儿子小保罗，七岁了，当我去捉西绪福斯蜣螂的时候始终陪伴在我身边。他知道很多同龄人不知道的蝉、蚱蜢（zhà měng）、蟋蟀和食粪虫的秘密，他非常开心。走了二十步远，他那敏锐的眼光就从一堆堆乱七八糟的土堆里发现了一个真正的巢穴。他的听力很灵敏，能分辨出微弱的螽斯的叫声，我完全听不到。他借给我他的眼睛和耳朵，而作为交换，我给他出主意，他全神贯注地听，并用带着疑问的蓝色大眼睛望着我。

啊！智力开出的第一朵花是多么美好啊。他天真的好奇心被唤醒，正是想要探知一切的年纪！因此，小保罗有一个笼子，笼子里有一只圣甲虫正在为他制作梨形粪球。他有一块方围巾那么大的菜地，他在里面种上豆类，他经常把它们拔出来看看它们的须根是不是长长了。他在他的种植园里种了四棵橡树，有围墙那么高，上面结满了乳头似的橡栗。他在学习枯燥的法语语法的时候靠这些活动散散心，而且学习也没有因此受影响。

如果科学能屈尊对孩子们更友好，如果我们的大学里能将书本上的死板知识和田野里的鲜活研究结合起来，如果教育系统的教学大纲不再扼杀孩子们的兴趣爱好，大自然的故事能在孩子的心里留下多少美妙的回忆啊。我的朋友小保罗就在田野里学习，在迷迭香和杨梅树中间，学到了更多东西。我们在这里获得了身体和心灵的活力，我们在这里会比在书本里更能找到真和美。

今天因为过节，所以学校放假了。我们一大清早就起床，准备去一场计划好的徒步旅行。因为出发得太早了，还没有吃早饭。但是不用担心，如果饿了，我的包裹里装着平时我们吃的食物：苹果和面包片。我们可以找一个阴凉处饱餐一顿。五月就要到了，西绪福斯蜣螂应该出来活动了。我们现在在山脚下羊群经过的稀疏草地上搜寻，我们不得不用手指一个接一个地将羊粪蛋捏碎，这些羊粪蛋经过太阳的烘烤，中心还是柔软的。我们就在那里面找到了西绪福斯蜣螂，蜷缩起来，等待着傍晚放牧带来的新鲜羊屎蛋。我告诉小保罗我以前偶然发现的这个秘密，他很快就掌握了给羊屎蛋去核的技术。他干得热火朝天，仔细辨别着有蜣螂的粪堆，于是我们找到了比我想象中多得多的西绪福斯蜣螂。我现在拥有六对西绪福斯蜣螂，能得到这笔巨大的财富完全出乎我的意料。

养育它们，不需要用鸟笼。一个金属网钟形罩就足够了，再在底部铺上一层细沙做床，并放一些它们喜欢吃的食物。它们个子娇小，差不多跟樱桃核一般大！它们虽然体型袖珍，但长得很有特点。身体粗壮，尾部变窄呈弹头状。足部特别细长，向四周伸展，好像在模仿蜘蛛的足，后足粗壮弯曲，使它能牢牢抓住粪球。五月初，它们在刚刚饱餐一顿的畜粪蛋糕旁的平地上交尾。然后就建立了家庭。夫妻俩热情高涨地一起为孩子们揉捏、搬运、烤制面包。它们先用前足从大块粪便上切下一块大小合适的小块。爸爸妈妈齐心协力，揉搓这一小块，轻轻拍打，将它压紧，最后团成大豌豆一般的小球。我们看到金龟子也是这么制作粪球的，精确的球体造型是在没有借助滚转机器的情况下实现的。这块粪球在还没有移动之前，甚至都没有来回晃动，就已经变成了球体。从几何学上来说，做成球体是最适合食物长期保存的形状。

粪球很快做好了。现在它们需要通过快速滚动来使外壳坚硬，从而保护粪球内部的水分不要过快蒸发。蜣螂妈妈——从它更强壮的体型就能辨认出来——坐到了正前方的荣誉之位上。长长的后足支在地板上，前足放在粪球上，它在前面拉，后退着走。蜣螂爸爸在粪球的另一边低着头，前足着地，后足抓住粪球使劲往后推。金龟子也是用的这个方法。夫妻俩一起劳作，但是目的不一样。西绪福斯蜣螂赶的马车装载的是给幼虫准备的口粮，金龟子的大丸子是夫妻俩在地下约会时享用的大餐。

现在蜣螂夫妻出发了，目的地还不确定，它们在路上将会遇到各种各样的艰难险阻，而且它们是倒退着走的，所以很难避免遭遇危险。此外，就算遇到阻碍，西绪福斯蜣螂也不会试图绕开，它们决心爬上金属网钟形罩就是对这种执着的最好证明。

这样的攀爬太难了，很难成功。蜣螂妈妈用后足抓住金属网，拼命将重担往上拉，然后抱紧粪球，将它悬吊起来。蜣螂爸爸因为足已离地，只能紧紧地抓住粪球，双足都嵌进了粪球里，给妈妈的重担上又加上了自己的体重，完全没有帮上忙。要想持续向上攀爬需要巨大的力量。粪球和镶嵌在里面的蜣螂爸爸一起掉了下去。蜣螂妈妈在高处一看，愣在原地，但很快也滑落下来，准备重新拉起粪球，再次尝试这场不可能成功的攀登。直到屡次跌落之后，它们才放弃了攀登。

在平地上运输粪球也不是一帆风顺的。有时候，碰到一个砾石堆，粪球就会偏离方向，朝旁边滚去，蜣螂夫妻也跟着翻滚，四脚朝天，手脚乱蹬。这都没有关系，丝毫不影响。它们又爬起来，继续迈着轻松的脚步往前推进。西绪福斯蜣螂在翻滚时背部着地，不过不用担心，它们还正想要这样呢。粪球越摔越结实，难道不是求之不得吗？承受这样的碰撞、冲击、跌落和颠簸都是必经之路。这场疯狂的运送会持续好几个小时。

最终，蜣螂妈妈觉得事情已经做得很圆满了，就会离开一会儿，去寻找一个合适的地点。蜣螂爸爸守在粪球旁边，趴在它们的宝贝上。如果蜣螂妈妈一直没有回来，它就会用后足举起粪球飞快地在空中旋转着玩耍。它滚球的动作十分熟练，它的两只足就像圆规的两条腿精准地卡在球的两侧。看到它以这样快乐的姿势手舞足蹈，谁会怀疑蜣螂爸爸对家庭的未来不感到非常满意呢？它仿佛在说，是我把这个面包球揉得这么圆润，是我为我的孩子们烤制的。它骄傲地向所有人展示这份辛勤劳动的荣誉证书。

蜣螂妈妈已经选好了巢穴的地址。它先在上面挖出一个浅坑，为将来的巢穴做好标记。于是粪球被运送到了这附近。蜣螂爸爸严密看管着粪球，一刻也不松懈，蜣螂妈妈开始用足和头罩奋力挖坑。不一会儿，坑的直径就挖到能装下粪球，它们立刻把粪球放进去，而且还要保证粪球在蜣螂妈妈的背上不停摇晃，这样可以避免寄生虫在上面产卵，然后再一点点地继续往下深挖。蜣螂爸爸担心在巢穴完工前放在门口的小面包不安全，因为在粪球周围有腻虫和小蝇飞来飞去，都想要夺取它们的粮食，必须要小心谨慎，时刻提防。

粪球随着坑越挖越深就越往下沉，现在已经有一半埋进坑里了。蜣螂妈妈在下面抓紧粪球，不停地拉拽，蜣螂爸爸在上面控制着粪球的颠簸，预防巢穴塌方。

一切进展顺利。巢穴继续往下深挖，粪球也在持续下降，整个工作进行得很小心谨慎，一只蜣螂在下面挖洞，另一只在上面控制粪球的下降，并扫清阻挡下落的障碍。经过不停地努力，粪球由两位矿工牵引，已经消失在了地面上。接下来就是重复刚才我们看到的一系列过程。大约要等半天时间，这项工作才会结束。

如果我们的观察还一直进行下去，我们就能看到蜣螂爸爸一个人重新钻出地面，躲进巢穴旁边的一个沙堆里。蜣螂妈妈独自待在地底下，它的伴侣没有来帮忙，它通常要到第二天才会从洞里爬出来。它终于出现了。蜣螂爸爸也从藏身之处出来了，它们又汇合了。夫妻俩团聚之后，就去找一大堆食物，大快朵颐之后又切下一小块，两人一起合作，揉搓成球，搬运到巢穴，并将这个粪球埋进地洞里。

　　它们夫妻俩这么团结，我很感动。这是西绪福斯蜣螂夫妻的行为准则吗？我不敢确定。应该也有变心的人，在一块大蛋糕下面的混战中，它忘记了以前和它一起做面包的发妻，而为另一个萍水相逢的雌性蜣螂服务。应该会有这样的半路夫妻，做了一个粪球之后就分道扬镳（biāo）了。不过没有关系，这种情况我见得不多，所以我高度赞扬西绪福斯蜣螂夫妻间的这种团结协作的精神。

　　我们在一探巢穴之前，先总结一下西绪福斯蜣螂的家庭习俗。和蜣螂妈妈一样，爸爸也要参与给幼虫的食物的切割和塑形，它还要帮忙搬运粪球，当然它没有妈妈出力大，当妈妈离开去为巢穴选址的时候，它负责守护粪球，然后它要辅助挖掘巢穴，还要把巢穴中的废土清理出去。最后，它除了有以上这些优良品质之外，它对妻子忠贞不贰，更是难能可贵。

　　金龟子爸爸也展现出了这些特质。它很乐意跟妻子一起制作粪球，并且掌握了怎么在相反的方向协助妻子搬运粪球。但是让我们再重复一遍，它们相互帮助的动机是自私的：这两个合作者制作和运输粪球是为了满足它们自己的口腹之欲。这个粪球对它们来说是一顿节日大餐，仅此而已。在家务劳动中，金龟子妈妈没有帮手。只有它一个人从一堆畜粪中切割一块，压缩粪球，用西绪福斯蜣螂爸爸的姿势背着身体倒退着滚动搬运粪球。它独自一人挖掘巢穴，埋藏粪球。而金龟子爸爸完全忘记了还有产卵和养育后代这件事，它对这项繁重的家务坐视不理。同样是个子娇小的食粪类昆虫，差别真就这么大！

　　参观西绪福斯蜣螂地下巢穴的时候到了。洞挖得并不深，有一个狭长的通道，刚好够蜣螂妈妈安放粪球之后转身。这所房子的狭小决定了蜣螂爸爸不能在里面待得太久。房间造好后，它就抽身出来，让继续给粪球塑形的妻子自由活动。我们在上文已经说过，它确实比蜣螂妈妈早些回到地面上。

　　每一个洞穴里都摆放着一个它们手工制作的杰作。这是金龟子制作的梨形粪球的缩小版，因为娇小玲珑，表面更加光滑，曲线更加优美。粪球的直径在12到18毫米之间。这些粪球是食粪虫的艺术作品中最精美的。但是这种精妙的外观只能保存很短的时间。很快在这个漂亮的梨形球外面就缠了几圈多节的黑色污物，就像树瘤一样。其他表面还是完好如初，就是这一部分被蒙上了一层丑陋的东西。起初，我很困惑这些难看的结节是怎么来的。我怀疑是某种隐花植物，或者某种链球状菌类，因为它们会长出黑色的坑坑洼洼的硬壳。后来我才知道我错了，罪魁祸首应该是蜣螂的幼虫。

　　这是一个常见情况，蜣螂的幼虫呈弯钩状，驼着背，就像背上背了一个大口袋，这样的姿势说明它是一个急性排便者。和金龟子的幼虫一样，它确实擅长利用喷射出的粪便胶状物堵住它所在的蛋形小屋外壳上偶然出现的坑洞。这种特殊的水泥就储存在它的口袋里，随时可用。此外，它还会一种粉条加工的技术，除了宽颈甲虫，其他成年甲虫都不会，而宽颈甲虫也很少使用这种技术。

不同的蜣螂的幼虫都会用这些消化残留物来涂抹自己居住的蛋形房屋内壁，因为这个房屋太小，没有地方储存粪便，而且也不需要它临时开扇窗户来扔这些垃圾。有可能是缺乏足够的空间，也可能是其他我不知道的原因，西绪福斯幼虫除了使用一部分粪便抹墙，还会把多余的粪便排出房屋外。

当房屋里的隐士已经长大了的时候，我们就可以近距离地观察这个梨形小屋了。时不时地，我们能发现在小屋表面会有一个地方变潮湿，软化，然后变薄了。接下来就会看到表面有一个深绿色的喷泉喷涌而出，落下来之后堵住这个喷泉口。就在房屋表面又形成了一个疤。干燥之后这个疤就变成了黑色。

到底发生了什么？幼虫先是在房屋的外墙上短暂地打开了一个气窗，窗子上有一层薄窗帘，然后它把家里抹墙剩下的粪便通过这个小窗户排出去了。它的粪便穿过了墙壁。这种随时打开的天窗丝毫不影响幼虫的安全，因为窗户立即被堵住，而且它在喷射完之后，再一抹就能把窗户密封住。正是有这样随时安装的塞子，梨形房屋里的食物才能在时常开窗的情况下一直保鲜。外面的干燥空气完全不能进入。

西绪福斯蜣螂似乎知道它的梨形粪球这么小，埋得也不深，在炎热的天气下会很快腐烂。所以它提前在四月到五月间就开始了劳动，那时气候还比较温和。六月中，在酷暑时节到来之前，它的孩子们已经钻出了梨形小屋，开始自己寻找可口的食物，并且把那里当作炎炎夏日的避暑胜地。接下来是秋天短暂的快乐时光，然后就钻入地下躲避寒冬的侵袭。到了第二年春天，天气变暖，它们就又出来了，开始了如火如荼的滚粪球活动。

我对西绪福斯蜣螂的观察还有一个发现。在我的金属网钟形罩里面一共有六对夫妻，它们给我提供了总共57个粪球，每个粪球里都有一个幼虫。通过数据可以计算出，每对夫妻平均生育9个孩子，这个数字是圣甲虫远远不及的。西绪福斯蜣螂为什么有这么强的繁殖能力呢？我只有一个解释：蜣螂爸爸和蜣螂妈妈一起劳动。当家庭的重担分担到两个人身上时，就比完全由一个人承担轻松得多。

圣甲虫

　　事情是这样的，我们一行人有五六个人，我是其中最年长的，充任其他人的老师和朋友，其余的人都是热心肠、想象力丰富的年轻人。我们充满春天的活力，想要去探索广阔的大自然。

　　我们边走边聊，沿着一条长满接骨木和山楂树的小径散步，金匠花金龟被这些伞房花序的鲜花散发出的苦涩香气所陶醉。我们准备去看看圣甲虫是否已经在安格莱斯多沙的高原上滚着它们的粪球，这粪球在古埃及代表了整个地球。我们想知道，在小山底部的活水里，是不是有小蝾螈（róng yuán）躲在绿地毯一般的浮萍底下，它们的鳃像珊瑚的小枝？小溪中优雅的一种小鱼——刺鱼，是不是系上它参加婚礼的蓝紫相间的领带？新来的燕子是不是正用锋利的翅膀掠过草地，追逐一边跳舞一边产卵的大蚊？眼斑蜥是不是趴在砂岩上的洞穴门口，在阳光下展示布满星星点点的蓝斑的臀部？从海上飞来的笑鸥，是不是成群结队地在罗纳河上空盘旋，追逐逆流而上到这里产卵的鱼群，并不时地发出像狂笑一般的鸣叫？……我们就到这里打住吧，简而言之，我们这群单纯天真的人，喜欢和野生动物打交道，我们要花一个上午的时间来庆祝春天生命的复苏。

一切都如我们所愿。刺鱼已经沐浴更衣，它的鳞片闪闪发光，把银币也比下去了，它的喉咙上有一抹最鲜艳的朱红色。不怀好意的大黑蚂蟥（mǎ huáng）一旦靠近它，它背上、腹部侧边的小刺就会突然竖立，像被弹簧弹出来的一样。在这样坚决的防守下，蚂蟥只好灰溜溜地游回水草里。快乐的软体动物——扁卷螺、瓶螺、锥实螺，都浮到水面上来呼吸新鲜空气。水龟虫和它那丑陋的幼虫是池塘里的海盗，扭着脖子，寻找着一个又一个攻击目标。而它们旁边的一群愚蠢的小型水生动物竟然完全没有发现。还是让我们离开平原上的池塘，爬上通往高原的悬崖吧。高原上，有绵羊在吃草，有骏马在奔腾，为下一次赛马做准备，它们为兴高采烈的食粪虫提供了美味大餐。

这是食粪的鞘翅目昆虫的工作，它被赋予了清除土壤污垢的崇高使命。它们拥有各种各样令人惊叹的工具，有的用来搅拌粪便，把粪便分成小块，再塑形；有的用来挖掘巢穴，可以让它们以后带着自己的战利品住进去，就像开了个工具技术博物馆，所有的挖掘工具都展示在里面了。有些工具好像是模仿人类使用的工具，还有一些是它们独创的，人类甚至可以从中借鉴，重新组合出新的工具。

西班牙蜣螂头上长有一只粗壮的尖角，朝身后弯曲，就像十字镐的长柄。月形蜣螂也有相似的角，但它在胸部还长有两只强壮的尖角，就像犁铧一样有切割的作用，在这两个角之间，有一个边缘锋利的突起，用作大刮刀。水牛布蜣螂和野牛布蜣螂生活在地中海沿岸，它们头顶上有两只分开的粗壮尖角，尖角中间有一个从胸部长出的水平犁铧。蒂菲粪金龟在前胸长有三只平行朝向前方的尖角，侧边的两只尖角长，中间的短。公牛嗡蜣螂的工具是两只长角，弯弯的像公牛的角。叉角嗡蜣螂扁平的头上直立着一把有两个分支的叉子。没有上述这些特殊装备的食粪虫在头上，或者胸部都会长有坚硬的突起，这种工具虽然很钝，但是食粪虫有充分的耐心来使用好它。所有的食粪虫都有铲子，就是它们的头，又宽又平，边缘很锋利。所有的食粪虫都使用耙子，就是它们带锯齿的前足，可以把粪便收集起来。

好像是对这份搬粪苦差的补偿，大部分食粪虫散发出强烈的麝（shè）香气味，肚子像抛光的金属一样闪闪发光。黑粪金龟的肚子上还有金和铜的光泽，粪堆粪金龟的肚子则发出紫水晶一样的光。然而，总的来说，它们的颜色都是黑色。在热带地区才会有穿着华丽服装，活像珠宝的食粪虫。在上埃及的骆驼粪下，生活着一种圣甲虫，它鲜艳的绿色像翡翠；在法属圭亚那、巴西和塞内加尔则有一种金属红色的蜣螂，色彩像黄铜一样浓烈，又像红宝石一样鲜艳。虽然我们这里没有粪便做的首饰盒，但是这里的食粪虫的习性也同样令人印象深刻。

在一堆粪便周围是多么热火朝天的劳动场面啊！从世界各地赶到加利福尼亚淘金的人也没有如此狂热。在太阳还不晒人的时候，它们就已经成百上千地聚集于此，大大小小，横七竖八，种类各异，形态不同，迫不及待地都想从公共的大蛋糕上分一杯羹。

有些在露天工作，刮取粪堆的表面；有些在粪堆上打洞，寻找丰厚的宝藏；另一些则钻到粪堆的下面，想要立即将战利品埋到地下；而另一些个子更小的，则等强壮的大个子挖完了，打扫它们掉下来的边角余料。还有一些新来的，肯定也是最饥肠辘辘的，直接在现场狼吞虎咽。但是大多数都想要积攒一笔财富，然后再躲进一个安全的巢穴里，过一段富足的日子。在长满百里香的贫瘠平原上，很难找到新鲜的粪便。像这样的恩惠是天上掉馅饼，只有幸运儿才能得到这么多。因此今天这些财富需要小心谨慎地储存起来。粪便的气味已经将这个喜讯传到了方圆一千米以内，所有的食粪虫从四面八方匆忙赶来采集着这大自然的馈赠。还有一些后来者飞着或者跑着往这里聚集。

那个因为害怕迟到而一路小跑的是谁啊？它长长的足匆匆忙忙、笨手笨脚地移动，就像是昆虫肚子里有机器在推动似的。它红棕色的小触角呈扇形分开，透露出它焦躁不安的欲望。它来了，它在挤翻了几个同来赴宴的客人之后终于到了。它就是圣甲虫，穿着黑色的套装，是个头最大，最有名气的食粪虫。它和同伴们并排坐在一张桌子上，用宽大的前足轻轻拍打粪球，并且给粪球裹上最后一层之后，就开始安安静静地享受它的劳动成果。让我们跟随它的步骤来看看了不起的粪球是怎么制作出来的吧。

它的头顶盖边缘又宽又扁平，有六个呈半圆形排列的角状锯齿。这是它用来挖掘和切割的工具，也是一个耙子，把粪便中没有营养的植物纤维挑出来扔掉，留下最精华的部分，并收集起来。食物挑选好了，对于这些挑剔的鉴赏家来说，这些比植物纤维好。如果是圣甲虫为自己制作食物，那这样粗选一下就可以了。但是如果要做一个有育儿室的粪球，因为要在中央挖一个产卵的凹槽，就需要更加精挑细选。于是所有的植物纤维都被去掉，只用粪便的精华部分来制作粪球的中心部分。当幼虫孵出来之后，就可以在育儿室里吃到最营养的食品，强健它们的脾胃，以后才能咬开最外面的硬壳。

就它的需求而言，圣甲虫不那么挑剔，只满足于粗选分拣。锯齿状的头顶盖掀起粪便，挖掘，挑选，再随意收集。前足在这场劳动中起着强有力的作用。前足是扁平的，弯成一个圆弧，由强壮的肋骨控制，而且前足的外沿武装着五个粗壮的锯齿。如果它必须要用力推倒一个障碍，在最厚的粪堆上开辟一条路，那圣甲虫就会用前足，也就是说，它锯齿状的前足左右开弓，这是一把有力的耙子，可以清扫出一个半圆形的空地。清理好场地之后，前足又有另一项工作，它们收集被头顶盖耙过的粪便，并把粪便拢到圣甲虫的肚子下面，聚在四条后足之间。剩下的就是车工的工作了。圣甲虫的后足，尤其是最后一对，又长又细，略微弯曲，末端是非常锋利的爪子。只要看看这些后足，就能发现它们中间像有一个球形的罗盘，弯曲的后足正好可以抱起一个粪球，并且检查和纠正它的形状。事实上，它们的作用确实是制作粪球。

粪便在一次次地搅拌之后，聚集到了肚子下面的四条后足之间，四条后足轻轻一压，因为后足的弯曲造型就做出了一个粪球，这就是粪球的初始形状。然后，粗糙的粪球开始在四条后足形成的两个圆形罗盘之间移动，在圣甲虫的肚子下旋转，通过旋转来不断揉搓成形。

如果表面的那一层缺乏黏合性，一点点地脱落，如果粪球中有些植物纤维太粗了，无法揉搓成圆形，前足就会返工帮忙，用大耙子轻轻拍打，给粪球表面再重新包上一层，将露出的植物粗纤维裹在里面。

在烈日下，制作粪球的工作正在紧锣密鼓地进行着，这位车工熟练的飞速旋转技术令人惊讶。因此，这项工作进展很快，以前是一颗小粪丸，现在是一颗核桃大小的粪球，不久就变成苹果大小了。我还见过食粪虫把粪球做成拳头那么大，这当然是够它吃好几天的口粮。

食物已经准备好了，现在的问题是如何从混战中撤退，把食物运到适宜的地方。从这里开始，圣甲虫表现出最让人印象深刻的习性。圣甲虫一刻也没有耽搁，就出发了，它用两条长长的后足抱着粪球，后足末端的尖爪嵌入粪球，作为旋转的枢轴。它以中间的一对足为支撑，以锯齿状的前足为杠杆，轮流推地，它带着它的重担身体倾斜，头朝下，屁股翘起，后退着走。后足是这套机械装置的主要器官，处于持续的运动中。它们来来回回，移动着尖爪的位置来改变旋转轴，保持粪球的平衡，并通过左右交替的推力滚动粪球。这样也会使粪球表面的任何一点都与地面接触，从而让球体更加完美，并通过均匀分布的压力使粪球外层具有同等的软硬程度。

加油！一切都很好，滚动很顺利，一定会到达，即使前方充满艰险。第一个困难来了，圣甲虫要横穿一个斜坡，沉重的粪球倾倒了，顺着斜坡滑了下去。但是不知道为什么，圣甲虫就喜欢走这条没有经过修缮的道路。这是一个大胆的计划，它只要走错一步就会失败，就算一粒沙子也会让它失去平衡。它一失足，粪球就滚落到坡下，这只圣甲虫被粪球的冲力掀翻了，手脚并用重新站起来，急忙跑过去重新开始推。身体的机能运行得更好了。——但你要当心，别冒进。沿着陡坡下的沟走，这样就能避免摔跤，那条路很好走，非常平坦；你推着粪球毫不费力。——可是，圣甲虫偏不听劝，它打算爬上这个致命的陡坡。也许它想要重新登上高处。对此我无话可说，圣甲虫对是否应该站在高处的见解，比我更有远见。——至少走这条小路，它会把你带到一个缓坡上。——这可不行，如果附近有陡峭难以攀爬的坡地，这个固执者宁可走这条路。接下来它开始了西绪福斯的工作。它推着巨大的粪球举步维艰，一步一步，小心翼翼，攀登到一定高度之后，总是滚落下来。我们想知道，是靠什么静态力的奇迹，才能让这么重的粪球保持在斜坡上的。啊！一个错误的动作瞬间抵消了它的疲劳，球滚滚而下，带着它一起跌到了坡下。攀登又开始了，紧接着又一次坠落。尝试再次开始，这次比以前好多了，在最困难的路段有一根可恶的野草根，前几次就是被它绊倒滚落的，这次它小心翼翼地绕开了。再往上一点就到了；但慢一点，再慢一点。坡道是危险的，一点疏忽都可能导致功亏一篑。这次前足在光滑的砾石上打滑了，它又连球带虫一起滚下来了。它凭着一股永不服输的毅力又重新开始。十次，二十次，它一直在试图攀登陡坡，但都没有成功，直到它的执着战胜了阻碍，而不是更明智地认识到它的努力是徒劳的，它应该选择平坦的道路。

圣甲虫并不总是独自一人搬运珍贵的粪球：它经常找一个同伴帮忙，或者更确切地说，是同伴主动来帮忙。事情通常是这样的。——圣甲虫制作好粪球之后，就从混战中出来，离开了工地，倒退着推它的战利品。它的邻居姗姗来迟，还没有开始制作粪球，突然就甩手不干了，跑向一个正在滚动着的粪球，向幸运的粪球主人伸出援手，主人似乎很愿意接受帮助。从现在起，这两个伙伴团结协作，一起将粪球搬运到安全的地方。事实上，在工地上，它们是否达成了一项协议，一项不成文的协议，即将分享这块蛋糕？当一只圣甲虫在揉捏和塑造粪球的时候，另一个是否挖开了更好的粪堆，从食物中提取出营养精华，并且添加到它们一起推的粪球中？我从没见过这样的合作，我总是看到每只圣甲虫在各自为战，独自制作粪球。所以，对于后来的这只圣甲虫来说，没有不劳而获的权利。

那么，这样的合作会不会发生在雌性和雄性之间，这是一对即将结婚的夫妇呢？我有一段时间是这样认为的。两只圣甲虫，一只在前面，另一只在后面，用同样的热情推着沉重的粪球，这使我想起了一首手摇风琴伴奏的歌曲。"我们要建立小家庭，啊！应该怎么做？——你在前来我在后，我们一起推酒桶。"

在手术刀的帮助下，我不得不放弃了这种田园牧歌似的想象。在圣甲虫中，雌性和雄性没有任何外貌上的区别。因此，我解剖这两只推同一个粪球的圣甲虫，很多时候，发现它们是同性。

既不是要组成家庭，也不是一起制作粪球的伙伴。那么它们的这种合作是为了什么？这其实就是一宗劫持未遂案。这位急切的同伴假模假式地伸出援手，制订了一有机会就抢走别人粪球的计划。在粪堆里制作粪球需要劳心劳力，当粪球做完之后再夺走，或者至少把自己变成和主人共享粪球的客人，要省力得多。如果主人一不小心，客人就会带着财宝逃走；如果客人被监视得太紧，客人就以提供了服务为名，和主人坐在一起享用这顿大餐。这种策略就是坐享其成，是有利可图的不劳而获。正如我刚才所说，有些圣甲虫就是这么狡猾，根本不需要它们帮助的时候它们出手了，打着乐于助人的旗号，隐藏着卑鄙的私欲。另一些圣甲虫，就更大胆了，对自己的力量更有信心，直截了当地实施残忍的抢劫。

每时每刻都有这样的场景发生。——一只圣甲虫独自安心地滚着粪球，这是它辛勤劳动的合法财产。突然不知道从哪里冒出来的一只圣甲虫从空中追了上来，"砰"的一下落地，把烟熏色的羽翼折叠到鞘翅下面，用带锯齿的前足推翻了粪球的主人，而主人正肩负重担，无力抵挡这样的攻击。当被打倒的主人奋力挣扎再重新站起来时，不速之客则已经站到粪球顶上，处于最有利的进攻位置，它将带铠甲的前足收拢在胸部，时刻准备反击，静待粪球主人的行动。主人绕着粪球转了一圈，寻找一个有利的地方来尝试进攻。强盗在粪球的圆顶上旋转，始终保持和主人面对面的对视。如果主人站起来想要爬上粪球，强盗就猛一挥臂，把主人推翻在地。如果主人不改变战术，重新夺回它的财产，强盗在城堡高处严防死守，就会无数次地挫败主人的企图。

为了摧毁城堡和驻军，主人开始在粪球的下面挖洞。粪球的底部不停摇晃着，翻滚着，连带着强盗也重心不稳，但它拼尽全力，始终保持在上面的位置。它成功地做到了，就像在做一种快速的体操，使它在粪球的高处获得了旋转支撑，保持了平衡。如果它因为踏错一步而摔下来，那么它们的机会就平等了，战斗就会变成一场贴身肉搏。强盗和粪球主人，肉挨肉，胸贴胸。它们的足纠缠在一起，关节互相缠绕，有触角的盔甲激烈碰撞，发出一种金属摩擦的噪音。然后，任何一个设法把对手打倒在地上的圣甲虫会马上爬起来，争分夺秒地在粪球顶端占据有利位置。夺取城堡的进攻又开始了，有时来自强盗，有时来自受害者，这取决于肉搏战的结果。强盗无疑是一个大胆的斗士和冒险家，因此它经常占据上风。于是，经过两三次失败，受害者厌倦了，回到粪堆里，为自己重做一个新的粪球。而强盗害怕抢到的东西再丢了，赶紧把这个粪球推到一个它觉得安全的地方。有时我还会看到又来一个强盗，把这个刚得手的强盗洗劫一空。凭良心说，我并没有为此生气。我想不明白是谁把蒲鲁东①大胆的悖论"财产就是盗窃"引入到了圣甲虫的道德准则中，是哪位外交家在圣甲虫中推行"武力优先"这个野蛮法则的。我缺乏资料来追溯这样的掠夺行为成为习惯的原因，以及滥用武力来抢劫粪球的原因，我所能确定的是，对圣甲虫来说，偷窃是一种普遍的行为。我还从未见过比圣甲虫更厚颜无耻的昆虫，它们随意掠夺别人的粪

---

① 蒲鲁东（1809—1865），法国政论家、经济学家。

球，而且毫无悔意。我把这个奇怪的动物心理问题留给未来的观察者去解开，我们还是回到一起滚粪球的两个同伴身上来吧。

首先，让我们纠正书本上的一个错误。我在埃米尔·布兰查德①先生的伟大著作《昆虫的变形记、习俗和本能》中读到以下一段话："我们的昆虫有时会发现自己被一个不可逾越的障碍物拦住，球掉进了一个洞里。这时候就可以看出，金龟子对情况的理解真是惊人的，而更加惊人的是同物种的个体之间强大的交流能力。金龟子意识到粪球无法越过障碍物，好像抛弃粪球飞走了。如果你拥有耐心这一高尚的美德，就待在这个被遗弃的粪球旁，过一段时间，金龟子就会回来，而且它不是独自回来。它带着两只、三只、四只、五只同伴，它们一起降落在粪球旁，齐心协力将重担抬出洞来。说明金龟子会寻找支援，这就是为什么在干旱的田野中，经常能看到几只金龟子聚集在一起搬运一个粪球。"我后来在伊利格②的《昆虫学杂志》里看到："一只墨侧裸蜣螂在建造一个用来产卵的粪球时，不慎将粪球滚进了一个洞里，它花了很长时间想自己把粪球从洞里拉出来。当它发现自己在徒劳无功地浪费时间，就跑到附近的一堆粪肥里去找三只同类昆虫，帮手们和它齐心协力，终于把粪球从洞里拉了出来，然后帮手们又回到粪堆去继续它们的工作。"

我在此请求著名的布兰查德先生原谅，事情显然不是这样

---

① 埃米尔·布兰查德（1819—1900），法国动物学家，他于1868年出版《昆虫的变形记、习俗和本能》。
② 约翰·卡尔·威廉·伊利格（1775—1813），德国昆虫学家和动物学家。

的。首先，这两个故事是如此一致，它们可能有相同的起源。伊利格观察得不够，不值得盲目信任，他提出了墨侧裸螳螂的奇遇，然后推导出同样的行为也发生在圣甲虫身上，因为事实上，两只圣甲虫一起劳动是非常常见的，有时是滚动同一个粪球，有时是合伙把粪球从困境中拉出来。但是两只圣甲虫齐心协力，并不能证明遇到困难的圣甲虫向同伴们寻求了帮助。在很大程度上，我具备布兰查德先生所说的耐心；我和圣甲虫亲密无间地生活了很久，我千方百计地尽可能地了解圣甲虫的习性，并实地研究过，但我从来没有发现它们想要找同伴帮忙的任何迹象。正如我稍后将叙述的那样，我为这只圣甲虫设计了比粪球掉洞里更严峻的考验，我让它陷入了比推着粪球爬坡更艰难的困境，因为攀爬陡坡对固执的西绪福斯来说似乎是一个游戏，它们沉迷于这种高难度的体操动作，好像这不是一件无意义的事情，粪球经过这一过程就会变得更加坚实，更有价值。我策划制造了使圣甲虫比以往任何时候都更需要帮助的情况，在我看来，它和同伴之间根本没有任何求助的迹象。我只见到了强盗和受害者，此外再无其他。如果几只食粪虫围绕着同一个粪球，那是因为一场战斗刚刚打响。依我拙见，一些圣甲虫聚集在一个粪球周围，并不是同伴们被叫来援助的故事，而是出于掠夺的意图而赶来的。由于观察不充分不全面，他们才将一个胆大包天的强盗说成一个乐于助人的伙伴，认为它是从自己的工作中抽身前来提供支援的。

认为昆虫对情况的洞察力异常惊人，而且在同种的个体之间很容易交流，这不是一个无足轻重的问题。所以我特别要强调这一点。什么？一只陷入困境的圣甲虫会想要寻求帮助？它需要到处飞，找到正在做粪球的同类，找到之后，通过肢体语言，特别是通过触角的触碰，对它们说："嗨，伙计们，我的粪球滚到那边的洞里了，来帮我把它拉出来吧。以后你们需要我的时候，我也会帮你们的。"同伴们居然都听明白了！同样让人吃惊的是，它们会立即抛开它们正在揉搓的粪球，义无反顾地跑去帮忙，要知道这个被旁人垂涎的珍贵的粪球，在它们不在的时候肯定会被偷走。我对这种自我牺牲精神产生了深深的怀疑，我多年来在圣甲虫劳作的工地上——不是昆虫收集盒里——所看到的一切都证实了这一点。昆虫们除了表现出令人钦佩的母爱，其他时候它们只关心自己。蜜蜂、蚂蚁和其他群居生活的昆虫不在此列。

虽然以上的叙述解释了这个话题的重要性，但现在让我们结束这个题外话。我说过，一只后退着推粪球的圣甲虫，经常会有一位唯利是图的同伴来帮它，这个看似帮忙的同伴，实则想趁机夺走粪球。我们称这两位合作者为"合伙人"，这个用词不一定合适，因为它们中的一位是自己硬要加入的，另一位也许是害怕出现更糟糕的结果而勉强接受。它们之间总是和平相处。当帮手到达时，粪球的主人一刻也不离开它的工作岗位，新来的人似乎是出于好意，立刻开始工作。两只圣甲虫搬运粪球的方式是不同的。粪球主人占据着主要位置，这是荣誉之位，它在后方推粪球，后腿向上，头朝下。

帮手在粪球的前面，和主人的姿势相反，它抬着头，前足的锯齿插在粪球上，一对细长的后足撑在地上。粪球在它们俩中间滚动着，主人在推，帮手在拉。这对伙伴努力的方向并不是完全一致的，特别是帮手背对着前面的路，而房东的视线被粪球遮挡了。因此，它们一再发生事故，两个伙伴笨拙地翻跟头，但它们欢欢喜喜地各自坚守岗位，它们摔倒后都立刻起身，不改变前后顺序，各就各位。在平地上，由于两个伙伴搬运动作不协调，这种模式使得搬运事倍功半，如果单让后面的粪球主人来推，就能推得又快又好。因此，帮手在开始证明了善意之后，冒着扰乱平衡机制的风险，决定休息一下，当然它可能认为珍贵的粪球已经属于它了。它能触碰到粪球，就能拥有粪球。它不会粗心犯错，让粪球主人甩开它。

所以它把足都收到肚子下面，身体紧贴着粪球，把自己嵌入粪球，和粪球融为一体。所有一切，包括粪球和一只粘在表面的食粪虫，现在在粪球主人的推动下滚成一团。这只嵌入粪球的圣甲虫随着粪球的滚动被碾压，身体忽上忽下，忽左忽右，但它纹丝不动。这是个奇怪的帮手，除了要让别人推着它走，还想从别人那里分得它那份食物。但如果一个陡峭的斜坡出现，它就会扮演一个尽力帮忙的角色。于是在陡坡上，它站在粪球前面，用它的锯齿状前足握住沉重的粪球，与此同时，它的同伴则在粪球下面往上举，想把粪球抬高一点。我见过两只圣甲虫这样通力合作，一个在上面拉着，一个从下面推着，爬上了陡坡；如果独自攀爬陡坡，再顽强拼搏的圣甲虫也将灰心丧气。但是面对这样的困难时刻，并不是每只圣甲虫都有同样的热情，有些圣甲虫在最需要它们帮助的斜坡上，却好像对眼前的困难视而不见。当可怜的西绪福斯已经筋疲力尽，试图迈出错误的一步时，它的帮手则作壁上观，继续镶嵌在粪球上，它跟着粪球一起翻滚，接着又被主人抬起来。

我让两个合伙人接受了很多次考验，在一个严苛的环境中判断它们解决问题的能力。假设它们在平地上，一个合伙人趴在粪球上一动不动，而另一个在推着粪球前进。我在不打扰它们前进的情况下，用一根又长又结实的大头针把粪球钉在地上，粪球突然停了下来。

圣甲虫不知道是我在捣乱，以为遇到一些天然的障碍物，比如路上的车辙、草根和鹅卵石。它加倍用力地推，尽它最大的努力，还是没有动静。"发生什么事了？我们看看去。"圣甲虫绕着粪球转了两三圈。它没有发现任何能让粪球不动的东西，它又回到后面，继续推了起来。粪球还是纹丝不动。"那我再爬上去看看吧。"圣甲虫爬到粪球顶部。它看到它的合伙人正在那里休息，因为我把大头针插得足够深，所以大头针的头没有露出来，它在整个粪球顶部搜索了一圈，然后又下来。它又换到前面拉，侧面推，但是粪球还是停在原地。毫无疑问，食粪虫从来没有遇到过这样一动不动的情况。现在真的到了寻求帮助的时候了，如果合伙人就在附近，就蹲在粪球顶上，那求助就更容易了。圣甲虫会不会摇醒它，对它说这样的话："你在那里干什么，你这个懒虫！你为什么不过来看看，粪球不能前进了！"它没有任何这么做的迹象，因为在很长一段时间里，我看到圣甲虫固执地摇动着摇不动的东西，变换着角度，从上面到侧面，全面探究着静止的粪球，而帮手则依然是一副事不关己的样子。然而，随着时间的推移，帮手在粪球顶上意识到发生了一些不同寻常的事情，它好像发现合伙人焦急地转来转去，而粪球一直静止不动。因此，它从粪球上下来，轮到它来检查了。两人合作并不比一个人单干好，情况比以前还复杂。它们的触角微微开合，再又开合了几次，显示出它们深切的关注和焦虑。接下来一个天才的想法终结了这些困惑。"谁知道下面是什么？"因此，它们开始挖掘粪球的底下，不一会儿就发现了大头针。它们立刻意识到，问题的症结就在这里。如果我在圣甲虫们会商时有发表意见的权利，我会说："必须进行挖掘，并拔出固定粪球的桩子。"这个程序是所有程序中最基本的，对这些专业的挖掘者来说易如反掌，但没有被采用，它们甚至没有尝试过。圣甲虫的办法比我的更好。两位合伙人，一个从这边，另一个从那边，分别钻到粪球底下，粪球随着它们的钻入就沿着大头针向上移动。这种巧妙的操作很有效，因为粪球材质松软，可以在固定不动的大头针上滑动。很快粪球就被顶到一个高度，相当于圣甲虫身体的厚度。剩下的事情就更难了。这些圣甲虫一开始是趴着钻进粪球下面的，接下来用足慢慢地站起来，它们总是用背来顶着粪球往上抬。随着足的伸直，粪球也越升越高，但是最终粪球已经不能靠它们的背来抬了，而且它们的足伸直到了极限。只剩最后一个办法，但是也不太好用力。就是它们用搬运粪球的姿势，埋着头用后足推，或者抬着头用前足拉，这样把粪球往上抬。最终，如果大头针不太长的话，粪球就会掉到地上。圣甲虫将粪球被大头针穿过的孔洞草草修复了之后，又重新上路了。

　　但是如果大头针太长，粪球虽然被推到一个圣甲虫站起来也够不着的高度上，但仍然牢牢地固定在地上。在这种情况下，圣甲虫在围绕着这根大头针努力一番而又徒劳无功之后，如果我没有同情它们，让它们够得着宝藏，它们就会放弃这个粪球了。我是通过以下方式来帮助它们的。我在地面上放了一块小而平的石板，有这块石板垫脚，圣甲虫可以站在上面继续往上顶粪球。但是它们没有理解这块石板的用处，谁也没有立即利用这块石板。然而，不管是偶然的还是有意的，两只圣甲虫中的一个最终站到了石板上面。太好了！圣甲虫爬上石板之后，发现粪球又可以被它驮在背上。一触碰到粪球，它的勇气又回来了，又开始努力。现在圣甲虫站在能助它一臂之力的平台上，伸展关节，用背把粪球奋力顶起来。当背部顶到最高之后，它就会变换姿势，用它的足朝前推，或向后顶。当它拼尽全力已经达到高度极限时，它又会停下来，显得焦躁不安。于是，我在不打扰圣甲虫的情况下，又在第一块小石板上放了第二块小石板。有了这个新的台阶，圣甲虫的杠杆有了新的支撑点，它又开始继续工作。我在圣甲虫需要的时候不停地往上加小石板，现在大约离地面有三到四根手指高，最终圣甲虫站在一个摇摇晃晃的小石板堆上坚持着它的工作，直到粪球被完全取下来为止。

　　圣甲虫是否或多或少地了解到小石板带给它们的帮助呢？虽然圣甲虫非常巧妙地利用了我提供的小石板平台，但我对此仍然很怀疑。实际上，利用一个高一点的平台来够到更高的目标是一个很简单的想法，但却超过了它的能力范围。不然，它们俩怎么没有想到一只踩着另一只的背来抬高身体，来够得上高处的粪球呢？一只帮助另一只，它们能够到的高度就翻倍了。唉！它们还远远没有这种合作共赢的意识！诚然，每个人都竭尽所能地推动粪球，但它们都是各做各的，似乎没有想过团结协作会带来什么样的好结果。它们不管遇到粪球被大头针钉在地上，还是其他类似的情况，比如粪球被一个障碍物挡住，被一根狗牙草的根绊住，或者被一根地上的草茎缠住而无法移动，它们都会同样做。我为粪球设置的阻碍与粪球在上千次滚动中自然遇到的障碍没有本质上的不同，在我的实验中，圣甲虫的行为与其他没有我干预的情况下的行为完全一致。即使它可以得到一个同伴的帮助，它还是用背部做楔子和杠杆，用足推动，没有任何创新的行为。

如果它独自面对粪球被钉在地上的困境，如果它没有一个帮手，它摆脱困境的方式也是完全相同的，如果它得到一个逐渐加高的平台的帮助，它最终就会成功。如果没有这样的帮助，它心爱的粪球挂得离它太高，遥不可及，毫无疑问圣甲虫就会灰心丧气，迟早会带着遗憾飞离开去。它会去哪里呢？我不关心。但我很清楚，它不会出去请求援助，然后再带一帮助手回来。毕竟当有一个同伴就在身边，当粪球只属于它们两人的时候，它是怎么做的？但也许我设计的实验，把粪球挂在一个圣甲虫使尽浑身解数也无法接近的高度上，有点超出了通常的条件。那么让我们尝试把粪球和圣甲虫放在一个足够深，且边缘陡峭的坑中，这样圣甲虫就不能在滚动粪球的同时爬上坑壁了。这样就符合布兰查德先生和伊利格先生所说的条件。在这种情况下会发生什么呢？当顽强的圣甲虫徒劳无功，最终它相信自己无能为力时，它就飞走消失了。我遵照大师们的教导，在坑旁等了很长一段时间，等待着圣甲虫呼朋引伴归来，我一直在徒劳地等待。很多次都没有结果，过了几天，我再回到实验的地方，发现粪球还在原地，在大头针的顶端，或者在坑底下。这证明我不在的这段时间内什么都没有发生。由于不可抗力而被遗弃的粪球，圣甲虫再也没有返回寻找，也没有试图在他人的帮助下拿回去。巧妙地使用楔子和杠杆来翘动固定着的粪球，这是圣甲虫向我展示的智力极限。我通过实验知道圣甲虫不会去寻找同伴的帮助，但我很乐意将它们会使用楔子和杠杆的机械原理载入食粪虫的史册中。

两只圣甲虫随意地穿过一片沙地、百里香灌木丛、车辙和斜坡，在这段时间里，这两只圣甲虫是合伙人，它们一起推粪球，粪球随着滚动，外表越来越硬，也许它们喜欢这样的口味。走了一路，终于找到了一个好地方。粪球的主人一直站在粪球后面的尊贵位置上，几乎独自承担了粪球的全部负重，开始着手挖掘餐厅。它把粪球放在身边，粪球上还嵌着装死的帮手。它用头顶盖和带锯齿的足挖沙子，将挖出的沙子一捧一捧往后抛去，挖掘工作进展很迅速。很快，圣甲虫就完全消失在计划中的巢穴里。每当粪球主人抱着一大堆废土回到地面上时，它都会看一眼它的粪球，确认一切安好。它不时地把粪球拉近地穴的门口，它用足碰一碰粪球，每一次触碰都让它感觉热情倍增。而另一只圣甲虫则是伪君子，趴在球上一动不动，气定神闲。地下的房间慢慢变宽变深，随着巢穴规模的越挖越大，挖掘的圣甲虫很少露出地面了。现在时候到了。在粪球顶上睡觉的圣甲虫醒了，这个精明的帮手反身推着粪球开溜了，就像一个不想被当场抓住的小偷火速逃跑了。我很痛恨这种背信弃义的行为，但为了弄清真相，我并没有阻止。如果结果有变坏的趋势，我还有时间维护道德，进行干预。

小偷已经跑到几米远的地方了。被偷的粪球主人从地洞里钻出来，左顾右盼，什么也没找到。毫无疑问，它已经习惯了这样的事情，它知道发生了什么。凭着嗅觉和视觉，它很快就找到了线索。圣甲虫急匆匆地朝小偷跑来，但是当小偷感觉到有人跟踪时，它就改变了它的搬运方式，就像它在帮助粪球主人时那样，后足落地，用锯齿状前足抱着粪球前进。"啊！真是拙劣的把戏！我早就看穿了。你想借口粪球滚下了山坡，去拉它回来，其实是把它拖回自己家。我是这个案子的证人，我确定粪球稳稳地放在巢穴门口，不可能自己滚跑。而且，地面是平坦的，我作证，我看到你不怀好意，想带着粪球离开。你这是抢劫未遂，难道我看不出来吗？"由于我的证词没有被考虑在内，宽容的粪球主人接受了对方的道歉，它们俩就像什么都没发生一样，把粪球带回地穴。

但是，如果小偷有足够的时间离开，如果它采用迂回曲折的路线设法隐藏行踪，那么粪球就再也找不回来了。在阳光下收集食物，费力地把粪球推走，在沙地里挖一个舒适的宴会厅，当一切都准备就绪的时候，当劳动过后，胃口大开，正要准备饱餐一顿的时候，突然发现自己被狡猾的合伙人洗劫一空，这真是太倒霉了，再坚强的人也会变得垂头丧气。但这只圣甲虫并没有被这种命运的捉弄打倒，它揉了揉头顶，张开触角，闻闻周围，然后飞到另一个粪堆里，重新开始劳作。我很钦佩和羡慕圣甲虫这种性格。假设圣甲虫幸运地找到了一个忠实的伙伴，更好的是，假设它在路上没有遇到一个不请自来的合伙人吧。地穴挖好了。它在松软的地面上，通常是沙地上，挖出一个浅坑，有拳头大小，通过一个短短的通道与外面相通，通道的大小刚好够让粪球通过。一旦粪球滚了进来，圣甲虫就用储藏在角落里的废土堵住房子的入口，把自己关在家里。门一关上，从外面就无法发现宴会厅了。现在请尽情享受吧，这是世界上最美味的食物！丰盛的菜肴已经摆满了桌子，房间的天花板遮蔽了炎热的太阳，只透出温暖和湿润。静静地在这个幽暗的环境中，门外传来蟋蟀的音乐会，所有这些都有利于肠胃的消化功能。在我的想象中，我贴在门上听着里面热闹的宴会声，好像我听到了歌剧《加拉太》①中著名的唱段："啊！身处忙忙碌碌的世界，无所事事是多么甜蜜。"

　　谁敢打扰这样一场幸福的宴会呢？但我的好学精神是无所不能的，我就有这种胆量，我将记录一下我闯入宴会厅后看到的情况。单是粪球就几乎填满了整个房间，丰盛的食物从地板上一直堆到天花板。墙壁到粪球之间只有一条狭窄的通道。在那里端坐着通常一个食客，有时候有两个或两个以上，它们的肚子贴在

---

① 法国剧作家维克多·马瑟所作的歌剧。

桌子上，背靠在墙上。一旦它们选定了座位，就不再变动了，将所有的注意力都交给消化器官。没有分心，一口都不浪费，也没有挑三拣四，浪费食物。它们都在井井有条地认真进食。当它们聚集在粪球周围时，它们似乎意识到了自己作为地球净化者的职责，它们尽力维持着这场奇妙的化学反应，通过化学反应使粪球变成赏心悦目的花朵以及圣甲虫的鞘翅，来装饰春季的草坪。尽管圣甲虫有堪称完美的消化道，能将马和羊没有吸收利用的残渣转化为供养生命的物质，为了完成这项艰巨的任务，还必须具备一种特殊物质。事实上，通过解剖我们发现圣甲虫的肠道特别长，弯曲折叠在肚子里，它慢慢地蠕动，经过多次循环，将食物中的营养完全吸收，直到最后一个可利用的原子。从那些食草动物的胃消化不了的物质中，圣甲虫拥有的这个强大的蒸馏器提取出了营养精华，再通过简单的加工，就变成了圣甲虫身上的黑色外衣，和其他蜣螂身上的金色和红宝石的盔甲。

　　然而，粪球的惊人蜕变必须在最短的时间内完成，这是圣甲虫生存的基本需求决定的。因此，圣甲虫具有无与伦比的消化能力，独一无二。一旦它带着粪球进了宴会厅，它就日夜不停地进食和消化，直到吃完所有食物。证据显而易见。当我们在任何时候打开圣甲虫与世隔绝的门，我们都会发现圣甲虫坐在桌子旁大快朵颐，在它身后有一根长长的"绳子"，就像一堆电缆一样弯曲缠绕着。不做任何解释，我们也很容易猜出这根所谓的"绳子"是什么。巨大的粪球一口一口地经过圣甲虫的消化道，失去了所有的营养物质，然后在消化道的出口重新出现，形成一根绳子。

这根绳子延续不断，一头连接在消化道的出口，不用其他的观察资料，就可以充分说明它的消化系统在持续工作。

当食物快要吃完时，将它身后这根绳子展开，会发现长度非常惊人。在哪里能找到这样的胃啊，在哪里能找到这么寒酸的食物啊。圣甲虫为了生存下去，一个星期，两个星期不间断地吃着。

当整个粪球都变成了圣甲虫身后的那根细绳，圣甲虫又会再次爬出地面觅食，重新塑造一个新的粪球，一切周而复始。这种欢乐的生活能持续一两个月，从五月到六月。接着当蝉喜欢的酷热到来时，圣甲虫就会躲到它的夏日栖息地，钻到地下享受凉爽。在秋天的第一场雨中，它们又出现了，数量比春天少，也不像春天那么活跃，但显然忙于更重要的工作——种族的未来。

圣甲虫的梨形粪球

　　我请一个年轻的牧羊人在他闲暇的时间，负责替我监视圣甲虫的活动。在六月下旬的一个星期天，他兴高采烈地来找我，他告诉我现在正是开始研究的好时机。他看到圣甲虫从土里钻出来，他就在它出现的地方挖掘起来，挖深一点儿就发现了一个奇怪的东西，他立刻带来给我。

　　确实很奇怪，彻底颠覆了我原来所认为的情况。从外形上看，这是一个小梨子，只是色泽显得不新鲜，变成了紫褐色。这个奇怪的物体，仿佛是车工车间里做出来的精美玩具，是什么呢？是人手工制作的吗？是一个给孩子们玩的仿真梨子玩具吗？看起来确实如此。孩子们围着我，他们用一种渴望的眼神盯着这个美丽的发现，他们都想要把它放进自己的玩具盒里。它的形状比玛瑙弹珠更漂亮，比象牙蛋或黄杨木陀螺更可爱。虽然它没有选用最好的材料来制作，但用手捏一捏，表面是坚固的，而且有非常艺术的线条。不管怎么样，在我没有更深入研究之前，这个土里发现的小梨子是不会给孩子作为玩具收藏的。

　　这真的是圣甲虫做的吗？这里面会不会有一个卵或者一只幼虫？牧羊人告诉我。他在发现这样的小梨子时，一不小心压碎了一个，里面就有一个麦粒般大小的白色卵。我不敢相信，他带来的这个东西和我想象中的粪球差异太大了。

我想打开这个粪球，看看里面有什么，也许有点儿冒失。因为我的解剖会危及里面的虫卵，也许真像牧羊人所说的那样，那里面有圣甲虫的卵存在。同时，我也在思考，这个梨形的外表与所有以前发现的粪球样子大相径庭，很可能是偶然的。谁知道将来会不会还有机会给我提供这样一个东西呢？应该保持事物的本来面目，静待事件的进展，也应该去发现现场看看。

第二天天一亮，牧羊人就去放羊了。我去找他，最近，周围的山坡上的树都被砍光了，夏日的阳光晒得人颈背疼，好在还有两三个小时才能晒到我们。凉爽的清晨，羊群在牧羊人法罗的看管下吃着草，我和他一起开始寻找。

我们很快就找到了一个圣甲虫的巢穴，因为上面有一个新垒起来的小土包，一眼就被我们发现了。我的同伴奋力挖起来。我把我的小铲子给了他。这把铲子既轻巧又坚固，我每次外出都带着，因为我总是忍不住想要到处挖一挖，看一看。圣甲虫的巢穴挖开了，我趴在地上睁大眼睛想要把它的布局和陈设都看清楚。牧羊人一只手拿着铲子挖掘，另一只手将挖出的土拂到一旁。

我们成功了：一个圣甲虫的巢穴完全挖开了，在一个温暖潮湿的地下房间里，我看到一个漂亮的梨形粪球水平放置着。是的，我第一次看到圣甲虫妈妈的杰作，让我印象深刻，永远都不会忘记。假如我作为考古学家在挖掘埃及的珍贵文物时，我从某个地下宫殿中挖出法老用祖母绿宝石雕刻的圣甲虫，我也不会有此时这么激动！啊！发现真理的快乐激荡在心头，没有任何东西可以比拟！牧羊人也欢欣鼓舞，他为我的开心而欢笑，为我的幸福而高兴。偶然只有一次，老话说，同样的事不会发生两次。现在我眼前已经有两个这种独特的梨形球了。这是普遍的形状，还是特例呢？是不是不该再想圣甲虫在地面上滚动的圆形粪球了？我们继续挖掘，看看究竟是怎么回事。第二个巢穴被找到了。和上一个巢穴一样，里面也有一个小梨子。这两个小梨子简直一模一样，就像是用同一个模具做的。这次还有个重大发现：在第二个洞穴里，圣甲虫妈妈紧紧地抱着心爱的小梨子，它无疑还在忙着给粪球做最后的修饰，然后就会永远离开巢穴了。所有的怀疑都烟消云散了，我认识这个工人，也认识它的作品。

上午剩下的时间只是在反复验证刚才得出的结论。当我无法忍受太阳的烘烤而从挖掘探索的斜坡上离开之前，我收集了十几个形状相同大小也差别不大的小梨子。有几次都发现圣甲虫妈妈在洞穴里和小梨子在一起。

最后，我来讲讲后来我做的事情。在整个热浪滚滚的季节，从六月底到九月，我几乎每天都去圣甲虫出没的地方去探查，我用铲子挖掘了很多巢穴，提供的资料多得超出我的预期。我从饲养在鸟笼中的圣甲虫那里也得到了一些资料，但真的很少，无法与旷野自然提供的资料相提并论。总的来说，我探索了差不多一百个巢穴，每个巢穴里都有可爱的梨形粪球，从来没有发现一颗球形粪球，没有一个是书上告诉我们的那种球形的。

这个错误我以前也犯过，我对大师们的话总是奉为真理。我以前在安格莱斯高原上的研究没有结果，我想培养圣甲虫的可怜尝试也失败了。而我想给年轻读者一个圣甲虫如何筑巢的看法。所以我采用了经典的球形粪球的说法，然后，通过类比，我利用少得可怜的其他蜣螂的粪便外形资料，试着描绘了圣甲虫的粪球形状。我大错特错了。

类比当然是一种有效的研究手段，但它与直接观察到的事实相去甚远！我被类比这种推测手段欺骗了，在生活中各种各样的事物层出不穷，完全无法类比，我却犯了这样一个错误，所以我急忙道歉，祈祷读者将我以前讲的那一点关于圣甲虫可能的筑巢情况视为无效。

现在我们来看真实的故事，是我不止一次亲眼所见的。圣甲虫的巢穴很容易被发现，因为巢穴外面有一堆新土，像一个鼹（yǎn）鼠的小土包，那是圣甲虫妈妈在挖掘洞穴的时候，将挖出的废土从洞里运出来堆在洞门口造成的。在这堆土包下方有一口浅井，深约一分米，接着就是一个水平方向的通道，笔直的或曲折的，末端是一个拳头大小的房间。这就是它产卵的房间，它把卵包裹在食物里，在离地面几英寸的地下，炙热的阳光穿过土层为它孵化。这是一个宽敞的工作室，圣甲虫妈妈在那里自如地劳动，揉捏和塑造给新生儿的梨形面包。

这个梨形面包是躺倒的，长轴线呈水平方向放置。它的形状和大小让人想起了圣约翰节[①]的小梨子，这种色泽鲜艳、香气馥

---

① 圣约翰节是每年6月24日，人们燃烧篝火和放烟花，以庆祝夏天的来临。

郁、早熟的梨子给孩子们带来了欢乐。梨形粪球的大小差不多，稍微有点不同。最大的长45毫米，宽35毫米，最小的长35毫米，宽28毫米。

它们的表面虽然没有用灰泥抹得那么光滑，但形状完美，是用红土的细小颗粒耐心打磨过的。梨形面包开始很柔软，就像做手工的黏土，但它在准备的过程中，慢慢干燥，就获得了坚硬的外壳，用手指捏也不会捏坏，比木头还坚硬。这样的硬壳能起到保护作用，使粪球内外隔绝，使隐居于此的昆虫能安安静静地吃食。但如果粪球中心也干燥了，就会非常危险。我们以后有机会再谈幼虫如果吃了这种太硬的面包将会陷入怎样悲惨的境地。

圣甲虫的面包店用的是什么面团？骡子和马是它的供应商吗？绝对不是。然而我以前以为是。每个人都会这么以为，因为他们看到圣甲虫如此热火朝天地在一个普通的粪堆里挖掘，为自己准备食物。在那里，它通常会制作球形粪球，然后推到沙地下的一个隐居处饱餐一顿。

如果它自己吃的话，用填满干草茎的粗面包就足够了，但如果是喂养家里的孩子就不行了。因此它需要制作上等的糕点，既营养丰富，又易于消化。它需要的不是脾气暴躁的绵羊拉出的黑橄榄似的干粪球，而是绵羊留下的佳肴，是在比较湿润的肠子里做出来的，落到地上像一块圆饼干的柔软粪便。这才是理想的面团，特别为它定制的。这不是马拉的那种贫瘠的粗纤维的粪便，它是光滑的，方便揉搓的，均匀地浸透了营养的汁液。由于它的可塑性和精细性，它非常适合制作成梨形的艺术品，由于其营养特性，它很适合新生儿娇弱的胃。只需要这么大小的一团，幼虫就能从中得到足够的营养。于是，这就解释了这个梨子怎么这么小，它实在是太小了，以至于我在没有看到圣甲虫妈妈制作这种食物时，怀疑它的用途。从这么小的梨子上，我完全看不出是圣甲虫幼虫的食物，圣甲虫可是如此的贪吃，个头也很大。这可能也解释了我以前在笼子里养育的失败。因我对它的家庭生活一无所知，我把到处收集到的马或骡子的粪便，都提供给了它们，但它们知道这不是给孩子的食物，因此它们拒绝筑巢。今天，有了旷野中的经验作指导，我给它们提供绵羊粪，它们在我的笼子里，一切都很顺利。这是否意味着最有营养的一堆马粪，即使去除粗纤维，也永远不会被制作成圣甲虫幼虫的梨形粪球？如果没有最适合的粪便，它们会拒绝普通的粪便吗？我对此持谨慎的怀疑态度。我可以肯定的是，为了写这篇文章而挖开的一百多个巢穴里，任何一个都是用绵羊粪作为幼虫的食物。

圣甲虫妈妈会把卵产在独一无二的梨形粪球的哪个位置呢？我们一厢情愿地认为肯定是产在梨子的大圆肚子里。这个中心点最能抵御外部的侵扰，而且保持最恒定的温度。同时，幼虫出生之后会发现四面八方都有厚厚的食物层，而不会吃了几口就没有了。周围的一切都是一样的，它不需要选择。它可以随便用新生的牙齿去咬，自由地继续它的第一次对美味的探索。

这一切看起来都很合理，以至于我上当了。我探索第一个梨形粪球时，用小刀的刀刃一层一层地轻轻刮着，我在梨的圆肚中央寻找虫卵，确信能在这里找到它。出乎我的意料，那里没有虫卵。梨形的中心不是空的，而是实心的，均匀分布着营养物质。

任何一个像我这样的观察者都会得出我这个看似合理的推论，但圣甲虫却另有看法。我们有我们的逻辑，而且我们还很骄傲，圣甲虫有它的逻辑，而且远胜于我们。它有它的远见和预测，因此它把虫卵产在别的地方。

到底卵产到哪里了？在梨形粪球上面的缩小部分，在梨形顶端的颈部。我将梨形粪球小心翼翼地纵向剖开，注意不要损害里面的东西，看到粪球中挖出一个四壁溜光锃亮的洞。这就是虫卵所在的壁龛（kān），也就是孵化的房间。虫卵相对于圣甲虫妈妈的个头来说已经很大了，这是一个白色椭圆形的长卵，长约10毫米，宽约5毫米。卵在各个方向上都与墙壁有一点间隔。卵的一头附着在壁龛的顶部，其他部分都是悬空的。梨形粪球呈水平方向摆放，卵除了连接点之外，整个就躺在一个空气弹簧床上，这是最有弹性和最暖和的床了。

现在，我们知道了。让我们来看清楚圣甲虫的逻辑。让我们一起来了解为什么必须做成梨形，这在昆虫学上是如此奇怪的形状。让我们来探寻虫卵放的特殊位置有什么好处。我知道要想解答怎么样和为什么是最难的。我们在这个神秘的领域里很容易陷入困境，会把鲁莽的人整个吞没在错误的泥潭里。难道因为有这样的风险就要放弃探索吗？为什么？

我们的科学与我们有限的研究方法相比，是如此博大精深，面对无边无际的未知，它知道绝对的真理是什么呢？它什么也不知道。我们对这个世界感兴趣的唯一原因是我们在这个世界中形成的思想。如果没有思想，一切都变得贫瘠、混乱、虚无。一堆事实不是科学，只是一个冷冰冰的目录。它必须融入思想和理性的光芒，在灵魂的中心赋予它生命，需要我们把它表达出来。

让我们攀登这座高峰去了解圣甲虫的作品吧。也许我们会把自己的逻辑用在圣甲虫身上。毕竟理性对我们的支配与本能对动物的支配相一致，是令人惊叹的景象。圣甲虫幼虫面临的一个严重的危险就是食物变干燥。幼虫生活的房间和地面之间只有大约1分米厚的土壤。这个薄薄的屏障能抵御烈日的热浪吗？太阳的热量把深处的土壤都烤得像砖头一样硬。因此，幼虫的房间里温度很高，当我把手伸进去的时候，我都感觉到热气的炙烤。

食物需要保存三到四周，因此可能在幼虫孵化出来之前就变干了，不能吃了。当幼虫出生时的嫩牙没有找到软面包，而是碰到它咬不动的坚硬的面包皮，不幸的幼虫必然会饿死。实际上，真的有因此饿死的幼虫。我在它们的巢穴里找到了很多饿死的幼虫，它们是八月太阳的受害者，大多数是吃上了新鲜的食物，在粪球里吃了一个大洞，但却咬不动已经变硬的食物了。剩下一个厚厚的外壳，像一个没有开口的锅，可怜的幼虫在里面烤焦了，干瘪了。

如果在干燥得变成石头的外壳里，幼虫没有饿死，幼虫蜕变成了成虫，因为不能冲破坚硬的围墙，逃到外面去，也会死在里面。以后再进一步讨论圣甲虫怎么从粪球里出来，我在此就不展开讲了。我们现在就只关心幼虫的痛苦经历吧。

我们认为食物变干对幼虫来说是致命的。这是肯定的，因为我遇到好多幼虫都在它们待的粪球厚壳里被烤干了。因此，下面的实验会更准确地证实。七月正是圣甲虫筑巢的时候，我把十几个当天早上从原巢穴里挖出的梨形粪球放在纸箱或冷杉木箱里。把这些盒子盖好盖子，放在我房间的阴凉处，温度和外面的温度一样。然而，没有一个圣甲虫孵化成功：有的卵干瘪了，有的已经孵化出了幼虫，但很快就死了。与之相反，在马口铁罐和玻璃罩子中，一切进展得很顺利。没有一只孵化失败。这种差异从何而来？简单地说，在七月的高温中，透气的纸板或冷杉木的蒸发速度很快，梨形的食物很快就干了，幼虫就饿死了。在不透水的马口铁盒和适当封闭的玻璃容器中，水分不容易蒸发，食物始终保持柔软，幼虫像在出生地的地穴里一样茁壮成长。

　　圣甲虫有两种方法来避免食物干燥的危险。首先，它用粗壮的前足拼命拍打压缩粪球的外表面，使它形成一个均匀的保护硬皮，比粪球内部更紧实。如果我弄坏了一个保存粪球的盒子，粪球变干后，外层表皮通常会一下子脱落，留下中间的内核。所有一切都让人想起一个坚果的果壳和果仁。圣甲虫妈妈使劲压制梨形粪球，使粪球表层出现几毫米厚的外壳，而粪球的内部由于压力无法到达，就分出了一个大内核。在炎炎夏日，为了保持面包新鲜，家庭主妇们把面包放进一个密封的罐子里。因此，圣甲虫也是以自己的方式，通过压制出一个密封的罐子，来存放幼虫的面包。

　　圣甲虫的能耐远不止于此，它还精通几何，能够漂亮解决哪怕最小的问题。在所有其他条件保持不变的情况下，蒸发量显然与物体表面积成正比。因此，必须让粪球的表面积尽可能的小，以减少水分损失。同时，最小的表面积还必须能包含最多的食物，这样圣甲虫的幼虫才能吃饱。那么，在表面积最小的情况下，什么形状才能让内部的体积最大？"是球体。"几何学家回答。

因此，圣甲虫将幼虫塑造成球体，现在让我们暂时遗忘梨形粪球还有一个颈部，这个球形不是盲目的机械制作的结果，也不是粪球在地面上滚动突然形成的。我们已经看到，为了更方便快捷地搬运食物，圣甲虫将粪便做成一个标准的球体，在制作的过程中，它并没有移动粪球，它想要在远处找个地方去吃粪球。总之，我们已经承认它是在滚动粪球之前就已经把粪球做成了球体。我们稍后也会发现，给幼虫吃的梨形粪球是在地下洞穴里制作的。圣甲虫将粪球做成了所需要的形状，就像一个雕塑艺术家用自己的拇指捏塑像一样。

圣甲虫具备各种各样的工具，所以它能将粪球做成其他形状，但那些形状的曲线不如梨形这么精美。比如，它可以做成粗糙的圆柱体，这是粪金龟通常制作的香肠形粪球。它还可以极度简化自己的劳动，让粪块不成形，找到的时候是什么样子就是什么样子。这样简化之后工作就更快，就能留下更多的闲暇时间晒太阳了。但圣甲虫不愿意，它只做球形粪球，这种粪球很难把握住形状，它表现得好像它很了解蒸发规律和几何定律。

现在让我们来看看梨形粪球的颈部。这样的形状扮演什么角色？有什么作用？答案显然是作用非常大。孵化室位于梨形的颈部，而卵就在里面。所有的种子，不管是植物还是动物，都需要空气，这是生命最重要的刺激因素。为了让催生生命的空气渗透进去，鸟蛋的壳上布满了数不清的气孔。圣甲虫的梨形粪球就好比是母鸡的蛋。它的外壳是通过拍打压制而变硬的外皮，以避免粪球干得太快。它的营养物质，也就是它的蛋黄、卵黄，是在外皮包裹中的松软的球。它的孵化室充满空气，在梨形颈部末端的小坑里，空气从四面八方包围着卵。要想自由呼吸，还有什么地方比这样的孵化室更好呢？孵化室在梨形粪球的颈部顶端，空气能自如地通过薄壁渗透。相反，在粪球的中心位置，很难透气。硬化后的外皮没有像蛋壳一样的气孔，内核的物质也很稠密。然而，内核也能进空气，因为幼虫还要在那里生活一段时间，幼虫的身体变健壮了，对生存条件的要求就变低了，不像生命的第一次跳动那么脆弱。让幼虫生机勃勃的地方，反而会让卵窒息而亡。下面我们来看证据。在一个小的广口瓶中，我放了一堆绵羊粪便，这是圣甲虫的幼虫需要的食物。我把一根棍子在绵羊粪上插了一下，绵羊粪上就出现一个小洞，权且作为孵化室。我把一枚卵小心翼翼地从它原来的家里转移到了这个小洞里。我把洞口用厚厚的粪便堵住，压实。现在我模仿圣甲虫的梨形粪球也做了一个粪球。只不过，这一次卵是放在了梨形肚子的中心，这个地方是我们以前草率判断最适宜产卵的地方。后面的情况表明，我们选择的这个地方有致命的危险。卵在这里死了。这里缺少什么呢？显然是能自由流通的空气。

　　如果卵被冰冷黏稠的粪球包裹在中间，由于外层的导热性很差，它也没有孵化所要求的温度。除了空气，所有的胚胎发育都需要热量。为了尽可能地吸收热量，鸟蛋中的胚珠在蛋黄的表面，由于它可以自由活动，无论鸟蛋怎么放置，它总能占据鸟蛋里的最高点。这样就能更好地利用鸟妈妈孵蛋时的体温。对圣甲虫来说，孵化虫卵的热量来自太阳对土地的烘烤。虫卵也需要靠近孵化器，它必须在孵化器旁边才会绽放出生命的火花，而不是待在梨形粪球的中心。虫卵位于一个梨形颈部的顶端，四面八方都是温暖的泥土。

这些条件——空气和热量，是如此重要，食粪虫绝不会忽视。给幼虫的食物形态各异，以后我们将有机会看到，除了采用梨形粪球，根据制作者的种属不同，还会制作成圆柱体、卵球形、球体、顶针形。虽然食物的形状各不相同，但有一个重要特征保持不变：卵都产在一个非常接近食物表面的孵化室里，这是一个极好的方法，有利于空气和热量进入。制作这种艺术精品的佼佼者是圣甲虫，它的梨形粪球精美绝伦。

我前面已经讲过，这位卓越的面包师的逻辑和我们不相上下。我们谈到的内容，从我的实验里完全证明了。甚至有更好的证明方法。用我们的科学思想来阐明吧。胚胎在一大堆食物旁，而这些食物会因为很快干燥就无法食用了。食物应该怎么制作呢？要想让虫卵享受到新鲜空气和充足热量应该把虫卵放在哪个位置比较好？

我们已经回答了第一个问题。我们知道蒸发量与蒸发表面积是成正比的，按照常识，食物应该做成球体，因为球体表面积最小，包含的物质体积最大。至于虫卵，因为它需要一个保护套来保护它免受伤害，所以将它放在一个薄壁的圆柱形套子里，再把这个套子安放在粪球上。这样就满足了所有的需要：食物为了保持新鲜做成了球体；虫卵在薄壁圆柱形保护套中，能毫无障碍地与空气和热量接触。最苛刻的要求都满足了，但是这样的粪球太丑了。实用的东西难道就不考虑美观吗？

一位艺术家对这个我们论证的粗糙作品进行了修改。它将圆柱体变成了半椭圆，形状变得更加精美，它用高雅的曲线连接了半椭圆和球体，然后就形成了梨形，有颈的葫芦。现在这就是一件艺术品了，美妙无比。

圣甲虫表现出了我们所说的美学。它是不是有感知美的能力？它是否欣赏自己所做的梨形粪球的优美造型？它当然不知道，它是在地下深处的黑暗中做的。但是它能摸得出来。虽然它的触觉不太灵敏，披着粗糙的铠甲，但是它应该能感觉到粪球柔美的线条！

我想用圣甲虫的作品来测试一下孩子们对美学的认识。我需要找一些蒙昧未开的天真无知的小孩子，就像圣甲虫一样认知模糊，就是说两者的智力情况差不多。但是我希望他们能理解我说的话。我选择了一些对事情似懂非懂的孩子，其中最大的也就六岁。

我把圣甲虫的杰作和我手捏的一个几何形状给他们评议。我捏的是在球体上连接了一个短圆柱体。为了避免他们之间相互交流，我让他们像做忏悔时那样分开站立，我给他们看这两个玩具，然后问他们觉得哪一个更好看。他们五个人，都选择了投票给圣甲虫。这样的不约而同让我非常震惊。这些粗野的乡村孩子还不知道怎么擦鼻涕就已经对形状的美丑有了感知。他知道哪一个美，哪一个丑。圣甲虫是不是也一样呢？不知道，据我们所知，很难说是还是不是。这是一个没有答案的问题，唯一的判断不能作为参考。不管怎么样，答案不能如此被简化。花朵知道自己开出的美丽花瓣吗？雪花知道自己是精美的六边形吗？就像花朵和雪花，圣甲虫应该也不知道它的作品真的美。

处处皆有美，只要有一双善于发现美的眼睛。充满智慧的眼睛，善于欣赏形状美的眼睛，在某种程度上来说，是动物的特权吗？对一只雄蛤蟆来说，雌蛤蟆才是最美的，除了不可抗的性吸引力之外，对于动物来说，真的知道美丑吗？在普通的眼光看来，美到底是什么？是秩序。什么是秩序？是整体的和谐。什么是和谐？是……我们就说到这儿吧。我们的问答会无穷无尽地进行下去，没有一个不可动摇的支点。一小块羊粪就引出了这么形而上的思考！现在让我们考虑别的问题吧。

西班牙蜣螂

　　昆虫的本能是有利于虫卵的，它的表现符合我们通过理性的经验和研究之后对它的建议，这并不是哲学意义上微不足道的结果。因此，当我意识到科学的严谨时，我变得一丝不苟。我并不是想给科学一个令人生厌的面孔，我的信念是，你可以不使用粗陋的词汇就能说出美妙的东西来。描述清晰是要笔杆的人至高无上的礼貌。我尽我所能确保这一点。我如果因为谨慎而停笔则属于另一个范畴了。

　　我想知道我是不是被一种幻觉愚弄了。我在想："侧裸蜣螂属的其他蜣螂和圣甲虫在露天制造粪球。这是它们的工作，不知道它们怎么学会的，也许是由身体结构决定的，特别是它们有细长的足，其中一些还略微弯曲。当它们在为虫卵劳作时，如果它们在地下继续它们独特的粪球制作工艺，又有什么奇怪的呢？"

　　我们先不讲梨形粪球的颈部和卵形粪球突出的部分，因为解释这些细节非常困难。我们要谈的就是体积中最重要的球形物质，是昆虫在地穴外所做的工作的重复，是圣甲虫在阳光下把玩的不做他用的粪球，也是侧裸蜣螂属的其他蜣螂在草坪上平静地推着的粪球。

那么，能有效防止粪便在炎热的夏天里快速干燥的球形是怎么来的呢？从物理学上讲，球体和相似的卵形的这种特质是无可争议的，但这些形状与被克服的困难有偶然的一致性。这种昆虫由于身体的结构在田野里滚动粪球，在地下仍然制作粪球。如果幼虫从出生起一直都能用上颚吃到柔软可口的面包，而过得逍遥快活，我们也不能因此美化它母亲的本能。

要想说服我自己，我需要找一只漂亮的蜣螂，在日常生活中它完全不熟悉球体造型艺术，但是当它产卵的时候，它会突然改变习惯，把它收集到的食物做成球体。我的邻居里有这样的蜣螂吗？有的。它甚至是仅次于圣甲虫的最美丽、最大个的蜣螂之一，它就是西班牙蜣螂。它因为胸部是半截斜面，头上长着一个怪异的角而引人注目。

西班牙蜣螂个子矮小，身体粗壮，又圆又厚，行动缓慢，肯定不会圣甲虫和侧裸蜣螂属的蜣螂们都会的体操。它的足不够长，只要有一点风吹草动就把足折叠在腹部，无法与其他蜣螂的大长足相提并论。仅仅看到它们身材矮胖，行动笨拙，就很容易猜到，这种昆虫不喜欢滚着粪球四处游荡。

西班牙蜣螂确实是一个喜静不喜动的昆虫。一旦它找到食物，不管是在夜晚或者黄昏，它就在粪堆下挖一个洞。这是一个粗糙的巢穴，有一个苹果大小。它在那里一捧一捧地挖着，用粪堆做它的屋顶，或者做门槛，一大块不规则形状的粪块掉进了它的窝里，这么大的一堆食物是它贪吃的最好证明。只要珍贵的食物还有剩余，西班牙蜣螂就不会露出地面，它沉浸在狼吞虎咽的乐趣中。直到食品储藏室都吃空了之后，它才会结束隐居。然后它在晚上重新开始寻找，发现粪堆后，又挖掘一个新的临时房屋。

它的工作不需要预先处理粪便的形状，西班牙蜣螂显然到目前为止完全不知道揉捏和塑造球型面包的艺术。它那又短又笨的足，似乎根本从事不了类似的艺术。

西班牙蜣螂最迟在五、六月产卵。它自己用最肮脏的东西填饱肚子，但对它的孩子来说，这样有点犯难。就像圣甲虫和其他侧裸蜣螂属的蜣螂一样，它需要用绵羊柔软的粪便做成一个面包喂养后代。这个营养丰富的面包必须整个埋在地下，不能露在外面。要勤俭节约，一点面包屑都不要撒。我们能看到西班牙蜣螂既没有走远，也没有搬运，更没有做任何准备。面包就被它一把抱进挖的洞穴里，就在它住的地方。西班牙蜣螂为了它的孩子，重复做着它为自己做的事情。它的地洞，因为地面上有一个巨大的土包而被我们发现，这是一个深约20厘米的宽敞地洞。我发现这个地洞比大吃大喝的临时居所更宽敞，更完美。

就让西班牙蜣螂自由地工作吧。偶然的发现所提供的资料不完整，都是片断，相互之间的关联也没有得到证实。在笼子里的实验很好观察，而且西班牙蜣螂也很配合。首先，让我们来看看它怎么储存食物。

在朦朦胧胧的暮色中，我看见它出现在地穴外的门槛上。它从地底上来，去寻找食物。找食物并不费时，因为食物就在它家门口，由我精心供应和补充。它胆子很小，有丝毫的动静就准备撤退，它走得很慢，步履蹒跚。它用头顶盖碾压、翻找，用前足拖拽，从中分离出一小捧食物，不多的一小块，还有些碎屑随地撒落。西班牙蜣螂倒退着拉着食物走，很快就消失在了地下。过了两分钟，它又出现了。它还是那么谨慎小心，在跨过门槛之前，先用它张开的触角探查四周。

它和粪堆之间有两三英寸的距离。对它来说，去粪堆就是一次冒险了。它喜欢把食物放在它家门上作为房子的屋顶。这样就可以避免外出时提心吊胆。我有了新的决定。为了便于观察，我把食物放在它门外，非常靠近门口。渐渐地，它不再那么恐惧外面，从家里走了出来，就在我面前干活，顺便说一句，我尽可能谨慎不被它察觉。它不停地忙碌重复着先前的动作，将食物一捧一捧地搬到地洞里。它搬运的都是一些没有形状的碎块，就像被小镊子夹过的碎屑。

我对西班牙蜣螂怎么搬运储存食物已经足够了解了，我就没有打扰它，让它接着劳作了一整夜。在接下来的几天里，什么也没有发生。西班牙蜣螂也没有再爬出地面。只需要一晚上，它就收集到了足够的宝藏。我们等一段时间再来看，给它自由整理自己的收获的时间。周末之前，我在鸟笼里的土地上翻找，把我以前看到它储存了一部分食物的那个地洞挖了出来。

这个地洞和它建在原野里的一样，是一个不规则的拱形屋顶的大房间，屋顶低矮，地面几乎是平整的。在大房间的一个角落，有一个圆孔，就像一个瓶口。这是蜣螂妈妈进出的边门，通向一个斜廊，一直延伸到地面。房屋是在新土地面上挖出来的，四周的墙壁都精心地压紧，足够坚固，不会在我挖掘的震荡下倒塌。我们可以看到，西班牙蜣螂在为未来而努力劳动的时候，穷尽了它所有的才能和所有的挖掘的力量，来建造一个坚固耐用的房屋。如果说供它临时吃饭的小屋是匆忙挖出来的洞，形状不规则，墙面也不坚固，那么这座房屋则是一个更宽敞，建筑更精致的居所。

我怀疑蜣螂夫妻俩都参与了修建这项大工程，至少我经常遇到它们一起待在产卵用的地下房间里。那间宽敞豪华的房间无疑是举办婚礼的房间，婚姻是在大拱顶下缔结的，新郎应该也加入了建造工程，这是一种勇敢地表达它火热爱情的方式。我还怀疑新郎帮助它的伴侣收集和储存食物。在我看来，新郎如此强壮，它收集了一大堆食物，并把它们搬进了地穴里。这么细致的工作两个人团结互助会更快完成。但是，一旦房子归置好之后，它就悄悄地抽身出来，回到地面上，搬到别处去了，留下蜣螂妈妈一个人履行母亲的职责。蜣螂爸爸在这个家里的角色就此结束了。

我们在这座豪宅里会发现什么？我们已经看到它们把大量的小块食物运到这里来了。一堆乱七八糟的碎屑吗？完全不是。我总是能在地穴里找到一个巨大的圆面包，几乎占满了整个房间，只留下一个狭窄的过道，刚好够蜣螂妈妈通过。

这块豪华的蛋糕，是真正的国王蛋糕，没有固定的形状。我见过蛋形的，形状和大小让人想起火鸡蛋；我还发现过扁平的椭圆形的，类似于普通的洋葱头；我还看到过几乎是圆球形的，很像荷兰奶酪；我还见过朝上一面略微隆起的圆形的，如同普罗旺斯的乡村面包，更确切地说像用来庆祝复活节的蒙古包状的面包。不管是什么形状的，面包的表面都很光滑，曲线很匀称。

这是毫无疑问的：螳螂妈妈把大量碎屑聚集在一起，揉捏成一个整体，然后她把这一大块面团不停搅拌、混合、压紧，融合在一起形成营养物质均匀的面包。有好几次，我在巨大的面包上看到面包师，与它做的面包相比，圣甲虫的球形面包就太小了。西班牙螳螂在凸起的有一分米的大小的面包表面上走来走去，它拍打着面包，让面包更加紧实，更加均匀。我只能偷偷看一眼这个奇特的景象。因为一旦发现我，这个女面包师就会顺着面包表面的曲线滑下来，藏身到面包底下。

为了进一步跟踪这项工作，研究隐藏的细节，你需要用点计策。这几乎不困难。也许是因为我与圣甲虫的长期交往使我更善于找到研究的方法，也许是因为西班牙螳螂能更好地忍受圈养环境的狭小烦闷，所以我可以不受任何干扰，随心所欲地观察西班牙螳螂筑巢的所有阶段。我使用了两种方法，每一种方法都带给我一些特别的知识。

当我在笼子里找到一些大蛋糕时，我把它们和螳螂妈妈一起从地穴里搬出来，放在我的实验室里。容器有两种，看我的需求，一个是亮堂的，一个是黑暗的。为了有光线照射，我使用广口玻璃瓶，它的直径和洞穴的直径差不多，大约有十几厘米。它们的底部都有一层薄薄的新沙子，厚度不够让西班牙螳螂把自己埋在里面，但却足以让它不会在玻璃表面上滑倒，还能给它造成一种还在我刚才搬走它之前的土壤里的错觉。我把螳螂妈妈和大面包就放在这样的玻璃瓶里。

不用说，即使在光线微弱的时候，被人惊吓的西班牙蜣螂什么也不会做的。它需要完全的黑暗，于是我用一个纸箱套在广口瓶外面。我只要小心地稍微抬起一点纸箱，就可以在任何我认为合适的时候，借着实验室柔和的灯光，偷窥蜣螂妈妈的工作，甚至观察很长一段时间它在做什么。正如我们所看到的，这个方法比我观察圣甲虫做梨形粪球时所使用的方法要简单得多。

西班牙蜣螂更温顺，所以才能使用我这个简单的方法，而对圣甲虫来说这种简单的方法就不成功了。所以在我的实验室桌子上放着一打这种可调节光线的装置。任何一个看到这些瓶子的人都会以为套在灰色纸箱里的是各种各样的异国风味食品调料。为了制造完全黑暗的环境，我使用装满新沙子的花盆。用一个拱形的纸板当作屋顶，支撑上面覆盖的沙子，蜣螂妈妈和它的蛋糕占据了花盆的下半部分。或者，我就只是把蜣螂妈妈和面包放在沙子的表面。它就会挖一个洞，将食物储存起来，给自己建造一个巢穴，一切都照常进行。不管在什么情况下，我还是要在花盆上方盖一个玻璃片，防止它逃跑。我指望着这些不同明暗的装置让我了解一个棘手的问题，我将在别处陈述这个问题。

用不透明的纸箱盖住的广口瓶让我们知道了什么？有很多有趣的事情。首先是大面包的弯曲线条并不来自滚动，尽管粪球形状大同小异，但曲线总是规则的。对天然地穴的调查已经告诉我们，这样的圆面包不可能在一个小房间里滚动，因为它几乎填满了整个房间。此外，西班牙蜣螂也没有力气推动这么重的粪球。

不时地观察广口瓶就能得出同样的一个结论。我看到母亲坐在面包上，这儿摸摸，那儿瞧瞧，轻轻地敲击着，抹去突出的地方，完善浑圆的形状，我从没见过它想要推着面包转起来。一切都很清楚，粪球是完全不会在这里翻滚的。

蜣螂妈妈的勤奋和耐心使我怀疑一个我从未想过的细节。为什么在食用前要漫长地等待，要修改揉捏这么多次这块面包？事实上，经过一个星期甚至更长的时间，蜣螂妈妈一直在拍打和磨光，最终才宣告面团做成了。当它把面团揉到合适的程度时，面包师就把这一大团食物放在揉面房的角落里。在这块体积较大的面团内部，发酵的温度热量正合适。西班牙蜣螂深谙这个面包店的秘密。它把它所有的食物都收集在一起，然后它仔细地把这些食物都暂时揉成一个大面包，再等一段时间，让它内部发酵，使面团更有风味，并产生一定的硬度，以利于后面的操作。只要这个发酵的工作没有完成，面包店女面包师和它的小伙计就一直等着。对蜣螂来说，等待的时间有点长，至少要一个星期。

一切都准备就绪了。小伙计把这个大面团分割成小面块，每个小面块都会做成一个面包。女面包师也在这么做。它用头上的头顶盖边缘和锯齿状的前足来切割大面团，使每个小面块大小均匀。它每次切割都很干脆，毫不迟疑，没有再增加或减少分量。它从一开始就很利落，面团是按需求的大小切割的。现在到了塑形的阶段了。蜣螂妈妈尽量用它那不合适的短小的足抱紧粪球，它只靠挤压就把粪球捏成圆形了。它在粪球上不停地移动，上下左右，来来回回。它有条不紊地在这里多压一下，在那里轻拍一下，它坚持不懈地修整。二十四小时以后，那块棱角分明的食物就变成了一个完美的球体，有李子那么大。在它拥挤的揉面室的一个角落里，这位身材矮小的艺术家几乎没有挪动地方，它没有让粪球在地上滚就完成了作品的揉捏。由于长时间的努力和耐心，它做出了一个标准的球体，它那粗陋的工具和狭窄的空间让人不敢相信它能做到。

西班牙蜣螂在很长一段时间里，不停地完善这个粪球，慈爱地给它的表面磨光，轻轻地来回移动它的足，直到粪球表面再也没有突起了。它一丝不苟地修饰着，好像永远也不会完成。当第二天快结束时，粪球终于做好了。接着蜣螂妈妈爬上粪球的圆顶，它轻轻地按压，在那里按出一个火山口的形状。卵就产在这个小坑里。

然后，蜣螂妈妈小心谨慎地，用粗糙的工具做着细致的工作，火山口的边缘被捏在一起，以便在虫卵上方建造一个拱形屋顶。蜣螂妈妈慢慢地转来转去，扒拉了一会儿，想让火山口在顶上封住。这是一项棘手的工作。一旦压力过大，没有扒拉到位，都可能会损害薄薄的天花板下的虫卵。这项建造屋顶的工作时不时地中断。蜣螂妈妈一动不动，低垂着头，似乎在仔细聆听，看看地穴里发生了什么。

看起来一切正常，它又开始耐心地劳作了。它从粪球的四周往顶部扒拉，使粪球顶部逐渐变长变尖。一个顶部尖尖的蛋形粪球就做好了，不再是原来的圆球形。在多少有点不平整的蛋形尖头里面是有虫卵的孵化室。这样一个细致的工作花了二十四个小时。

蜣螂妈妈从制作球形粪球，到在上面挖出一个火山口，到产卵，再到球形粪球变成蛋形包裹住虫卵，做完所有这些，时针总共在表盘上转了四圈，有时甚至还会花更多时间。

然后蜣螂妈妈回到了被切割过的大面包那里。它又切分出第二块食物，通过同样的操作，把它变成了一个蛋形，并在里面产一个卵。剩余的面包足够做第三个蛋形粪球，通常还能做第四个蛋形粪球。我从未见过制作超过这个数字的蛋形粪球的蜣螂妈妈，因为它在地洞里只收集到了这一堆食物。

产卵工作结束了。现在蜣螂妈妈在它的育儿室里装满了三四个摇篮，一个紧挨着另一个，蛋形的尖端靠上。它现在要做什么？毫无疑问，它很长时间没有吃饭，应该离开家去吃东西。但谁能相信呢？它居然要留下来。然而，自从它在地下工作以来，什么也没吃，也不去碰面包，面包平分后，就成了孩子们的食物。西班牙蜣螂对孩子们的照顾非常动人，它尽忠职守，宁肯自己忍饥挨饿，也不让它的孩子没有饭吃。

它这么勇于奉献还有第二个原因：它要看守孩子们的摇篮。从六月底开始，由于狂风暴雨和过路人的踩踏，地面上的小土包消失了，所以很难再找到洞穴。我遇到的少数几个西班牙蜣螂的洞穴里总是有蜣螂妈妈，它在一群粪球旁边打瞌睡，每一个粪球里都有一条肥肥的幼虫，正在苗壮成长。

我放置的完全黑暗的实验器材，装满新沙子的花盆，也向我证实了田野里我看到的一切。我透过玻璃罩观察，在五月上半月，蜣螂妈妈们就和食物一起埋进地下，以后再也没有出现在地面上。它们产卵后就藏身地穴，它们和它们的蛋形粪球一起度过了炎热的夏季，广口瓶里呈现的也一样，它们无疑在照看着蛋形粪球。

在九月的第一场秋雨中，西班牙蜣螂妈妈才回到地面。这时新的一代蜣螂已经长成。因此，蜣螂妈妈在地穴里拥有了看着孩子们长大的喜悦，这是蜣螂罕见的特权。它听到孩子们抓挠粪球的外壳想要挣脱出来，它亲眼看见它精心制作的粪球外壳裂开了。如果土壤的凉爽没有使粪球外壳变柔软，它可能还会帮助那些已经精疲力竭的孩子从里面出来。蜣螂妈妈和孩子们一起离开地穴，欢庆秋天的到来，这时太阳温暖，绵羊粪堆满了小路。

花盆里的故事则告诉我们另一个事实。我在每个花盆里单独放一对我从洞穴里搬过来的蜣螂夫妇，免费提供给它们食物。每一对夫妇都钻进土里，建造自己的房子，将食物囤积起来，然后，大约十几天后，雄性蜣螂再次出现在玻璃板下的土地面上。而它的另一半则待在地下，没有出来。

卵已经产下了，粪球也耐心细致地揉捏成圆形，堆在花盆底部。为了不打扰蜣螂妈妈的工作，蜣螂爸爸被赶出了巢穴。它来到外面，想去别的地方挖个住所。花盆太小了，它找不到别的地方住，只好留在地面上，勉强藏在一点沙子或一些食物碎屑下面。它习惯了生活在地下深处，那里凉爽而黑暗，但它现在固执地在干燥的地面上待着，在阳光下停留了三个月，它拒绝钻进土里，怕打扰到地穴里正在发生的神圣的大事。它对蜣螂妈妈工作的尊重使它赢得了好名声。

让我们再来看看玻璃广口瓶，这里能给观察者揭示地下隐藏的事实。三四个蛋形粪球，一个挨一个地排列，几乎占据了整个房间，只留下狭窄的走道。最初的面包屑几乎没有剩下什么，只有很少几块，当蜣螂妈妈饿了的时候，可以吃上几口。但饥饿对蜣螂妈妈来说并不是主要问题，它最关心的是它的蛋形粪球。它不断地从一个粪球走到另一个粪球，摸一摸，检查一下，在我肉眼无法分辨的任何有缺陷的地方修修补补。它粗糙的足，长着小角，在黑暗中比我的眼睛在白天还更有洞察力，它可能会发现几个新的裂缝，几处没有抹匀的缺陷，为了防止干燥的空气进入粪球，应该立刻消除这些缺陷。

聪明的妈妈就这样从这个粪球移到那个粪球，在粪球和墙壁之间的空隙里穿来穿去，检查每一个粪球，随时应对任何一个意外情况。如果我这个时候去打扰它，它就会从摩擦的腹部末端，挨着鞘翅的边缘，发出一种轻柔的沙沙声，就像是在抱怨。因此，蜣螂妈妈在粪球旁时而尽心竭力地照顾，时而困倦休息，它的虫卵变成成虫所必需的三个月时间就这么过去了。我觉得这种长期看护的动机是显而易见的。滚粪球的圣甲虫和其他侧裸蜣螂属的蜣螂，洞穴里从来只有一个梨形粪球，或一个蛋形粪球。因为有时粪球滚动的距离很远，所以粪球的重量必然受它们的力量的限制。这样的粪球对一只幼虫来说是足够的，但对两只幼虫来说就不够吃了。阔颈金龟是例外，它能给它的孩子恰到好处的食物，它滚动的大粪球正好够两个孩子吃。其他蜣螂不得不为每一个虫卵挖一个单独的地穴。当新建的地穴都安排妥当时——它们很快就做好了——它们就离开地穴，然后到别的地方从头开始，偶然遇到粪堆，制作粪球，挖掘地穴，在地下产卵。因为它们有随处流浪的习性，所以我不可能对它们持续地观察。圣甲虫因此很苦恼。它的梨形粪球，一开始做得很规则，但很快就开裂，外壳开始脱落，粪球膨胀变大。各种不同的孢子植物入侵粪球，毁掉了它。这些植物的大肆生长使粪球四分五裂。我们知道圣甲虫的幼虫最终要面对的悲剧。

西班牙蜣螂对粪球有其他的处理方式。它不会长距离滚动粪球，它把食物碎块放在原地，这样它就可以在一个地穴里收集到足够它所有虫卵的食物。由于没有必要再出去，蜣螂妈妈就待在家里看护着虫卵。它总是保持警惕，在它的保护下，粪球始终没有破裂，只要一出现裂口，就都被它封住了。粪球也不会被寄生植物所覆盖，因为在耙子不断拖来拖去的土壤上长不出任何东西。我现在观察的几十个蛋形粪球肯定了蜣螂妈妈的警惕性很有必要：没有一个粪球开裂破口和被微小的真菌侵扰。总而言之，粪球的表面看不到任何瑕疵。但如果我把粪球从蜣螂妈妈身边带走，装在玻璃瓶里或者马口铁盒里，它们就像圣甲虫的梨形粪球一样，因为缺少照看，会遭受或多或少的毁坏。

有两个例子可以说明这一点。我从一个蜣螂妈妈那里夺走三个蛋形粪球中的两个，放在马口铁盒里，避免粪球变干燥。这一周还没有结束，它们就被孢子植物所覆盖。在这片肥沃的土地上什么都有，低等真菌非常喜欢粪球。今天，它们是晶莹剔透的幼苗，呈纺锤形膨大，长满了短睫毛，流下了一滴露珠的眼泪，未来它们将长出一个黑色的小圆头，像煤玉一样乌黑。

我没有闲暇去看书和显微镜，我被第一次看到的这种微生物所吸引。对我们来说，植物学上的这一点并不重要，我们只需要知道粪球表面的深绿色已经消失了，变成了白色和水晶状的外皮，上面的黑色小点密密麻麻。

我要把这两颗粪球还给正在照看第三颗粪球的蜣螂妈妈。这个不透明的套筒被放回原处，蜣螂妈妈静静地待在地穴的黑暗中。一个小时后，甚至还不到一个小时，我又来查看。寄生植物完全消失了，被割掉了，直到最后一枝都被拔掉了。放大镜无法发现不久前如此茂密的灌木丛痕迹。蜣螂妈妈足上的耙子从那里经过，表面又恢复了良好的卫生条件所必需的那种干净状态。

还有一个更严峻的考验。我用刀刃切开一颗蛋形粪球的尖顶部分，将虫卵暴露在空气中。这与自然发生的破坏相似，当然会更夸张一点。我把这个被破坏的摇篮还给了蜣螂妈妈，如果它不管的话，情况将会变得很糟。当我盖上纸箱，环境变黑暗之后，它立刻开始行动了。被小刀切去的部分又再次修补好，合拢到一起，把虫卵裹在中间。它刮掉粪球外表的一些碎屑填补了所缺少的材料。转眼之间，破口就被修补得很好，丝毫看不出我破坏的痕迹。

我再来一次，创造了更大的危机。地穴里的四个粪球都受到小刀的攻击，小刀刺穿了孵化室，并将虫卵所在的拱顶捅破，留下一个不完整的庇护所。

面对灭顶之灾，螳螂妈妈异常顽强勤奋。在很短的时间内，一切又都变得井井有条。啊！我相信，有了这个总是睁着一只眼睛睡觉的女监护人，圣甲虫经常遇到的粪球裂缝和膨胀是不可能出现的。四颗带着虫卵的粪球，是我在螳螂夫妇婚礼之后让它们搬到地穴里的全部食物了。这是不是意味着产卵就这样结束了？我想是的。我认为虫卵的数量通常更少，有三个，两个，甚至一个虫卵。我饲养的西班牙螳螂，在筑巢之初被隔离在满是沙子的广口瓶里，只要所需要的食物都被搬进地穴里，就再也没有出现在地面上。它们没有再到外面去寻找新的食物，使它们能够增加少得可怜的粪球的数量。螳螂妈妈产下虫卵后就一直在广口瓶底部照看着这些蛋形粪球。地穴空间的大小决定了产卵的数量。三或者四个粪球就已经挤满了地穴，再也没有地方给多余的粪球了。螳螂妈妈因为习惯隐居，当然也是因为自觉有责任在身，没有想过再挖一个住所。当然，在现在修建的地穴里已经没有多余的空间了，但是跨度太大的拱顶也面临坍塌的危险。如果我去帮它们一把，如果我修一个空间更大的地穴，而且没有拱顶坍塌的风险，产卵量会增加吗？是的，会增加到现在的两倍。我的设施很简单。在一个广口瓶里，我从一个刚做好最后一颗粪球的母亲身边取出三四颗粪球。没有多余的面包了，我用自己的方式做了一个，用裁纸刀的末端揉成的。作为一个做面包的新手，我做的和西班牙螳螂一开始做的差不多。读者朋友们，不要嘲笑我的面包制作技术，科学正在向它发出净化的气息。我做的面包被西班牙螳螂妈妈全盘接受了，它开始揉捏制作粪球，并再次产卵，给了我三颗完美的蛋形粪球。

总共有七颗，这是我通过各种方式实验之后得到的最高纪录。如果我提供的面包原料还有剩余，蜣螂妈妈也不会再做粪球，至少是在地穴里，它把多余的面包原料吃掉了。蜣螂妈妈的卵巢似乎已经空了。实际上，被我洗劫一空的地穴提供了宽阔的空间，蜣螂妈妈利用空间，再加上我提供的面包，几乎加倍地产卵。

在自然条件下，类似的事情是不可能发生的。没有这么热心的面包店小伙计在一旁用抹刀揉捏面团，在西班牙蜣螂的地穴里硬塞进一个新面包。因此，一切都表明，这位昆虫中的隐士，决定在凉爽的秋天到来前都不会出现在户外，它的繁殖能力是非常有限的。它家里只有三四个孩子。即使在炎热的季节，当产卵早已结束的时候，我曾经挖出一位蜣螂妈妈，看管着唯一的一颗粪球。也许是因为缺乏足够的食物，它把做母亲的快乐降到了最低。我用裁纸刀给它揉了一个面包，它欣然接受了。

我们根据这个事实来做一些实验。我现在不是一下子给蜣螂妈妈提供一个大面包，而是按照蜣螂妈妈照看的两三个粪球的形状和大小来制作一个粪球，这位蜣螂妈妈已经在这两三个粪球中产卵了。我的仿制品太成功了。当我把一个蜣螂妈妈做的粪球和我自己做的放在一起，我都难以分辨出来。假的粪球被塞进广口瓶里，紧挨着其他粪球。这只受到惊吓的蜣螂妈妈立即蜷缩在一个角落里，钻进浅沙下面。我此后两天都没有打扰它。

两天后，当我发现蜣螂妈妈居然爬到我做的粪球顶上时，我一点也不惊讶，它在粪球顶上挖了一个小坑。下午，在小坑里产了一枚卵，然后再把这个坑封闭起来。我用摆放的位置来区分我做的粪球和西班牙螳螂做的粪球。我把我的粪球放在所有粪球的最右边，因此在最右边我找到了我的粪球，螳螂妈妈正在那上面劳作。它怎么能辨别出这颗长得和其他粪球一样的粪球，里面没有产卵呢？它怎么能毫不犹豫地挤压粪球的顶端形成火山口一样的小坑，而在这个顶端，从外表看可能已经有卵呢？它小心翼翼地不会再次挖掘已经产卵的蛋形粪球。是谁允许它挖掘这个人造的虚假粪球呢？

　　我重复做了很多次实验，都得出同样的结果：螳螂妈妈没有把我的仿制品和它的作品混为一谈，而且借此机会还在上面产了卵。只有一次，它好像饿极了，我看见它把我做的粪球吃了。这一次和前面的情况一样，它肯定知道哪些粪球里面产了卵，哪些还没有。如果它饿了，它不会吃产过卵的粪球。它是如何预见哪个是没有产卵的粪球的？这个粪球在外表上和别的完全相似。

　　难道我做的粪球有缺陷吗？我用的那块木片是不是力度不够，不能让粪球表面和其他的一样坚实？这个粪球是因为我手工水平不高而有缺陷？问题很棘手，已经超出了我做这种糕点的能力。

　　让我们求助于一位做面包的艺术大师。我向圣甲虫借了一颗粪球，这颗粪球刚开始在笼子里滚动。我选择了一个小的，体积和西班牙螳螂的一样大。它确实是圆的，西班牙螳螂的粪球通常也是圆形的，有些即使在里面产完卵之后也是。因此圣甲虫的面包，是由面包大师制作的品质无懈可击的面包，和我做的样子一样。有时候它会在这个面包里产卵，有时候又会把面包吃掉，可西班牙蜣螂从来没有和自己揉的面包混淆。在这样一种混乱的情况下，将没有产下生命的粪球切开吃掉，保留已经产过卵的粪球，分辨出哪些粪球是不能碰的，在我看来这样的情况不能用和我们一样的感官来作为指导。不能用视觉，因为蜣螂妈妈是在完全黑暗的环境里工作的。即使在亮光中工作，蜣螂妈妈的困扰也不会减少。两颗粪球的形状和外观都是一样的，当混在一起时，我们最敏锐的眼睛都会分不清楚。无法调用嗅觉，因为原材料是一样的，它们都是绵羊的粪便。无法调用触觉，触角在戴了角质的手套之后触觉还会灵敏吗？这需要非常灵敏的触觉。此外，如果我们认为西班牙蜣螂的足上，特别是在足跗上，在触须上，在触角上，以及任何我们想到的地方，都有一部分能力来区分硬和软、粗糙和光滑、圆弧和棱角，那么圣甲虫的粪球就会借此发出预警。对于原材料，揉制的程度、硬度和表面的形状，西班牙蜣螂的粪球当然达到了完美的平衡，而且，它并没有弄错。

在此探讨两颗粪球的味觉差异没有任何意义。现在只剩下听觉。不久之后，我不会认为听觉不能分辨。当幼虫孵化时，全神贯注的蜣螂妈妈可能会听到它在粪球外壳内啃食的声音。但现在粪球里只有一个虫卵，而且每个虫卵都沉默不语。

那么，蜣螂妈妈还有什么办法呢？我不是说要它识破我的诡计——这个问题太难，动物没有天生的特殊才能来揭露实验者的把戏。我不禁想问："蜣螂妈妈还有什么办法来克服它正常工作中的困难呢?"我们不能忽视,它从塑造一个球形粪球开始,球形粪球无论是在形状上还是在大小上,通常与用来产卵的粪球没有区别。

太平的日子并不是一直都有,即使是在地下。如果蜣螂妈妈受到惊吓,一瞬间惊慌失措地从它的粪球上掉下来,离开地穴到别处去避难,然后,它回来要继续产卵时,需要在粪球的顶部压出一个浅坑。它是如何找到没有产卵的粪球,并与其他粪球区分,同时避免压碎自己虫卵的风险?这里需要一个可靠的向导。什么样的向导?我不知道。

我已经说过很多次了,现在我要再说一遍:昆虫的感官是精妙的,与它们所从事的劳动相协调,它们的这种能力是毋庸置疑的,因为在我们身上没有任何类似的东西。天生失明的人不会对颜色有概念。在笼罩我们的深不可测的未知面前,我们生来就是盲人,成千上万个问题浮出水面,无法回答。

南美潘帕斯草原的食粪虫

环游世界，从陆地到海洋，从南极到北极；在各种气候下探索生命无穷无尽的表现形式，这对于喜欢观察研究的人来说当然是一个好机会，这是我年轻时的梦想，当时我最崇拜鲁滨逊。我幻想中环游世界的旅行梦想，很快就在郁闷和家庭的现实中破灭。印度的丛林、巴西的原始森林、秃鹰喜爱的安第斯山脉的高耸山峰，都被缩小为一个由四面墙包围的鹅卵石铺地的荒石园，这里成为我探索的领域。

上天保佑我，我并不为此抱怨。思想上有收获，不一定需要远征。让-雅克[1]在为金丝雀栽种的海绿丛中采集植物；贝尔纳丹·德·圣皮埃尔[2]在一棵草莓树上发现了一个世界，这棵草莓偶然地从他的窗户边长出来；萨米耶·德梅斯特尔[3]坐在一把扶手椅上，就像坐在一辆马车里一样，在他的房间里进行了一次最著名的旅行。这种看世界的方式是我负担得起的，只是没有马

---

[1] 让-雅克·卢梭（1712—1778），法国18世纪启蒙思想家、哲学家、教育家、文学家，启蒙运动代表人物之一。
[2] 贝尔纳丹·德·圣皮埃尔（1737—1814），法国作家，代表作《保罗与薇吉妮》。
[3] 萨米耶·德梅斯特尔（1763—1852），法国作家，代表作《在自己房间里的旅行》。

车，在灌木丛中驾车太难了。我绕着荒石园的围墙一段一段地走了几百圈。我有时停在一个人家门口，有时在另一个人家门口驻足。我耐心地探查，隔一段时间，我得到了一些答案。

我对那里最小的村庄都很熟悉，我知道螳螂栖息的任何一根小枝；我去过在寂静的夏夜里，苍白的意大利蟋蟀轻轻地鸣唱着的所有灌木丛；我认识黄斑蜂这个棉布袋制作工耙出来的棉花覆盖的任何一棵草；我熟悉切叶蚁这个树叶裁切工修剪过的所有的紫丁香花丛。

如果在荒石园的角落和缝隙中航行还不够的话，长途旅行会给我很多的贡品。我的船绕过附近树篱的岬（jiǎ）角，再往前走几百米，我就能遇到圣甲虫、天牛、粪金龟、西班牙蜣螂、螽斯、蟋蟀、绿蚱蜢，这群昆虫，研究它们的进化发展史需要穷尽一个人的一生。显然，对我来说已经足够了，我和我的近邻接触已经够多了，而不需要再去更加遥远的地方旅行。

顺便说一句，环游世界会分散一个人的注意力到许多问题上，这不是观察研究。旅行的昆虫学家可以把许多物种收集到他的标本盒里，这是命名者和收藏家的乐趣；但收集详细的文件完全是另一回事。他就像科学上到处游荡的犹太人，没有时间停下来。如果为了研究这些事实，需要延长逗留时间，下一站就会催促他快点上路。在这种情况下，我们这样要求他是不可能的。就让他把昆虫钉在软木板上，把它们浸泡在装满塔菲亚酒①的广口

① 塔菲亚酒，西印度群岛产的甘蔗酒。

瓶里，让他们把耐心观察留给不常出门的人，因为这个工作耗费时间。这就解释了为什么除了命名法中枯燥的描述之外，昆虫的进化发展史极度缺乏。异国昆虫的数量太多使我们不知所措，而我们对它们行为的秘密几乎一无所知。然而，我们应该将我们眼前发生的事情与其他地方发生的事情进行比较；如果能看到同一种昆虫团体的基本本能是如何随着气候条件的不同而变化的，那将是一件有意义的事情。

因此，我又感到无法旅行的遗憾，比以往任何时候都更加感觉无奈，除非我在《一千零一夜》向我们描绘的魔毯上找到一席之地，在这张著名的魔毯上，你只需要坐着就可以被送到我们想去的任何地方。啊！这张奇妙的魔毯，比萨米耶·德梅斯特尔的马车要好得多！我希望我能在那里找到一个小角落，手握着我的往返票！

我确实找到了。这笔意外的财富，要归功于基督教学校的一位教友，他是布宜诺斯艾利斯市拉萨尔学院的朱迪利安教友。他为人十分谦逊，对被帮助过的人对他的赞美深感不安。这么说吧，在我的指示下，他的眼睛取代了我的眼睛。他寻找、发现、观察，他把他的笔记和他的发现寄给我。我观察、寻找，我通过信件和他一起研究。

我们成功了，多亏了这位出色的合作者，我在魔毯上占有了一席之地；在这里，我在阿根廷共和国的潘帕斯，渴望将塞里尼昂的食粪虫的劳作与另一个半球上食粪虫的劳作进行比较。

真是很棒的开端！偶然的相遇，我首先碰到了彩虹蜣螂，它身上融合了铜的金属光泽和翡翠的鲜艳绿色。看到这样一颗宝石的背上堆满垃圾，我们感到非常惊讶。它是粪肥里的宝石。雄性彩虹蜣螂前胸有个凹下的半月形，肩膀上长着锋利的副翼；额头上有一个角，可以与西班牙蜣螂的角相媲美。它的伴侣也充满了金属般的光彩，没有任何奇怪的装束，这种拉普拉塔的食粪虫和我们的一样，男性独领风骚。

那个漂亮的陌生人能做什么？正和月形蜣螂在这里做的一样。像月形蜣螂一样待在牛粪下，在地穴里揉制蛋形面包。什么都没有落下：使粪球体积最大而表面积最小的圆球形腹部，坚硬的外壳防止粪球过快干燥，虫卵粘在孵化室的末端，在孵化室的另一端，有一个像毛毡一样的门，能透过胚胎发育所必需的空气。我在这里看到了这一切，我在那里又看到了那一切，那几乎在世界的另一端。生活，由一个不变的逻辑支配，它重复着它的作品，在这里是真实的在那里就不可能是假的。我们想为我们的思考在远方寻找新的奇观，其实它就在我们眼前，无穷无尽，在我们荒石园的围墙里。

在丰盛的牛粪面包底下，彩虹蜣螂似乎截取了很大的一块，并在它的地穴中制作几个蛋形粪球，和月形蜣螂的粪球一模一样。

它什么也不做，宁愿从发现的一个粪堆游荡到另一个粪堆，从每一个粪堆中提取足够的原料来制造一颗粪球，而将这颗粪球独自放在地穴里，托付给土壤来孵化。即使它在远离布宜诺斯艾利斯草原的地方使用绵羊粪便，它也不用考虑节约的问题。

是因为潘帕斯宝石般的虫子忽视了父亲的合作吗？我不敢坚

持，因为西班牙蜣螂让我认识到我的想法错了，当时我只看到一位蜣螂妈妈，她独自一人在地穴里工作，但她的房间里被几个粪球挤满了。每个人都有自己的一套本领，而我们无法了解这些本领的秘密。

这两种蜣螂——双色巨蜣螂和中间巨蜣螂，从外形上看与圣甲虫有一点儿相似，只不过它们的身体是蓝黑色，而不是乌木色。双色巨蜣螂的前胸上闪耀着漂亮的金属铜色的反光。它们有长长的足，头顶盖上分散着锯齿状突起，鞘翅扁平，它们个子矮小瘦弱，但它们做的粪球最为有名。

它们也有同样的天赋。它们俩制作的粪球都是梨形的，但这些粪球是更质朴的艺术品，梨形粪球的颈部做成了圆锥形，没有优美的曲线。从优雅这一点来看，它的作品比不上圣甲虫的，但考虑到它使用的工具，没有滚动粪球，只是用足揉捏，我觉得这两个造型师还能做得更好。

不管怎么样，巨蜣螂的作品遵从了其他蜣螂粪球的基本形状。第四种蜣螂是虹彩粪甲虫，它的粪球也和前面几种蜣螂一样，没有带给我们什么新东西。这是一种漂亮的昆虫，穿着金属光泽的衣裳，根据光线的照射角度呈现出绿色或古铜色。身体有点儿四四方方，长长的前足上面有锯齿状突起。

在它身上我们观察到了食粪虫在某个方面出人意料的本领。我们已经认识了做软面包的面包师，现在这位面包师为了能更好地保持面包的新鲜，发明了陶土工艺，变成了陶土工匠，它用黏土包裹在幼虫的食物外面。在我的妻子和我们所有人知道之前，它就知道在炎热的夏季用大肚罐来保存食物，可以保鲜防干燥。

虹彩粪甲虫的作品也是蛋形的粪球，与西班牙蜣螂的粪球形状略有差别，但这正表现出了南美洲昆虫的创造性。在粪球内部，通常都是牛或绵羊的粪便蛋糕，外面均匀涂抹一层黏土，做成结实的陶土罐，可以防水。

陶土罐里装满食物，就算在连接的地方也没有一点缝隙。从这个细节可以看出工匠的精湛工艺。陶土罐制作时里面的粪便还是柔软的。蛋形的粪球的外形和其他面包师做的造型保持一致，虫卵还是产在孵化室里，虹彩粪甲虫刮取地穴墙上的黏土层，然后抹在粪球上，把食物包裹起来。当黏土层涂抹完毕之后，它再仔仔细细地将黏土层的外面打磨光滑，由很多黏土块拼接涂抹而成的小陶土罐的器型完美地呈现在我们眼前，完全可以和我们的陶土工匠的手艺相媲美。

根据通常的情况，在蛋形粪球的尖顶上是孵化室，里面有虫卵。在不透气的黏土层的包裹下胚胎和幼虫应该怎么呼吸空气呢？

不用担心，陶土工自有妙法。它没有在粪球的尖顶上用地穴墙上刮下来的肥沃土壤来封口。在离尖顶有一段距离的地方就不再涂抹黏土了，而是堆放一些木质的碎片。碎片来源于粪便中没有被消化的植物茎秆碎块，它用这些碎片一层一层地按照顺序堆叠起来，在虫卵的上方搭建出一个草屋顶。在这个粗糙的屋顶缝隙里，空气流通得到了保证。

这种给食物保鲜的黏土涂层，以及这种用草茎堆在一起堵住的出气口，它允许空气自由进入，同时也保护了入口，这些都对我们有很多启发。

如果我们往深层一点儿思考，那么永恒的问题就是：昆虫是如何获得如此明智的艺术的？

不外乎就是这两条法则：为了幼虫的安全和通风。除此之外，就没有别的了，下面这位也不例外，它的才能为我们打开了新的视野。它就是拉科代的猪蜣螂。

这个令人生厌的名字，意思是老母猪，但并没有让我们对这种昆虫有错误的看法。恰恰相反，它和前一只一样，是一只优雅的食粪虫，黝黑、粗壮，身体呈四方形，就像我们的野牛宽胸蜣螂，几乎和它的大小一样。在整个劳作过程中，它也有自己的一套工艺。

它的地穴分支成少量的圆柱形小屋，每间小屋栖息着一只幼虫。每只幼虫的食物由大约一英寸厚的牛粪构成。这种食物被细致地压在一起，填满了小屋，就像软糊状物压在模子里一样。到目前为止，这件作品与野牛宽胸蜣螂的作品是一样的；但它们的相似点就只有这些了，剩下的就是深层的差异，非常奇特，与我们这儿的蜣螂向我们展示的东西无关。

事实上，我们的香肠粪球制造者——野牛宽胸蜣螂和粪金龟，把虫卵产在它们圆柱形粪球的下端，在食物内部挖的一个圆形的洞里。

它们的潘帕斯模仿者采用了相反的方法，它们把虫卵产在食物的上面，在香肠的上端。为了进食，幼虫不必爬上来，相反，它要一路往下吃。

这样更好，虫卵不会立即落在食物上，它安放在一个墙壁厚度为两毫米的黏土卧室中。这堵墙在圆柱体的外面形成了一个密闭的套子，顶上有一个凹进去的小碗，然后四周再升高并形成一个拱形的天花板。因此，胚胎被封闭在一个矿物质构成的盒子里，与食物隔开，食物被密封住了。刚出生的幼虫要第一次用它的牙咬开封条，钻进黏土地板，打开一个口子，它就能吃到下面的蛋糕了。

对于幼虫娇嫩的上颚来说，这是一个艰难的开端，尽管要咬破的是一层细黏土。其他蜣螂的幼虫一出生就能立即咬到包裹着它们的软面包，而当它从卵中孵化出来时，它必须穿过一堵墙，然后才能吃到第一顿饭。

设置这些障碍有什么意义？我毫不怀疑，障碍有存在的理由。如果幼虫出生在一个封闭的小锅的底部，如果它必须咬掉砖头才能到达食品储藏室，是某些繁殖的条件要求它这么做的。但是哪些条件呢？要了解这些条件，就需要我们到现场进行观察研究，而且，我手里的资料只有几个地穴，都是静止的东西，研究起来很困难。但仍然可以隐约看到一些东西。

拉科代的猪蜣螂的地穴很浅，它的小圆柱体蛋糕，完全暴露在干旱中。在那里，就像在这里一样，食物变干燥之后对幼虫是一种致命的危险。为了避免这种危险，没有什么比把食物装在密闭的容器里更明智的了。而且，容器是在不透水的土壤中挖出来的，墙壁薄而材质均匀，没有砾石，没有一粒沙子。虫卵住在圆形房间的底部，下面是一个盖子将食物密封，密封后的空间就像一个罐子，里面的东西在很长一段时间内都不会变干燥，即使在烈日下也是如此。不管孵化的时间有多晚，刚出生的幼虫只要在盖子上打个洞，就能立即吃到新鲜的食物，就像这些食物是当天做出来的一样。

下面的黏土筒仓有严丝合缝的盖子，是一种精湛的工艺，因为在我们的农艺中，牧草的存放没有更好的保鲜方式。但它有一个缺点：为了吃到食物，幼虫必须先打开一条穿过房间地板的通道。它一开始咬到的是一块砖头，而不是它那虚弱的胃所想要的营养粥。

如果虫卵直接产在食物上，在外壳的里面，那么就不需要做这个辛苦的工作了。我们这样想的逻辑是错误的，忘记了一个基本的问题，而这个问题是昆虫绝对不会忽视的。胚胎需要呼吸。它的发育需要空气，而在肥沃的土壤做成的罐子里，是完全密封的，空气不可能进入。幼虫必须在这个罐子的外面出生。

好吧。但是虫卵被关在食物上方的一个和罐子一样防水的黏土仓里，在呼吸方面并没有什么好处。让我们仔细观察，就会找到满意的答案。

孵化室的内部墙壁整齐光滑。螳螂妈妈一丝不苟地劳动，抛光灰泥。只有拱顶是粗糙的，因为用建造工具在外面搭建拱顶，不能进入天花板的内表面，来给它抹平。此外，在这个圆拱形的凹凸不平的天花板中心，留下了一个狭窄的小孔。这是通风口，它允许空气在孵化室内外进行交换。完全没有一点儿阻挡的开口会带来危险：一些害虫会趁机进入孵化室。蜣螂妈妈预见了危险。它用一种透气性很强的塞子——粪便的碎屑——来堵住通气口。这精确重复了各位面包师在它们的葫芦形和梨形粪球顶上向我们展示的东西。每个人都知道毛毡帽这个绝招，可以在一个防水的外壳中给虫卵透气。

你的名字并不好听，你这个可爱的潘帕斯食粪虫，但你的本领确实了不起。然而，在你的同胞中，我知道有些人的聪明才智胜过了你。这就是法那斯米隆，一种美丽的昆虫，通体蓝黑色。雄性法那斯米隆的前胸有小角。头上长着宽而短的扁平的角，末端分三个叉。雌性用简单的褶皱代替了这些装饰品。不管是雄性还是雌性，在头顶盖的前端有一个双头尖角，这当然是一种挖掘工具，也像一把切割手术刀。由于它身材粗短健硕，四四方方，这种昆虫让人想起了奥氏宽胸蜣螂，这是蒙彼利埃附近罕见的昆虫之一。

如果体形相似会导致粪球制作本领也一样的话，那么毫无疑问，法那斯米隆制作的香肠形粪球就应该和野牛宽胸蜣螂做的一样，或者更确切地说，像奥氏宽胸蜣螂制作的大而短的香肠。啊！当涉及本能时，昆虫的身体结构会带来错误的引导。

这种食粪虫有四四方方的身形和短小的足，却精通做葫芦形粪球的艺术。圣甲虫都没有做出像它的作品这么造型准确的作品，更重要的是体积没有这么大。

这只粗壮的昆虫做出来的作品却是如此优雅，使我惊叹不已。粪球的几何形状无可挑剔，颈部不那么细长，但将优雅与力量完美融合。这个模型好像照着印第安的葫芦做的，尤其是颈部半开，肚子上刻着一个优雅的扭索纹，那是昆虫的跗节的印迹，看起来仿佛是用篾条编织的一个篮筐中保护着的罐子。它的个头可以达到甚至超过一个鸡蛋。

这是一件非常奇特的作品，也是一件罕见的珍品，尤其是出自一个粗笨而壮硕的工人之手。不，再说一遍，好的工具不能造就艺术家，不管是在食粪虫的世界，还是在人类的世界都是如此。指导造型师的，是比工具更重要的东西：就是我以前说过的才能，是这种昆虫的天赋。

法那斯米隆从不惧怕困难。不仅如此，它还嘲笑我们的分类学。我们认为食粪虫是牛粪的狂热爱好者。但是它不是这样，它既不食用牛粪，也不给它的孩子们食用。它需要的是尸体的脓血。我们会在家禽、狗、猫的尸体下面发现它们，和一些被尸体吸引来的食腐动物在一起。我画的这个葫芦当时就躺在一只猫头鹰的残骸底下。

怎么解释这种昆虫将埋葬虫的胃口与圣甲虫的才能集于一身？至于我，我不想探究，我对昆虫的一些爱好也很困惑，这些爱好不是能凭借昆虫的外表就能推断出来的。

我认识我们家附近的一种食粪虫，唯一一种也吃尸体的开拓者。它就是卵形嗡蜣螂，它经常以死鼹鼠和兔子尸体为食。但是这个侏儒收尸工并不因此就舍弃粪团，遇到粪堆，它就跟其他的嗡蜣螂一样狼吞虎咽。也许存在两种食谱：奶油圆蛋糕是成虫吃的，有气味的腐烂的肉是给幼虫准备的。

类似的情况也出现在其他昆虫身上，不同的状态有不同的饮食偏好。捕食性膜翅目昆虫喜欢吸花冠底部的花蜜，它们喂养孩子用的是猎捕的昆虫。同一个胃，先吃肉食，再吸甜花蜜。随着幼虫的生长发育，胃这个消化器官也会一直发生变化！不管怎么说，这跟我们人类的胃一样，年轻的时候喜欢吃的东西到老了的时候可能就很厌恶了。

　　让我们再深入地研究一下法那斯米隆的作品。我得到的那些葫芦全都干透了，像石头一样坚硬无比，颜色变成了浅咖啡色。里里外外，我都没有发现一点木质碎屑，证明它不是经过消化的植物残渣。因此这种奇怪的食粪虫并没有使用牛粪，或者其他食草动物的粪便，它使用的是另一种天然原料，现在还无法确定是什么。

　　我把葫芦放在耳朵边摇晃，发现里面有东西发出声响，就像干果中间的一个果仁能自由滚动发出的声音。难道里面有一只已经干瘪了的幼虫吗？难道里面有一只已经死了的成虫吗？我起初是这样想的，但是我发现我弄错了。那里面有比我想象得更好的东西，让我长了见识。

　　我用刀尖把葫芦切开。我的三个标本里最大的一个葫芦的外壳达到2厘米厚，在均匀的外壳里面，镶嵌着一个圆球形的核，核填满了中心，但是又与外壳不粘连，内核可以在中间自由晃动。所以，我摇晃葫芦的时候会听到这样的声音。

　　从颜色和整个外貌看来，内核和外壳是一样的。但是当我把内核碾碎，压成渣。我从中分辨出了骨头碎片、绒毛絮、皮肤残片和细小肉块，所有这些都浸在像巧克力色的稀泥里。

我把这种糊状物放在放大镜下筛选，剔除了尸体的碎片之后，放在燃烧的煤上烤，这块糊状物就变得漆黑，上面布满了闪亮的水泡，并散发出刺鼻的烟雾，可以很容易地辨认出这是烤焦后的动物骨肉的气味。因此，葫芦的整个内核都被尸体的脓血浸透了。

我以同样的方式处理外壳，外壳也变黑了，但效果差一点，冒了一点烟，没有被喷黑汁的水泡所覆盖，最后，它的里面没有包含与内核相似的尸体碎片。在这两种情况下，煅烧后的残留物都是一种细的红色黏土。

通过这个简单的观察分析，我们知道了法那斯米隆是怎么烹饪的。喂养幼虫的食物是一种肉馅酥饼。肉馅是由它头上的两把手术刀和前腿的锯齿刀从尸体上剔下的所有东西组成的：下脚毛和绒毛、碎骨头、肉和皮肤的碎片。起初这种像烧烤野味调味汁一样的糊糊是一种细黏土的果冻，完全浸透了腐败的汁液，现在像砖头一样坚硬。最后，装肉馅酥饼的糕点盒在这里是由相同的黏土制成的外壳，里面没有内核含肉量高。

糕点师给它优雅的作品装饰了一下，它用玫瑰花结、绳形线条、甜瓜筋线来点缀。法那斯米隆对这种烹饪美学并不陌生。为了装它的肉馅酥饼，它制作了一个漂亮的葫芦，上面装饰着带指纹的扭索纹。

外壳不能食用，因为浸泡腐败的肉汁太少，显然不受欢迎。随着幼虫长大，胃的消化功能也更强的时候，幼虫并不排斥粗劣

昆虫记

中考名著阅读
知识点梳理与检测

中华书局

目 录

一、基础知识……………………………… 001

二、主要内容……………………………… 003

三、思想内涵……………………………… 004

四、艺术特色……………………………… 005

五、中考真题……………………………… 006

参考答案………………………………… 022

一、基础知识

1.作者简介

让-亨利·卡西米尔·法布尔（1823—1915），法国著名的昆虫学家、科普作家，被誉为"昆虫界的荷马""昆虫界的维吉尔""科学界的诗人"。法布尔出身农家，从小生活贫困，但他通过自学获得了博士学位，并自学了拉丁语和希腊语。他是第一位在自然环境中研究昆虫的科学家。他用毕生的精力深入昆虫世界，在自然环境中对昆虫进行观察与实验，用自然科学家的眼光来观察和发现昆虫，讲究严谨的、一丝不苟的科学态度，真实地记录下昆虫的本能与习性。他以人性观照虫性，又用虫性反观社会人生，将昆虫世界化作供人类获得知识、趣味、美感和思想的美文，著成《昆虫记》一书。

法布尔一直活到92岁，他也一直学习、工作到92岁。直到生命的最后，他还念念不忘《昆虫记》第十一卷。值得庆幸的是，在他生命的最后几年，他的成就获得了社会的承认。法布尔87岁寿辰的时候，法国政府授予他金质勋章，瑞典皇家学院授予他生物学界著名的林奈奖章。法布尔还获得了诺贝尔文学奖提名。

2.成书过程

1823年，法布尔出生于法国南部山区一个偏僻的村庄，年幼时他就对乡间的昆虫产生了兴趣。法布尔卖过汽水，在铁路工地当过小工，为生活成天奔波忙碌。但生活的困境没有让他放弃学习，而是激发了他更加强烈的求知欲望。后来，法布尔考入阿维尼翁师范学校，从师范学校毕业后，他到一所学校当自然科学史老师。

1849年，他被批准到科西嘉岛的一所中学担任数学和物理老师，岛上的自然风光和丰富的物种，燃起了他研究的热情。法布尔也与几位植物学家成了好朋友，从这些人身上学到了很多非常有用的知识。同时写下了大量昆虫学方面的论文。

1879年，《昆虫记》第1卷出版。1880年，他用自己写书挣的钱买下一块荒地，取名"荒石园"，并栽种了好几百种乔木、灌木和各种花草，当然，这里也生活了许多昆虫。在此后的30年里，《昆虫记》又出版了9卷。《昆虫记》全书文字长达二三百万字。法布尔用引人入胜的笔触，生动、详细地描述了100多种昆虫奇异的生活、本能和习性，打破了以往只研究昆虫形态、分类的旧局面，为昆虫学开拓了一个崭新的、迷人的领域。

3.历史地位及影响

《昆虫记》一出版，便立即成为畅销书，曾先后被翻译成六十多种文字。该书自问世以来，好评如潮，获得过罗曼·罗兰、达尔文、雨果等人的称赞。《昆虫记》不仅是一部研究昆虫的科学巨著，也是一部描写昆虫的文学巨著，同时也是一部讴歌生命的宏伟诗篇。在法布尔之前，人们对昆虫的研究主要是从解剖学方面进行的，而法布尔研究的是活生生的昆虫，是对昆虫进行系统全面地观察。在这本书中，我们看到的不仅仅是昆虫的大千世界，更领略到了法布尔"追求真理""探索真理"的精神。为此，法布尔在晚年曾获得诺贝尔文学奖的提名。书中真实地记述了的昆虫的习性、生活情况，同时文笔清新，因而，该书被誉为"昆虫界的史诗"。

二、主要内容

从1879年起，法布尔在他心爱的"荒石园"里观察昆虫，研究昆虫的特征、习性，他将研究成果编著成《昆虫记》一书。全书分十卷，每一卷分为17~25个不等的章节。每个章节详细、深刻地描绘一种或几种昆虫的生活，包括昆虫的形态、特征、习性，真实地记录了昆虫的本能、习性、劳动、繁衍、死亡等，描述了小小的昆虫恪守自然规则，为了生存和繁衍进行着不懈地努力。另外，此书还收入了一些讲述经历、回忆往事的传记性文章，介绍了法布尔痴迷昆虫研究的动因、生平抱负、知识背景和生活状况等。

三、思想内涵

《昆虫记》通过详细、深刻地描绘各种昆虫的外部形态和生物习性，记录各种昆虫的生活和为生活以及繁衍种族所进行的斗争，既表达了作者对生命和自然的热爱和尊重，也体现了作者观察细致入微、孜孜不倦的科学探索精神，唤起人们对万物、对人类和对科普的深刻省思。

作者"以人性观照虫性"，通过生动的描写、拟人等修辞手法的运用，将昆虫的生活与人类社会巧妙地联系起来，把人类社会的道德、认识搬到了笔下的昆虫世界里。被作者赋予了人性的昆虫，惟妙惟肖。在记录昆虫的大千世界的同时，法布尔还传达了他对人类社会的深刻见解，无形中指引着读者在昆虫的"伦理"和"社会生活"中重新认识人类思想、道德与认知的准则。

四、艺术特色

《昆虫记》用通俗易懂、生动有趣和散文的笔调，深入浅出地介绍了法布尔所观察和研究的昆虫的外部形态、生物习性，行文活泼，语言诙谐，文笔精练，文风质朴，别有风趣，自成一格。《昆虫记》不同于一般科学小品或百科全书，它还散发着浓郁的文学气息。作者用散文的笔调和幽默风趣的语言，把枯燥乏味的科学情境描绘得有声有色。为了使昆虫具有人的思想和情感，作者采用比喻、拟人、夸张等手法，运用了大量笔墨介绍了昆虫的生活习性和特征，把每一只昆虫都淋漓尽致地刻画出来，使读者仿佛身临其境。

法布尔之所以被誉为"昆虫界的荷马"，并曾获得诺贝尔奖文学奖的提名，除了《昆虫记》那浩大的篇幅和包罗万象的内容之外，优美且富有诗意的语言也是其中的原因之一。作者凭借自己的拉丁文和希腊文的基础，在文中引用希腊神话、历史事件以及《圣经》中的典故，还时而穿插着普罗旺斯语或拉丁文的诗歌。

五、中考真题

1. 阅读下面的文字回答问题。

【选段一】

螳螂以这种奇怪的姿势一动不动地注视着蝗虫，一直盯着蝗虫的方向，它的头随着蝗虫的移动左右转动。这种架势的目的是显而易见的：螳螂想要恐吓强大的对手，使其因恐惧而瘫痪，而这个对手如果没有被吓坏的话，那就太危险了。

螳螂能做到吗？在蝉斯光滑的头骨下，在蝗虫的长脸后面，没有人知道发生了什么。在它们无动于衷的面具上，我们看不到它们表达出任何情感。然而，可以肯定的是，受威胁的人知道危险。它看见一个怪物站在它面前，弯刀举在空中，准备进攻，它觉得自己在面对死亡，时间还来得及，但它没有逃跑。它擅长跳跃，一跃而起远离那双夺命飞刀对它来说轻而易举，但它却愚蠢地愣在原地，甚至慢慢靠得更近。

【选段二】

在我所在的这片废墟正中，还伫立着一段残存的墙，它的地基是石灰和沙子混合修建的，所以非常坚固。这是我对科学真相的热爱。哦，我那些灵巧的膜翅目昆虫，我是否足够有资格为你们的故事再书写几页？

我付出的努力不会事与愿违吧？为什么我很长时间以来都忽视了你们？我的朋友们因此责怪我。啊！去告诉他们吧，告诉我和你们的那些朋友们吧，告诉他们我没有忘记你们，没有厌倦而抛弃你们，我一直都想着你们。我知道节腹泥蜂的巢穴里还有很多秘密需要我们去发现，掘土蜂的袭击也会带给我们新的惊喜。

（1）以上文段选自《＿＿＿＿＿》，作者是法国的昆虫学家＿＿＿＿＿＿＿＿＿。（人名）

（2）阅读科普作品要关注艺术趣味，体会科学精神。鲁迅先生认为它是"一部很有趣，也很有益的书"，请任选一个片段，谈谈你对"有趣"或"有益"的理解。

2. 请把下面的语段补充完整。

阅读经典可以丰富阅历，涵养性情。让我们一起阅读散文集A《＿＿＿＿＿＿》，了解鲁迅从幼年到青年时期的生活道路和心路历程；在科普巨著《昆虫记》中遨游，去感受"掌握田野无数小虫子秘密的语言大师"B＿＿＿＿＿（作者）对生命的尊重，对自然的赞美；阅读老舍的作品，了解他笔下的车夫C＿＿＿＿＿（人名）"三起三落"的人生经历，感受作家对底层劳动人民生存状况的关注和同情吧！

3.《昆虫记》是一部引人入胜的书。作者对昆虫的形态、习性、劳动、繁衍和死亡的描述，处处洋溢着对生命的尊重，对自然万物的赞美。阅读《昆虫记》时我们能发现，整本书的章节在内容安排上有一个明显的特点是（　　　）

　　A.绝大多数章节主要写同类多种昆虫，突出一种昆虫。

　　B.绝大多数章节只写一种昆虫，从各个角度展开描述。

　　C.绝大多数章节写两种不同类的昆虫，进行对比分析。

D.绝大多数章节写同类的多种昆虫，归纳它们的共性。

4. 名著推广活动中，一位同学为下面四部名著设计了演讲主题，其中不恰当的一项是（　　　）

A.《昆虫记》：拥有和自己斗争的勇气，才能登上艺术的顶峰。

B.《简·爱》：你总要熬过一些苦难，方能尘埃落定，静待花开。

C.《红星照耀中国》：你的热爱有多浓烈，你的祖国就有多美丽。

D.《海底两万里》：即使是普通的冒险，也伴随着对科学的关注。

5. 九年级二班最近开展了名著阅读活动。同学们阅读名著后，从图书馆或网上搜集了一些资料，分小组对不同的作品进行了探究。

（1）第一小组举行了关于《艾青诗选》的问答赛。

问题一：20世纪30年代，艾青诗歌的主要意象是"＿＿＿＿＿＿＿＿＿"和"太阳"；

问题二：艾青的成名作是《＿＿＿＿＿＿＿＿》。

假如你是该小组成员，请作答。

（2）第二小组读名著时，发现一个有趣的现象：许多典型情节作者用"三……"来概括，如《水浒传》中的"三打祝家庄"。请你在《西游记》中找出一个也用"三……"来概括的情节：_____

_____。

（3）第三小组探究的是科普作品《昆虫记》，请你以该小组成员的身份，写几句话，把这部作品推荐给大家。

6.鲁迅评价法国昆虫学家法布尔的科学巨著《昆虫记》是"一部很有趣，也很有益的书"。请结合自己的阅读体验，简述这本书在"有趣、有益"方面的特点。（限60字内）

7. 下面是班级"科普作品·智慧之光"小组阅读成果分享现场。请你参与其中,从《昆虫记》《寂静的春天》中任选一部,结合作品内容,补充丙同学的发言。

甲:科普作品中呈现的科学研究方法闪耀着智慧之光,尤其是"先假设后求证"的研究方法,同学们在阅读中感受最深,让我们一起来分享。

乙:好。我发现,科学工作者往往循着"提出假设——用实验或数据分析等推理求证——得出结论"的路径进行研究。下面,我们请丙同学说一个具体的例子。

丙:_____

_____

_____。

甲:说得真好,这样的研究方法充满智慧。让我们在阅读中获得真知,让科学的光芒照亮自己。

8. 下列表述错误的一项是（   ）

A.《红星照耀中国》通过一个外国人的见闻,客观地向全世界报道了中国共产党和中国红军的真实情况,使西方人全面地了解到中国共产党人的真实生活。

B.《昆虫记》是英国昆虫学家法布尔创作的文学巨著，它行文活泼，语言诙谐，常以拟人的手法表现昆虫世界，读来情趣盎然。

C.《简·爱》采用第一人称的写法，作者以手写心，句句发自肺腑，字里行间燃烧着她热情的火焰，情真意切，感人至深。

D.《二十四孝图》写鲁迅儿时就不喜欢"老莱娱亲"和"郭巨埋儿"的故事，进而引发了对那种不顾人情甚至灭绝人性的所谓的"孝道"的批判。

9.名著阅读。

　　法布尔笔下的昆虫既有虫性，又有人性。你所在的学习小组就《昆虫记》"以人性看虫性"这一特点进行了研究性学习。你建议以"蝉"的图片作为研究性学习报告的封面，请结合具体内容说说理由。

10.阅读下面语段，完成小题。

夫妻俩热情高涨地一起为孩子们揉捏、搬运、烤制面包。它们先用前足从大块粪便上切下一块大小合适的小块。爸爸妈妈齐心协力，揉搓这一小块，轻轻拍打，将它压紧，最后团成大豌豆一般的小球。

（1）这段文字选自《＿＿＿＿＿＿＿＿》。（填书名）

（2）戏剧家罗斯丹评论该书时说："这个大科学家像哲学家一般地想，美术家一般地看，文学家一般地感受而且抒写。"结合作品内容，谈谈你对这一评论的理解：＿＿＿＿＿＿＿＿＿＿＿＿＿＿＿＿

＿＿＿＿＿＿＿＿＿＿＿＿＿＿＿＿＿＿＿＿＿。

11.文学是生活的一面镜子。文学作品所描写的内容、塑造的形象、体现的思考等，都无不与我们的生活息息相关。请从下列作品中任选一部，就其一个或多个方面谈谈你的理解。（限60字内）

《西游记》《朝花夕拾》《简·爱》《昆虫记》

12. 下面是一位同学读完《昆虫记》后写给法布尔笔下昆虫的小诗，请根据你的阅读体验，在代表昆虫的字母后填上恰当的选项。

A. 蚂蚁　　a. 身后那条黑色的细线，其实是我刚刚狼吞虎咽下的美餐。

B. 萤火虫　b. 为什么与自己的姐妹同类相残？为什么当妈妈前性情大变？

C. 圣甲虫　c. 前人的寓言迷惑了我的眼，你真实的身份原来是疯狂抢劫犯。

D. 螳螂　　d. 早知你要将我吮吸进肚中，我就该拒绝你带着麻醉的亲吻。

A＿＿＿＿＿＿＿＿　　　B＿＿＿＿＿＿＿＿＿

C＿＿＿＿＿＿＿＿　　　D＿＿＿＿＿＿＿＿＿

13. 名著阅读。

作品名称	名著片段
《＿＿①＿＿》	意大利蟋蟀没有蟋蟀种群特有的黑色西装和粗壮的身形。相反，它纤细、瘦弱、苍白，体色几乎是纯白色，这使它适应夜间活动的习性。

014

作品名称	名著片段
《水浒传》	_____②_____寻思道："俺只指望痛打这厮一顿，不想三拳真个打死了他。洒家须吃官司，又没人送饭，不如及早撒开。"拔步便走，回头指着郑屠尸道："你诈死，洒家和你慢慢理会。"一头骂，一头大踏步去了。
③《骆驼祥子》	祥子的手哆嗦得更厉害了，揣起保单，拉起车，几乎要哭出来。拉到个僻静地方，细细端详自己的车，在漆板上试着照照自己的脸!越看越可爱，就是那不尽合自己的理想的地方也都可以原谅了，因为已经是自己的车了。把车看得似乎暂时可以休息会儿了，他坐在了水簸箕的新脚垫儿上，看着车把上的发亮的黄铜喇叭。他忽然想起来，今年是二十二岁。因为父母死得早，他忘了生日是在哪一天。自从到城里来，他没过一次生日。好吧，今天买上了新车，就算是生日吧，人的也是车的……

（1）①处应填入的作品名是《_____》；②处应填入的人物名是_____。

（2）高阳同学在片段③处批注了"如愿以偿"一词，结合作品内容说说你的理解。

14. 班级拟开展"走进名著，与作者对话"综合性学习活动，请从下面"专题探究"中选择一个专题，以"一位忠实的读者"的名义，给作者写一封信，交流你的探究成果，字数200左右。

【专题探究】

专题一：孙悟空的"不变"《西游记》

专题二：跟法布尔学观察 《昆虫记》

专题三：探讨诗歌的意象 《艾青诗选》

15. 根据阅读积累，在下面文段的空缺处填写相应的内容。

经典名著是一个时代留给我们的精神食粮。读《水浒传》，我们结识了景阳冈打虎的＿＿＿＿＿＿，在他身上我们看到了草莽英雄的血性与气概；读《西游记》，我们认识了火眼金睛、会七十二变的＿＿＿＿＿＿，被他桀骜不驯、爱憎分明的性格所吸引；读《＿＿＿＿＿＿》，我们和尼摩船长一起航行，领略了海底的奇妙与美

丽；读《昆虫记》，我们了解了昆虫生活的奥秘，也被

_____（作者）积极探索、求真务实的精神所

感动……徜徉书海，我们的心灵得到滋养，我们的思想

变得深刻。

16. 名著之所以"著名"，不仅因文字，更因情怀。《傅

雷家书》是一部书信集，凝聚着傅雷先生对祖国、对

儿子_____（填人名）深厚的爱；《昆虫记》在真实

记录和描写昆虫生活的同时，还渗透着_____（填

作者）对人类的思考。

17. 阅读下面的文字，回答问题。

A "这一回可不然，你的确和莫扎特起了共鸣，你

的脉搏跟他的脉搏一致了，你的心跳和他的同一节奏

了；你活在他的身上，他也活在你身上；你自己与他的

共同点被你找出来了，抓住了，所以你才这样欣赏他，

理解他。"

B 一个人耗尽一生的光阴来观察、研究昆虫，已

经算是奇迹了；一个人一生专为昆虫写出十卷大部头的

书，更不能不说是奇迹。这些奇迹的创造者就是法布

尔，他的《昆虫记》被誉为"_____"。

（1）语段A中的文字选自《＿＿＿＿＿＿》。作者现身说法，教导文中的"你"做一个"＿＿＿＿＿＿"的艺术家。

（2）语段B中《昆虫记》被誉为"＿＿＿＿＿＿"。在这本书中，＿＿＿＿＿＿在地下"潜伏"四年；＿＿＿＿＿＿在编织"罗网"方面独具才能；＿＿＿＿＿＿善于利用"心理战术"制服敌人。

18.名著阅读。

表格中是三位同学参加校文学社"与经典同行"整本书阅读活动后的读后感，请从下列名著中选择合适的书名，将标题补充完整。

《傅雷家书》《海底两万里》《昆虫记》《简·爱》
《儒林外史》《西游记》《骆驼祥子》

标题	①尊重生命，赞美万物。 ——读《＿＿＿＿＿》有感
	②神魔小说，童心之作。 ——读《＿＿＿＿＿》有感
	③人格独立，心灵强大。 ——读《＿＿＿＿＿》有感

19.考试结束后，作为名著阅读推广大使，你将受邀返校参加一个学习分享会，所分享的计划表（如下）中，有几个遗漏的信息需要你补充。

<table>
<tr><td colspan="4">初中经典名著分类复习计划表</td></tr>
<tr><td>月份</td><td>分类</td><td>经典名著</td><td>阅读关注重点</td></tr>
<tr><td>1月</td><td>纪实作品</td><td>《红星照耀中国》</td><td>纪实性，理想信念、爱国情怀</td></tr>
<tr><td>2月</td><td>科普作品</td><td>《昆虫记》</td><td>①_____</td></tr>
<tr><td>3月</td><td>散文、诗歌</td><td>《朝花夕拾》
《傅雷家书》
②《_____》</td><td>语言的独特性，启迪人生</td></tr>
<tr><td>4月</td><td>③_____</td><td>《西游记》
《水浒传》
《儒林外史》
《骆驼祥子》</td><td>人物、情节、中华人文精神</td></tr>
<tr><td>5月</td><td>外国小说</td><td>《海底两万里》
《钢铁是怎样炼成的》
《简·爱》</td><td>叙事角度，文化内涵</td></tr>
</table>

20.下列对相关名著的解说，正确的一项是（　　　）

A.《西游记》：中国古典文学中极富想象力的科幻小说。

B.《昆虫记》：阿西莫夫写就的科学与文学完美结合的"昆虫的史诗"。

C.《儒林外史》：中国古代讽刺小说的高峰。

D.《简·爱》：寻求人格独立，追寻平等自由的英雄赞歌。

21.根据你的名著阅读积累，完成问题。

有同学发现：读《红星照耀中国》就像从平面镜中看客观世界，读《昆虫记》就像从显微镜中看微观世界，读《契诃夫短篇小说选》就像从哈哈镜中看变形的世界。请从《红星照耀中国》《昆虫记》中任选一部，结合内容，参考示例，说说该同学为什么会有这样的发现。

【示例】读《契诃夫短篇小说选》就像从哈哈镜中看变形的世界，因为作者用夸张手法表现出一个畸形的社会。例如，作者在叙述警官奥楚蔑洛夫处理"狗咬人事件"时，不厌其烦地描写了他的变化，让读者看到了他扭曲的灵魂，看到了当时黑暗腐败的社会。

22.下列关于名著内容表述有误的一项是（　　　）

A.《昆虫记》是法国昆虫学家法布尔写就的十卷本科普巨著，堪称科学与文学完美结合的典范，无愧于"昆虫的史诗"之美誉。

B.1936年，美国记者埃德加·斯诺冒着生命危险，穿越重重封锁，深入延安。后来，他根据采访和考察得来的第一手资料，写成了《红星照耀中国》。

C.沙僧是《西游记》中深受人们喜爱的角色，他本是天上的天蓬元帅，因触犯天规，被贬下凡，错投猪胎，长成一副长嘴大耳、呆头呆脑的样子。

D.《儒林外史》这部小说不仅具有深邃的主旨，在艺术上也达到了很高的境界，将讽刺的锋芒隐藏在含而不露、耐人寻味的叙述中。

参考答案

1. （1）昆虫记　法布尔

（2）【示例一】有趣：在作者笔下，螳螂以一种死死地盯住敌人的战术捕捉猎物，语言生动活泼，充满了盎然的情趣。

【示例二】有益：作者通过细致入微的观察，大胆假设，谨慎实验，普及了泥蜂等昆虫一些鲜为人知的习性。

2. 朝花夕拾　法布尔　祥子

3. B

4. A

5. （1）土地　《大堰河——我的保姆》

（2）示例：三打白骨精、三调（借）芭蕉扇等

（3）示例：《昆虫记》堪称科学与文学完美结合的典范，无愧于"昆虫的史诗"之美誉。（围绕作品，自选角度回答即可）

6. 示例：①有益：《昆虫记》以其瑰丽丰富的内涵，唤

起人们对万物、对人类、对科普的深刻省思，激发起人们的科学探究精神。②有趣：作者将昆虫的多彩生活与自己的人生感悟融为一体，用人性去看待昆虫。详细、深刻地描绘了各种昆虫的外部形态和生物习性，记录了各种昆虫的生活以及它们为繁衍种族所进行的斗争等内容，十分有趣。

7. 【示例一】《昆虫记》中，法布尔提出了蝉的歌唱与爱情无关这一假设。之后他多次实验，发出各种声音，但雌蝉都没有任何反应，得出蝉的听觉很迟钝，蝉的歌唱只是表达生命乐趣的手段，与爱情无关这一结论。

【示例二】《昆虫记》中，法布尔提出大头黑步甲会因地表环境改变而采取假死之外逃生方式的假设。之后他多次实验，把大头黑步甲放在木头上、玻璃上、沙土上，还有松软的泥土地上，发现它始终采取假死的方式，于是得出假设不成立的结论。

【示例三】《寂静的春天》中，卡森提出了滥用杀虫剂将导致出现"寂静的春天"这一假设。之后她深入搜集和整理化学杀虫剂危害环境的证据和有关研究的文献，使用了大量详实的数据，经过分析整合后，最终证实杀虫剂残留的确会造成诸多危害，假设成立。

8. B

9. "以人性看虫性"，蝉有许多耐人寻味的习性。地下蛰伏四年，地上生活五周，每天都尽情地歌唱，它们积极乐观，毫无怨言。

10.（1）昆虫记

（2）法布尔把对昆虫的研究成果和人生感悟熔于一炉，以人性观照虫性，又用虫性反观社会人生，将昆虫世界化作供人类获得知识、趣味、美感和思想的源泉。

11. 要点提示（具体内容略，意思相符即可）：《西游记》：取经事件的历史依据、降妖除魔的隐喻性、人物形象的性格特征等，都直接或间接地体现出"文学是生活的一面镜子"。

《朝花夕拾》：回忆性散文，本身就是作者的生活记忆；而这样的生活思考，关于童年，关于教育，关于国民性等，具有广泛的启迪作用，全面体现了"文学是生活的一面镜子"。

《简·爱》：书中的人物、事件以及情感经历，我们都似曾相识，那些小人物的喜怒哀乐我们或多或少都能够感同身受，读一本书，何尝不是读一种生活，读生活中的我们？可见"文学是生活的一面镜子"。

《昆虫记》：一面是科学，另一面是文学；一面是自然，另一面是人类。万物共生，生命同质。以大的视角看，人类只是一种特殊的昆虫；以小的视角看，每一只昆虫都是一种独特的存在……大自然是一本教科书，文学作品是生活的一面镜子。

12. A–c   B–d   C–a   D–b

13.（1）昆虫记　鲁达

（2）买车是祥子的梦想，经过三年的努力，他终于买了属于自己的车，内心充满幸福和希望。

14. 示例：

尊敬的法布尔先生：

您好！我是您的一位忠实读者，最近拜读了您的作品《昆虫记》，收获良多！

我也喜欢昆虫，读完此书兴趣更浓，也从书中学到您的一些观察方法。在观察蚂蚁的时候，您伏在地上用放大镜观察了四个小时；您爬到树上观察螳螂活动，别人误解来抓时才惊醒过来！这样全神贯注，耐心细致，沉浸其中，才有了详尽真实的多彩记录。向您学习！

最后，感谢您为我们带来了这么优秀的作品，让我们看到您对生命的尊敬与热爱，也让我们学会如何去观察和热爱。

此致

敬礼

一位忠实的读者

×年×月×日

15. 武松 孙悟空 海底两万里 法布尔

16. 傅聪 法布尔

17.（1）傅雷家书 德艺俱备、人格卓越

（2）昆虫的史诗 蝉 蜘蛛 螳螂

18. ①昆虫记 ②西游记 ③简·爱

19. ①研究方法，写作技巧，科学世界的精彩

②艾青诗选 ③长篇小说（或中国小说）

20. C A.《西游记》是中国古典文学中极富想象力的章回体长篇神魔小说，并非"科幻小说"；B.《昆虫记》的作者是法布尔，并非"阿西莫夫"；D.《简·爱》是英国女作家夏洛蒂·勃朗特创作的长篇小说，是一部具有自传色彩的作品。作品讲述一位从小变成孤儿的英国女子在各种磨难中不断追求自由与尊严，坚持自我，最终获得幸福的故事。选项中的"英雄赞歌"言过其实；故选C。

21.【示例一】读法布尔的《昆虫记》，就像从显微镜中
看微观世界。因为作者通过细节描写呈现出一个有
趣的昆虫世界。例如，作者在记述蝉幼虫脱壳的过
程时，细致地描写了蝉的动作，让读者看到了一个
鲜为人知的昆虫世界。

【示例二】读《红星照耀中国》，就像从平面镜中看
客观世界。因为作者用纪实手法忠实地描绘了中国
红色区域的真实情况。例如，作者深入根据地，经
过大量访谈，客观记录了毛泽东青少年时期的经历，
让人们了解了他成为共产党人的原因。

22.C

的食物，就会在装糕点的内壁上把上一点吃，这也是有可能的。但从整体来看，直到成虫从里面出来之前，葫芦始终完好无损，一开始是为了保持肉馅的新鲜，也一直都在保护其中的隐居者。

在冷肉的上方，在葫芦颈部的底部，有一个圆形黏土造的小屋，这间小屋的墙壁是外壳墙壁的延续。有点厚的地板用和外壳同样的材料把小屋和下面的食物舱隔开，这就是孵化室。虫卵就产在那里面，我发现虫卵还在原地，但它已经干瘪。幼虫将在那里孵化，为了到达营养丰富的内核，它必须先打开一个活板门，穿过两个楼层之间的隔板。简而言之，它的房子是一种不同风格的建筑。幼虫出生在一个保险箱里，在食物团的上方，但不与食物团相通。幼虫应在适当的时候自己刺穿装食物的罐子上的盖子。后来，当幼虫在肉馅上时，我们发现地板上钻了一个孔，这个孔刚好够幼虫通过。

牛肉片被厚厚的陶土包裹着，不管虫卵孵化多么缓慢，都能保持新鲜，这是我所不知道的细节。虫卵的孵化室，也是用黏土做的，虫卵安然无恙地躺在里面。简直太完美了！到目前为止，一切都是好的。法那斯米隆深知防御工事的秘密和食物过早蒸发的危险。现在还有胚胎需要呼吸换气的问题。

为了满足这一点，昆虫简直灵感迸发。葫芦的颈部沿着它的轴线有一个小通道刺穿，只有最细的稻草才能通过这里。从内部看，这个狭长的通道开在孵化室拱顶的顶部中央；从外部看，在葫芦柄的末端半开着，有一个喇叭口。这是通风的烟囱，为了防止外来的入侵者，这个通道极其狭窄，里面有一些阻而不塞的灰尘。

我觉得这一切既简单又美妙。我错了吗？如果这样的结构是偶然的结果，我们必须承认，盲目的偶然被赋予了一种神奇的洞察力。

这个笨拙的昆虫是如何建好这个精妙而复杂的结构的？我用旁观者的眼光去探索潘帕斯的昆虫时，唯一指引我研究方向的是作品的结构，从这个结构中可以大致推断出建筑工人使用的方法。这就是我对它整个工作过程的理解。

它先是偶然遇到一具小动物尸体，尸体腐烂渗出的血水软化了下面的泥土。昆虫根据软化的黏土多少，或多或少地收集这种黏土，没有精确的限制。如果软化的黏土足够充裕，收集者就会大肆挥霍，食物储藏室的墙壁就会变得更坚固。这样就形成了巨大的葫芦，体积超过鸡蛋，形成两厘米厚的外壳。但是，这样大的体积超过了建模工的力量，粪球的外壳做得很差，从它的构型上可以看出保留了艰难而笨拙的工作痕迹。如果软化的黏土稀少，昆虫就会严格控制使用，于是，它的动作就更加自如，做出来的粪球也更加匀称美观。

软化的黏土通过前足的按压和头顶盖的帮助可能先被揉成一个球，然后再在中间挖一个坑，做成一个厚壁的大碗。西班牙蜣螂和圣甲虫就这样做的，它们在圆形粪球的顶部准备了一个小碗，在最后将粪球塑造成蛋形或梨形之前，虫卵就产在这个小碗里。

在这第一项工作中，法那斯米隆只是一个陶土工。不管尸体渗出的汁液是否浸透了黏土，只要这些黏土具有可塑性，所有的软黏土都足够它使用。

现在它成了肉类加工者。它用锯齿状的弯刀切割，锯下腐烂动物的骨肉碎片，它把它觉得最适合喂养幼虫的一切都撕扯、剔刮下来。它把所有的碎片都收集起来，然后把它们和黏土混合在一起，这些黏土是从脓血很多的地方挑选出来的。所有这些经过它巧妙的混合，变成一个粪球，一切都在现场制作，粪球不需要滚动，就像其他食粪虫制作自己的粪球一样。让我再补充一句，这个粪球的大小是根据幼虫的需要计算出的，体积几乎是恒定的，不管最终做成的葫芦有多大。

肉馅就准备好了。它被放置在大张着口的软黏土大碗里。由于它没有挤压肉馅，食物可以自由在碗里移动，不会与外壳发生任何粘连。然后陶土工又开始劳作。

昆虫捏压黏土碗四周的厚壁，将厚壁顶端压扁，再在准备好的肉馅顶上封上一层薄薄的内壁，而其他地方的内壁是厚厚的一层。肉馅顶上的内壁厚度，与幼虫的柔弱程度相称，幼虫孵化后找到食物前必须在这层薄内壁上打洞，留下了一个环形的软垫。法那斯米隆继续干活，它把这层薄内壁压成一个半球形的凹槽，接着就在里面产卵。

这项工作收尾时昆虫通过挤压和拉近小圆坑的边缘，最终将小圆坑封闭起来形成孵化室。

这个工作特别需要心灵手巧。在制作葫芦头的时候，它一边挤压软黏土，一边必须沿着轴线留下一个通道，就是通风的烟囱。

在我看来，建造这个狭窄的通风口是极其困难的，一旦压力的使用计算不当，后果将是无法弥补的，通风口就被堵塞了。我们最熟练的陶土工如果没有一根针放在黏土中撑着，也是无法完成这项任务的，拱顶做完后他会再把针拔出来。这种昆虫是一种关节连接着的自动木偶，在它没有料想到的情况下，在葫芦头上修出了通道。如果它想到了，它就不会成功了。

葫芦已经做好了，还得润色。这是一个需要耐心的工作，使葫芦的曲线更完美匀称，并在软黏土上留下了一丝印记，类似于史前时期的陶工用大拇指尖在他的大肚罐上留下的印记。

就这样完工了。在另一具尸体下，它又将重新开始，因为每一个地穴都只有一个葫芦，不能多了，圣甲虫做梨形粪球时也一样。

我们再来认识潘帕斯的另一个艺术家——双棘蜣螂。它浑身漆黑，个头和我们体型最大的嗡蜣螂一样大，它外表看起来也很像嗡蜣螂，身体结构大致相同。双棘蜣螂也是一个食腐尸的昆虫，即使它自己不总是吃腐尸，它也要为它的孩子准备这样的食物。它独具匠心地创新了粪球制作的艺术。它的作品，和法那斯米隆的杰作一样，布满了指纹，是"朝圣者的葫芦"，是一种双腹葫芦。在两层楼中，由一个相当明显的颈圈连接，上层较小，是一个孵化室，里面有虫卵，下层体积较大，是食物储存室。

让我们想象一下，把西绪福斯蜣螂的小梨形粪球中的孵化室膨胀得比下面的球体稍小一点。让我们假设在两个球体之间有一个大张开的活动门，就形状和尺寸而言，我们就有了一个和双棘蜣螂的粪球大致相同的结构。

我把这个双腹葫芦放在燃烧的木炭上，葫芦变黑了，上面布满了像珍珠一样闪亮的脓泡，散发着一种烤过的动物骨血的烟雾，留下的残留物是一种红色的黏土。因此，葫芦是由黏土和脓血做成的。此外，在面团中还稀疏地发现了尸体残骸碎片。在葫芦上面的那个球体是一个有多孔的天花板的房间，因为虫卵在里面，所以必须要通空气。

小收尸工单打独斗不如和伴侣一起过得更舒适。就像野牛宽胸蜣螂、西绪福斯蜣螂、月形蜣螂一样，它也知道和孩子的爸爸团结协作。每个地穴里都有几个摇篮，蜣螂爸爸和蜣螂妈妈总是一起出现。这两个形影不离的人在这里做什么？它们在照看着整个地穴，勤快地修整每个有问题的粪球，使粪球都保持良好的状态，避免这些小粪球出现裂缝，很快干燥。

给我一次潘帕斯之旅的魔毯，没有再为我提供其他值得记录的东西。此外，在新大陆，粪球很罕见，比不上塞内加尔和上尼罗地区，这两个地方是蜣螂和圣甲虫的天堂。然而，我们还是在潘帕斯得到了一个宝贵的信息：俗语所说的食粪虫分为两种，一种是食用牛粪，另一种是食用动物尸体。除了极少数例外情况，食用动物尸体的食粪虫在我们这里还没有代表。我提到卵形嗡蜣螂是一个腐尸的狂热爱好者，我的脑海里不记得还有其他类似的例子。要寻找同样口味的蜣螂，必须到另一个世界去。

最初从事同一行业的清洁工，后来它们开始分担不同的清洁工作，有的处理肠道垃圾，有的处理死亡尸体。是它们之间发生了分裂吗？分别吃一种或另一种食物的频率不同，会形成不同的身体功能吗？

　　这可说不准。死亡与生存密不可分，任何发现尸体的地方，都有活体动物的消化排泄物散落在四周，制作粪球的废渣并不难找到。因此，如果食粪虫真的变成了尸体处理工，或者尸体处理工变成了食粪虫，那么是因为食物短缺，而与分裂无关。历来，这两种昆虫都没有缺少过可供食用的原材料。没有什么能解释这种奇怪的差异，无论是食物短缺、气候还是季节的颠倒。不可避免的是，我们必须看到它们有独创的本领，口味不是后天习得的，而是从一开始就强加给它们的。而强迫它们接受这种食物口味的并不是它们身体的结构。在我从实验中了解到这种昆虫之前，我挑战让他说说最机灵的人仅仅从这种昆虫的外表来判断这种昆虫的习性，比如法那斯米隆有什么本领。它让我们想起了长得差不多的野牛宽胸蜣螂，它和粪团处理工的外貌几乎一样，我们以为会在一个陌生的地方看到另一个粪便处理者。但是我们错了，对肉馅酥饼成分的分析告诉我们这一点。

　　根据身体结构不能分辨真正的食粪虫。我的标本盒里有一种美丽的昆虫，来自卡宴①，在命名法中被称为斑斓尖腹蜣螂，它穿着华丽的节日盛装，高雅迷人，令人叹为观止。它名副其实，通体呈现金属红色，闪耀着红宝石的光芒。与这件华丽的珠宝形成鲜明对比的是，它的前胸上布满了深黑色的大斑点。

　　在你所处的炽热阳光下，闪闪发光的红宝石，你会做什么

---

① 法属圭亚那的首府。

呢？你是不是和跟你比美的竞争对手法那斯米隆有着一样的口味？你会像法那斯米隆一样是个尸体处理工和腐肉清理工吗？我徒劳地看着你，欣赏你，你身体上带的工具告诉不了我答案。没有见过你工作的人，无法说出你的本事。我求助于真诚的大师，那些知道说"我不知道"的智者。在我们这个时代，这样的人很稀少，但还是有，他们不愿意像其他人那样为成为暴发户而进行无耻的争斗。

我从这次潘帕斯之旅中得出了一个意义深远的结论。在另一个半球，季节相反，气候不同，生物条件迥异，有一类真正的食粪虫，它们最基本的习性和本领与我们这边的食粪虫的习性和本领完全相同。如果你进行更深入的研究，而不是像我这样通过委托别人进行研究，类似食粪虫的名单将显著增加。

不仅仅是拉普拉塔的草原上的粪便食用者遵循我们这里使用粪便的方法，而且我可以很有把握地说，埃塞俄比亚的蜣螂和塞内加尔的大甲虫的工作方式和我们这里的食粪虫一模一样。

在其他昆虫学系列中也有这样的情况，无论它们的国家相隔多么遥远，它们都具有相同的本领。我在书中读到，苏门答腊的长腹蜂和我们这里的一样是狂热的蜘蛛猎人，在巢穴内部用泥做建筑材料修建房间，也喜欢在随风飘动的窗帘上筑巢，它们的巢也随着这个移动的支撑物摇摇荡荡。书上还说马达加斯加的土蜂为它们的每一只幼虫提供了一只蛀犀金龟子的幼虫作为食物，就像我们这里的土蜂为它的孩子们提供了一种具有神经系统高度集中的和它们身体结构类似的猎物，如金匠花金龟的幼虫，一种厌氧的幼虫，甚至是蛀犀金龟子的幼虫。

有本书上说，在美国得克萨斯州有一种蛛蜂，是个强大的猎人，它在追捕一只可怕的狼蛛时，勇敢地与这只环腹狼蛛搏斗，将它的刺扎进了狼蛛的黑色腹部。

有本书还告诉我，撒哈拉的泥蜂模仿我们这里的白边泥蜂，也以蝗虫为食。我的引用就到此为止吧，类似的事例实在是不胜枚举。

根据我们的理论，没有比环境的影响更容易改变动物的了。这种影响是模糊的，有弹性的，稍微有失准确；这就给了莫名其妙的东西一种可以解释的假象。但这种影响真的像人们所说的那样强大吗？

这种影响能稍微改变动物的个头、皮毛、颜色、外观、协调性。再往深了说就会使事实变得不真实。如果环境变得过于严酷，动物会抗议所遭受的苦难，并屈服于此，而不会去改变。如果环境的改变很温和，身处其中的动物就会慢慢试着适应，但是它们不可避免地会保留一些它们本来的面目。昆虫要按照环境创造出来的模式生活，否则就灭亡，除此以外，别无选择。

本能是一种优越的特性，会反抗环境的命令，而且动物身上服务于各种活动的器官同样也会反抗环境的命令。昆虫世界的工作里有数不清的职业，这些职业中的每一个成员都必须遵守这样一个规则，即不受气候、纬度或政权更替导致的内乱的影响。

让我们再来看看潘帕斯的食粪虫吧。在世界的另一端，在它们经常洪水泛滥的广阔牧场上，那里与我们这儿贫瘠的草坪是如此不同，它们遵循的是普罗旺斯同行的劳作方式，没有明显的变化。环境的深刻变化并不影响动物族群的基本本领。现有的食物也没有进一步改变它。

今天食粪虫的食物主要是牛粪。但牛在这个国家是新来的物种，是西班牙征服时期进口的。在现在的粪便供应商到来之前，巨蜣螂、牛粪球蜣螂、彩虹蜣螂都吃什么？用什么来揉制面包？羊驼是高原上的主人，没办法喂食只能在平原上生活的食粪虫。在古代，供给它们食物的可能是体型巨大的大懒兽，它就像一座富含营养的粪便工厂。

而巨兽的排泄物越来越少，后来只剩下几具尸体，粪便加工师们已经改用绵羊和牛的粪便来制作粪球，并不改变粪球的蛋形和葫芦形，就像我们这儿的圣甲虫一样，永远不停地做梨形粪球，当它最喜欢的食材绵羊粪奶油蛋糕缺乏时，它才会接受牛粪面包。

不管是在南方还是在北方，不管是在世界的另一端还是在这里，每一只蜣螂都制作蛋形粪球，并把虫卵产在蛋形的尖顶里；每一种圣甲虫都揉制梨形或葫芦形粪球，孵化室都位于梨形或葫芦形的颈部；但是，根据时间和地点的不同，它们加工的食材可能有很大的差异，由大懒兽、牛、马、绵羊、人类或其他动物来提供。

让我们不要从这种多样性中得出本能变化的结论，那将只能是只看到一根稻草而忽视了一根梁木。比如切叶蜂的工作就是用树叶的碎片来筑巢；袖黄斑蜂的职业就是用有些植物的毛屑揉捏成棉絮袋。这些树叶碎片是从一种灌木或另一种灌木的叶上切下来的，必要时还会从几种花的花瓣上裁切碎片；棉絮是在这里收获的，还是在那里摘取的，取决于昆虫的偶然遭遇，职业的本质并没有改变。因此，从这样或那样的来源获取食材，并不能改变食粪虫的艺术技艺。事实上，这是不变的本能，这是我们的理论不会动摇的基础。

它为什么要改变这种本能，这种本能在它的作品中如此合乎逻辑？就算有意外的巧合，它在哪里能找到更好的组合？尽管食粪虫拥有的工具从一种类型变到另一种类型，但它激发了每一个粪球塑造者揉捏出球状的造型，这是一个基本的结构，几乎不随虫卵的放置位置而改变。

从一开始，没有罗盘，没有机械转动，也没有将零件移动到身体下面，所有食粪虫都做出了球形，这是一种精巧坚固的形状，有利于幼虫的福祉（zhǐ）。

相比于那些不成形状的、缺乏润色的粪块，大家都更喜欢精益求精的、付出了大量的心血的球体；球体是最优秀的形状，最适合保存能量，无论是储存来自太阳的能量，还是作为孵化虫卵的摇篮。

当麦克利①给圣甲虫起名为太阳甲虫时，他想表达什么？头顶盖上有闪闪发光的锯齿状突起，圣甲虫在明光下玩耍嬉戏？他是不是回想起了埃及的象征？那只圣甲虫雕刻在庙宇的三角楣上，

---

① 威廉·夏普·麦克利（1792—1865），英国昆虫学家。

天空中升起一个像粪球一样的朱红色圆球，那是太阳的形象。

宇宙中的巨大天体和昆虫的微小粪球之间如此接近，并没有让尼罗河沿岸的思想家们反感。对他们来说，至高无上的辉煌在极度卑微中找到了它的形象。他们难道有错吗？

他们没有错，因为粪球的制作向那些善于思考的人提出了一个严肃的问题。它让我们在这两者中选择一个：是给一只食粪虫的扁平脑袋一个巨大的荣誉，表彰它依靠自己解决了储存食物的几何问题；还是求助于一种支配一切的和谐。这一切都被智者看在眼里，智者什么都知道，什么都提前预料到了。

粪金龟与公共卫生

食粪虫的成虫在完成一年的轮回之后，现在孩子们都围在身边，家庭人数是以前的两到三倍，在昆虫界是独一无二的成就。蜜蜂是本能里的贵族，当蜜罐装满蜂蜜时就随之死亡了；蝴蝶是另一个贵族，但不是本能方面的，是服饰方面的，当它把装满卵的卵袋固定到一个适宜孩子们生长的地方之后就去世了；浑身盔甲的步甲，在把自己的后代胚胎散放在碎石下面之后也归天了。

还有其他昆虫也是这样的，除了社会性昆虫。在社会性昆虫中，昆虫妈妈会独自存活，甚至还有仆人陪伴左右。普遍的规律是昆虫从出生起，就是无父无母的孤儿。现在我们来看一个出乎意料的反常情况，卑微的食粪虫躲过了扼杀高贵者的严酷规律。那只历经日月的食粪虫，成了族长，儿孙满堂。

它的长寿首先向我解释了一个让我印象深刻的事实，在过去的几年里，我为了能更熟悉食粪虫的大家族，我热衷于研究食粪虫家族的发展进化史，我的标本盒里用大头针钉了一排鞘翅目昆虫。步甲、金匠花金龟、吉丁、天牛等一个接一个地被发现，需要更深入的研究。这些我发现的昆虫点燃了我表面上的热情之火。当我们中的一个人发现了一只罕见的昆虫时，我们这群研究昆虫的新手就会欢呼雀跃。我们向这位幸运的主人表示祝贺时，还带着一丝嫉妒。这怎么可能？可以下这样的判断：不是每个人都能发现。

生活在死樱桃树上的白桦楔天牛，穿着黑色天鹅绒带黄色斑点的衣服；紫红色步甲的乌木色鞘翅周围用紫水晶镶边；金吉丁把金和铜的光泽与孔雀石鲜艳的绿色融于一身，能发现这些昆虫对我们来说就是大事件，它们太罕见了，我们不能都拥有一只。

这真是和食粪虫在一起的好时光！我们来介绍一下这些鞘翅目昆虫吧。首先我们来看体型小的，当其他种类的昆虫还屈指可数的时候，它们多得难以计数。我想起嗡蜣螂和腻虫在同一个屋顶下蜂拥而至，成千上万。要用挖掘机才能把它们的整个巢穴都挖出来。

如今，再看到这么多食粪虫我还是会感到惊讶，和以前一样，食粪虫家族的人丁兴旺与其他种类的昆虫个体相对稀少形成鲜明对比。如果我想要再度背起捕捉昆虫的挎包，重新开始让我非常开心的昆虫研究，我一定会在我的瓶子里装满圣甲虫、蜣螂、粪金龟、嗡蜣螂和同一家族的其他成员，直到找到这个系列的其他成员。五月的维也纳，垃圾处理工的数量占统治地位；七月和八月来了，炎炎夏日田野里没有人干活，当其他昆虫钻进地下，一动不动，蛰伏休息的时候，肮脏废物处理工还总是在劳作。与它同时期的，还有蝉，所以它几乎独自代表了在酷热中活动的昆虫。

至少在我生活的地区，经常见到食粪虫，是不是由于食粪虫的成虫长寿呢？我是这样认为的。当其他昆虫一代又一代只响应美好季节的召唤时，食粪虫却是父亲在儿子们身边，女儿们围绕在妈妈周围。它们同时都在繁殖，因此食粪虫出现的几率就是其他昆虫的两倍。它们真的从中受益，因为它们得到了大自然更多的馈赠。

　　有一种公共卫生工作要求在最短的时间内清除所有腐败的东西。巴黎还没有解决这个处理垃圾的大难题，这迟早是这个超级大城市的生死攸关的问题。人们想知道，这座光鲜亮丽的城市会不会注定有一天会在腐烂恶臭的垃圾堆中失去光彩。一个拥有几百万人口的城市用尽所有的财富和才能都没能解决的难题，一个小村庄却解决了，而且没有付出任何代价，甚至都没有为此操过心。

　　大自然对农村卫生方面关怀备至，对城市的福祉虽然称不上怀有敌意，但却漠不关心。它为田野创造了两类清洁工，它们孜孜不倦地劳动着，永不停歇。一类是苍蝇、空气中的精灵、皮蠹（dù）、食尸虫、阎甲负责解剖尸体。它们割开尸体的皮肉，把肉切成小块，它们急切地把碎肉装进胃里，让这些死去的废物在它们身体里滋养生命。

　　一只鼹鼠被犁具开膛破肚，它的内脏已经发紫，流出来把小路弄脏了；一条蛇躺在草地上，被一个路人的脚压碎了，这个愚昧的人还以为在为民除害，做了好事；一只羽毛还没长全的雏鸟，从鸟窝里掉出来，可怜地摔死在鸟窝所在的树下；成千上万类似的动物尸体，各有来处，分散在四周，如果没有人及时清理，就会腐烂发臭。用不着害怕，只要哪里有尸体，小收尸工们就立刻赶来了。它们辛勤劳作，把尸体掏空，吃到只剩骨头，或者至少把它变成干尸。在不到24小时的时间里，鼹鼠、蛇、雏鸟都了无踪迹，环境卫生也得到了维持。

第二类清洁工也怀着同样的工作热情。村子里几乎见不到那些散发着氨水味的小木屋，而在城市里，我们在这些小木屋里解决内急的问题，为了给厕所消毒，我们喷洒很多氨水。一堵不算高的矮墙，一棵树篱，一丛灌木丛就构成农民想独自方便时所要求的一切。不用多说，你应该知道他在做什么。如果你被地衣的玫瑰花结、厚苔藓、一簇簇长生草和其他用古老的石头点缀的美景所诱惑，走近一堵好像是支撑葡萄园的土墙。哎哟！在墙脚下有一摊臭气熏天的粪便。

你赶快逃跑了，地衣、苔藓、长生草也不再诱惑你了。第二天再来的时候，那摊东西不见了，这里变得干干净净：食粪虫来过这里了。

对这些勇敢的清洁工来说，不让这些污秽之物被重复看到是它们最基本的职责；它们还被赋予了更高的使命。科学告诉我们，人类最可怕的瘟疫是通过微小的有机体来传播的，这些微生物是霉菌的近邻，是植物王国中极边缘的生物。在瘟疫流行期间，可怕的病原菌在粪便中大量繁殖。它们污染了空气和水，这些是生命的主要元素；它们扩散到我们的床单、衣服和食物上，从而传播疾病。你必须用火把这些被污染的东西都烧掉，用消毒剂杀菌，把它们深埋进土里。

防疫要求甚至永远不要把垃圾留在地面上。垃圾无害吗？垃圾危险吗？如果对此有疑虑，最好的办法就是让它消失。古代的智者似乎是这样理解的，早在微生物告诉我们这有多需要警惕之前。东方的人们比我们更容易受到流行病的影响，他们在这一问题上有正式的法律。摩西①可能是埃及这方面科学的传播者，当他的子民在阿拉伯的沙地上游荡时，他在法典中编写了他们的行为规范。

"如果你要想解决自然的需求，"他说，"就拿一根尖头的棍子，去野外，在地上挖一个坑，再用挖出来的土把排泄物埋掉。"这种处理方式虽然简单却有重要意义。我们可以相信，如果伊斯兰教在伟大的克尔白神庙②朝圣者中采用同样的预防措施和其他一些类似的措施，麦加将不再每年都暴发霍乱，欧洲就不需要为阻断瘟疫而在红海岸边设立检查站。

普罗旺斯的农民也像阿拉伯人一样不讲卫生，他们的祖先是阿拉伯人的一支，他们也没有意识到这样做的危险。幸运的是，食粪虫在工作，忠实地奉行着摩西的训诫。让污物消失，掩埋有病菌的物质都是它的功劳。它的挖掘工具胜过以色列人为了在野外处理内急之事随身携带在腰上的尖头棍子；等那个方便的人一离开，它立刻就在污物下面挖了一个井坑，污物就掉进去了，深埋在土里，现在已经无害了。

① 史学界认为他是犹太教创始者。
② 指建于麦加清真寺内的方形石造殿堂，内有供教徒膜拜的黑色圣石。

这些埋葬工提供的服务对田野里的卫生非常重要；而我们，是这个无休止的清理工作的主要受益者，对这些勇士不屑一顾，还用粗俗的语言让它们蒙羞。好像就是这个规矩：行善，不为人知，反受侮辱，被石头砸死，被脚踩死。蟾蜍、蝙蝠、刺猬、猫头鹰和其他帮助我们的动物就是活生生的例子，它们不需要我们为它们做什么，只想我们能多一点儿宽容。

　　现在，污物垃圾在太阳下扩散，我们的保护者们，在我们这一带最引人注目的就是粪金龟，不是因为它们比其他昆虫更热心，而是因为它们的体型使它们能够做更多更繁重的工作。此外，当它们想简单修整一下时，它们会优先考虑处理我们最恶心的东西。

　　我家附近有四种粪金龟在劳作。其中两种突变粪金龟和野生粪金龟是稀有品种，不适合做研究；另外两种恰恰相反——粪堆粪金龟和黑粪金龟是最常见的。它们的背像涂上了黑色的墨汁，它们的腹部却穿着华丽的服装。我们惊讶于这些垃圾工穿着如此漂亮的衣服。粪堆粪金龟的腹部是闪着美丽的紫水晶光芒；黑粪金龟的腹部则有着黄铜的光辉。我把这两种粪金龟养在笼子里观察。

　　让我们先来看看作为埋葬工它们都有哪些本领。两个物种混在一起养，一共有十几只。笼子里的食物以前是无节制地发放的，现在我把所有剩余的食物都清理干净了。这一次，我想要评估一只粪金龟一次能够掩埋多少食物。日落时分，我把一头骡子在我们门前刚留下的整堆粪便都给了我的十二个俘虏。骡粪很多，装了满满一篮子。

第二天早上，粪堆已经消失在地下。地面上什么都没有，有也是很少一点残渣。我可以做一个相当接近的评估，我假设十二只粪金龟每只都做了同样多的工作，那么每一只粪金龟储存了近一立方分米的骡粪。考虑到食粪虫这么小，它既要挖洞穴，又要把战利品掩埋进去，这真是泰坦①的工作。所有的一切都在一夜之间完成。

它们有这么多食物，是不是就守着这些食物静静地待在地下？不是这样的！现在正是好时候。黄昏来临，四周安静又温暖。这是精神振奋、欢呼雀跃的时刻，每到这个时候它们就要去远方，在羊群经过的小路上寻找宝藏。我的住客们离开了它们的地穴，来到地面。我能听到它们爬上栅栏的嗡嗡声，冒冒失失地撞到墙上。我早就料到黄昏这样热闹的场面。它们的食物是我白天去收集的，和前一天一样丰盛。

我把食物都供给它们。夜里同样的一幕出现了，食物全都消失了。第二天地面又变干净了。只要夜晚是美好的，我一直能提供食物满足那些贪得无厌的囤积者，这种情况将会无限期地持续下去。

不管它的战利品多么丰盛，食粪虫也会在日落时离开它储存的食物，在最后一丝微光下嬉戏，寻找新的采矿场。对它来说，好像已经得到的食物并不重要，只有将要获得的食物才有价值。

---

① 是希腊神话中力大无比的神族。

那么，它在每个黄昏的美好时机，用新储存的食物做什么呢？很明显，粪堆粪金龟不可能在一夜之间吃掉如此丰盛的食物。它的食物太多了，它都不知道要怎么处理；它积攒了好多，但它不知道怎样好好利用；而且，由于它对食物库存还不满意，为了储存更多的食物，它每天晚上都在拼命囤积，因此变得疲倦不堪。

它到处建粮仓，随机走到哪个粮仓就在那里大吃一顿，然后把吃不下的食物几乎全剩下了。我笼子里的住客们具有埋葬者的本能，这种本能比消费者的胃口还要迫切。

笼子里的地面迅速升高，而我必须不时地将地面降低到预期的高度。如果我把洞穴挖开，就会发现没有吃过的粪便在里面堆积如山。原来的土壤已经变成了粪便和土的混合物，难以分开，如果我不想在未来的观察中迷失方向，就必须对土里的粪便进行大范围的清理。

要将粪便从土壤里筛选出来总是会出错，要么土壤被连带着捡出来了，要么粪便还剩在土壤里面，结果很难与标准的计量相一致，在我的筛选中我认识到很清晰的一点：粪金龟热衷于掩埋，它们把远大于自己实际需求的食物埋进了地下。

这样一项工作是很多粪金龟一起完成的，它们因为体型大小各异，所以或多或少地分担工作，很显然土地的净化因此在很大程度上得以实现，公共卫生也因为它们这群辅助部队的服务才得到维持，这是值得庆幸的事情。

此外，植物和它周边的生物也间接地从这个掩埋污物的行动中受益。粪金龟埋进土里、隔天就遗弃的食物并没有消失，相反得到了利用。在自然界的收获和损失的对照表上什么都不会失去的，总的清单是守恒的。粪金龟埋进地里的小块软粪使附近的一束禾本植物茁壮生长。一只绵羊经过这里，将这棵草吃了下去。最终绵羊的后腿又变成了人类的美餐。粪金龟的劳动为我们带来了美味的食物。

我们的习惯是一味地向大自然索取，这很成问题。如果我们在这一个观点上没有思考，就将会变本加厉。我们把或近或远的对我们有益的动物一一列举出来，将会对整个纵横交错的生物链有重要意义。我瞥见了那只莺，它会用被雨水冲洗和阳光晒得干干净净的小茅草来装饰它的巢穴，一只普赛克①的毛毛虫，它会用同样的茅草碎片来建造它的小屋，很多小鳃角金龟在吃禾本植物的花药，小象鼻虫将成熟的种子转化为幼虫的摇篮，成群的蚜虫在树叶下安家，蚂蚁会来喝这群蚜虫的触角分泌的甜美蜜露。

我们就到此为止吧，可以列举的太多了，永无止境。粪金龟对农业的贡献，掩埋粪肥，整个世界都在受益，首先是植物，接着是以植物为食的动物。世界很小，太小了，我们可以随心所欲，但没有谁是微不足道的。整个伟大的生命是由这样的微小之物组成的，就像几何学家的微积分是由无限接近零的数组成的一样。

农业化学告诉我们，为了最大程度地利用牛粪，最好尽可能趁新鲜的时候掩埋。牛粪经过雨水的冲刷，在空气中变质，会失

---

① 在希腊神话中，灵魂女神普赛克经常被描绘成一只蝴蝶。

去活性，缺乏肥力。粪金龟和它的伙伴们熟知这个有趣的农业学真理。在它们的垃圾填埋工作中，它们总是在寻找新鲜的粪便。就像它们热心地把当场产出的排泄物埋进地下一样，这样的排泄物含丰富的钾、氮和磷酸盐。它们不屑于那些被阳光晒干，因为长时间暴露在空气中而变得失去肥力的东西：它们才不管一文不值的污物。对其他昆虫来说，这是徒劳无益的痛苦。

看到这里，我们已经了解粪金龟作为清洁工和肥料收集者的情况。它将向我们展示第三个特质，它还是精准的气象学家。在乡下，人们相信傍晚许多粪金龟忙忙碌碌地贴地飞行，这是第二天天气晴朗的征兆。这个流行于乡村的预测有价值吗？我笼子里的实验会告诉我们答案。整个秋天，在它们筑巢的时候，我密切注视着我的房客们；我记录前一天的天空状况和第二天的天气。我这里没有温度计，也没有气压计，没有气象观测站使用的科学工具，我只摘要记录我印象中的信息。

粪金龟只有在日落后才会离开它们的地穴。

在傍晚的最后一丝微光下，如果没有刮风，气候温和，它们就会嗡嗡地低空飞行，寻找白天动物们活动后可能为它们预备的食材。它们一旦发现合适的食材，就会重重地降落在地上，落地时可能会因为一个没有控制好的弹跳而摔一跤，它们钻进发现的食材底下，花大半夜的时间掩埋这些食物。于是，田野的污秽就在夜间消失了。

这种环境净化的一个基本条件是：平静而温暖的天气。如果下雨，粪金龟就不会出门了。它们在地下储存了足够的食物，以预防长期失业。

　　如果天气很冷，如果大风呼啸，它们也不出门。在这两种情况下，我笼子里的地面上都是空无一人的。让我们避开这些被迫隐居的时间不谈，只考虑那些天气条件适合外出的夜晚，或至少在我看来是适合外出的夜晚。我用三个普遍的例子来概括我的笔记本上记录的细节。

　　第一个例子。那天是一个完美的夜晚，粪金龟们在笼子里焦躁不安，急着赶去做它们晚上的苦差。第二天，天气很好。预言就这么成真了。今天的好天气是前一天好天气的延续。如果粪金龟不能预测到更多，就配不上它们的美名。

　　在我们做结论之前，让我们来继续测试。

　　第二个例子。又是一个美好的夜晚。以我的经验来看，现在的天空状态，预示着明天是个好天气。粪金龟持另一种看法。它们待在地下不出来。我们俩谁说的对？是人类还是粪金龟？是粪金龟，它通过灵敏的感觉，预见了倾盆大雨。事实上，雨是在夜里下的，并一直持续到第二天白天的大部分时间。

　　第三个例子。天空阴云密布。南风追逐着云而来，会给我们带来降雨吗？我相信会下雨，因为天空的情况似乎证实了这一点。然而，粪金龟在它们的笼子里飞来飞去，嗡嗡作响。它们的预测是对的，我错了。大雨的威胁消散了，第二天太阳冉冉升起。

　　大气压好像是影响它们的主要因素。在炎热沉闷的夜晚，随着暴风雨的酝酿，我看到它们比平时更活跃。第二天，猛烈的雷声响起。

这是我连续三个月的观察结果。无论天空是晴朗的还是多云的，粪金龟通过自己在黄昏时分的活动，发出第二天天气晴朗或有暴风雨的信号。它们是活生生的晴雨表，在类似的情况下，也许比气象学家的晴雨表更可靠。对生活的敏锐感知胜过了水银柱的重量。

最后，在情况允许的情况下，我想引用一个有价值的新信息。1894年11月12日、13日及14日，我笼子里的粪金龟又分外活跃。我以前从未见过，以后也再没有见过当时的那种情景。它们拼尽全力爬上笼子；在任何时候，它们都会立刻撞到墙壁上。它们惴惴不安地上上下下往返了好几个小时，完全不符合它们平常的生活习惯。外面还有几个自由的粪金龟邻居，也跑过来在我家门口凑热闹。到底是谁将这些陌生粪金龟吸引过来，尤其是把我的笼子弄得一团糟？

几天的酷热之后，在这个季节都是异乎寻常的，南风占统治地位，暴雨正在迫近。14日晚上，数不清的小块云朵从月亮前面飘过。景色非常美。几个小时前，粪金龟惊慌失措。从14日晚上到15日，一片平静，风停了。整个天空是灰蒙蒙的。大雨垂直落下，单调乏味，一直持续，令人绝望。雨好像永远也下不完。实际上大雨下个不停，直到18日。

从12日就开始活跃的粪金龟，能感觉到这场洪水吗？显然是的。但当大雨来临的时候，它们通常不会离开它们的地穴。必须有非常特殊的事情才能让它们出来。

报纸给我解开了谜题。12日一场史无前例的强风暴席卷了法国北部。强风暴造成的低气压影响到了我所在的地区，粪金龟感觉到了，所以表现出强烈的不安。在我看到报纸之前，它们就告诉我飓风来了，如果我能听得懂的话就好了。这只是偶然的巧合吗？它们之间有因果关系吗？我还缺乏足够的资料来结束这个问号。

昆虫的装死

　　对于昆虫装死的问题，我们将首先来研究凶猛的蝼（lóu）步甲，它是勇敢的开膛手。使它处于装死状态是一件非常简单的事情：我捏住它一会儿，让它在我的手指之间来回转；更有效的方法是，我把它稍微拿起来然后放手，让它落在桌子上，只要两三次就行。让它感觉到震动，如果需要的话，还可以再摔几次，然后我再把它翻过来仰躺着。

　　这就够了：蝼步甲躺着之后就一动不动了，就像死了一样。它的足紧贴着腹部，触角耷拉着交叉在一起，钳子松开。旁边的手表告诉我装死开始和结束的确切时间。现在只能等待，尤其需要有耐心，因为昆虫的静止时间持续很长，对于整个事件的观察者来说，等待是很枯燥乏味的。

　　蝼步甲保持静止的姿势在同一天、相同的天气条件下、相同的情况下，持续的时间有很大差异，我无法确定缩短或延长的原因。探索外部环境对它的影响，但能给它带来影响的事物是如此之多，有时又是如此之少；特别是仔细观察昆虫的细微感受，这些都是我无法参透的秘密。让我们仅限于记录结果吧。

　　静止通常持续50分钟左右；在某些情况下，甚至超过一个小时。最常见的持续时间平均为20分钟。如果没有什么能打扰它，比如我用一个玻璃钟罩罩住它，避免它受夏日里的不速之客苍蝇的侵扰，那么它的装死会呈现完美的状态：无论是跗节、触须还是触角，都没有一丝颤抖的迹象。

最终，看似死去的昆虫又复活了。跗节最先开始颤抖；触须和触角慢慢摆动，这是觉醒的前奏。它的几对足在空中乱踢乱蹬。这只昆虫在束腰的腰带部位弓起了身子，然后把身体重心放到头和背上，一下子翻过身来。它一溜小跑，离开了，如果我再次采取我的战术，吓一吓它，它就会再一次装死。

让我们马上重新开始。刚复活的蝼步甲第二次一动不动地四脚朝天。它的死亡姿势延续得比第一次更长。当它醒来时，我重复了第三次、第四次、第五次，中间没有一刻休息。它静止不动的时间越来越长。让我们来列举数字。连续五次，从第一次到最后一次，分别持续17分钟，然后是20分钟、25分钟、33分钟和50分钟。从一刻钟开始，死亡的姿势几乎维持到了整整一个小时。

类似的情况在我的实验中反复出现，当然，装死的时间不是恒定的，持续时间各不相同。这些实验告诉我们，一般来说，随着测试的重复，蝼步甲的装死时间会越来越长。这是因为它越来越习惯了静止状态，还是它变得越来越狡猾，希望使顽固的敌人最终感到厌烦？现在下结论还为时过早：我们对蝼步甲的研究还远远不够。

我们等着看吧。我们不要以为可以继续这样实验下去，直到我们的耐心耗尽为止。蝼步甲迟早会被我的纠缠不休所困扰，拒绝装死。在一次惊吓之后，它刚仰面躺下，就翻过身来逃跑了，好像它意识到这个计谋收效甚微。

仅此而已，看来这个狡诈的骗子，将装死作为一种防御手段，试图愚弄攻击它的人。它假装死了，接着又复活了，随着对它的攻击不断重复，它的欺骗也变得更加持久，当它认为它的诡计是徒劳的时候，它就放弃了。但这仍然是一个没有恶意的测试。现在让我们来做一个聪明的测试，如果蝼步甲真的在欺骗我们的话，我们就愚弄一下骗子，揭开它的骗局。

做测试的昆虫仰躺在桌子上。它能感觉到在它背后是坚硬的表面，无法挖掘。因为蝼步甲知道不能在桌子上挖一个地下避难所——它随身带着有力又合适的工具，挖洞简直易如反掌——所以它保持装死的姿势，一动不动，如有必要，它可以待一个小时。如果它躺在沙地上，它是如此熟悉这种松软的土地，它难道不会更快地爬起来逃跑吗？它难道不会摆动几下身体，表达它躲到地下去的愿望吗？

我觉得会这样，但事实表明我错了。无论我把蝼步甲放在木头上、玻璃上、沙子上、泥土上，它都不会改变它的策略。在一个容易挖掘的表面上，它还是延长了它的静止时间，和在不能挖掘的表面上一样。

它对它身体下面材料的漠不关心给我们打开了怀疑的大门，接下来的事情让这扇门开得更大了。装死的病人躺在我面前的桌子上，我正密切注视着它。它那闪闪发光的眼睛，虽然被夺拉下来的触角遮住了一点，但它也看见了我；它盯着我，观察着我。面对我这样一个巨人，在它的眼睛里会产生什么样的印象呢？小侏儒是如何打量像巨型纪念碑的人类身体的？在一个微不足道的昆虫眼里，庞然大物也许看不清楚。

让我们收回思绪吧，我们假设昆虫看着我，认出我是迫害它的人。只要我在这里，这个生性多疑的昆虫就不会动。如果它决定动起来，那是因为觉得我的耐心已经被它耗尽之后。我们离开一会儿吧。这样，所有的诡计都变得无用了，它将会急忙起身逃走。

我往远处走十步，到了房间的另一头。我躲起来，一动不动，不发出声音，怕扰乱了房间里的宁静。昆虫会翻身起来吗？没有，我小心翼翼地躲在一旁，结果被证明这是徒劳。蝼步甲孤身一人，陷入了绝对的安静，它保持着一动不动姿势的时间和我在它面前时一样长。

也许蝼步甲能看见我，说不定它视力敏锐，发现我待在房间的另一头的角落里；也许是它灵敏的嗅觉揭示了我的存在。那么让我们再来一个更好的测试吧。我用一个玻璃钟罩罩住了蝼步甲，使它免受烦人的苍蝇的侵扰，然后我离开房间，下楼到花园里去了。它周围再也没有什么能让它不安的了。门窗都关着。房子外面没有噪音，房子里也一片寂静。在这样的沉寂中会发生什么？

实验证明，它装死的时间还是和平常一样，没有增加，也没有减少。我在外面等了20分钟之后，我上楼来看它，我又到外面

136

等到40分钟的时候，再上楼来看我的昆虫。我发现它和我走之前一样，纹丝不动地仰躺在原地，背部着地。

在这之后，我又用不同的蝼步甲来做实验，使这个问题逐渐清晰。可以明确的是，昆虫在面临危险的时候装死不是一个麻痹敌人的骗局。在这里，没有什么能吓倒动物。当它周围一切静默，独自一人，没有其他干扰，它仍然坚持不动，说明现在它不是在愚弄敌人。显然，它是另有原因的。

此外，它为什么要使用这种特殊的防御手段来保护自己呢？一个弱者，一个得不到保护的和平主义者，在危险来临时，为了自保，可能会耍点儿阴谋诡计；而它是好战的强盗，身披盔甲，我不明白它怎么会采取这种防御方式。在它居住的河滩上没有其他昆虫能战胜它。最有活力的圣甲虫和蛇金龟，都是性情温厚的昆虫，它们非但不去骚扰它，反而被它当作猎物来填满地穴。

是因为蝼步甲受到鸟的威胁吗？这是值得怀疑的。作为步行虫的一种，它身上充满了刺激难闻的气味，鸟一定不会想要吃它。此外，它白天龟缩在地穴的底部，在那里碰不到任何人，也没有人想打它的主意；它只在晚上出来，而那时鸟已经不在河岸边了。因此，它不用担心被鸟啄食。

而这个捕杀蛇金龟的刽子手，有时也捕杀圣甲虫，这样一个没有谁敢威胁它的凶残的暴徒，也会懦弱到一有丝毫的警觉就装死！我越来越怀疑这一点。

在同一片河滩上还有一个居民——光滑黑步甲，它给了我很多启迪。如果说第一个蝼步甲是巨人，那么相比之下，第二个光滑黑步甲就是个侏儒。它们拥有同样的身体形状、同样的服装、同样的盔甲、同样的强盗行为。好吧，光滑黑步甲不如蝼步甲身强力壮，它体型娇小，几乎不会装死的技巧。它惊慌失措了一会儿，然后仰面躺下，接着立刻翻身起来逃跑了。我只看到它静止了几秒钟：只有一次，在我的坚持下，小侏儒持续一刻钟没有动。

侏儒和巨人之间的差距怎么这么大，巨人在受惊吓后仰面躺下，一动不动，有时要静止一个小时之后才爬起来！如果装死真的是一种防御手段，就与应该发生的情况正好相反。对巨人来说，它力大无穷应该蔑视这种懦弱的姿态；畏畏缩缩的侏儒受惊吓之后应该很快装死才对。而事实恰恰相反。那是什么原因造成的呢？

让我们再来试验一下危险对它们的影响。什么样的敌人会把一个巨大的蝼步甲，吓得一动不动地仰躺着？我不知道是谁。让我们制造一个可能的侵犯者。苍蝇启发了我。在炎炎夏日，我进行研究的过程中，我说过苍蝇不受欢迎。如果我不把玻璃钟罩拿来，或者如果我不勤快地照看，苍蝇这种双翅目昆虫就会落在我的实验对象上，用它的吻管去探查我的实验昆虫。这次就让它去打扰我的实验对象吧。

苍蝇刚用爪子抓挠了一下那具假尸体，蝼步甲的跗节就颤抖起来，好像受到了轻微的电流刺激。如果访客只是路过，事情就此结束了；但如果不速之客持续打扰，尤其是在蝼步甲被唾液和排出的食物残渣湿润的嘴巴附近，被惹急了的蝼步甲就会迅速抽搐，然后翻过身来，跑开了。

也许它认为在这样一个卑鄙的对手面前继续施诡计没有意思。它死而复生是因为认识到装死是无效的。那么，让我们求助于另一个不受欢迎的昆虫来充当它的敌人，这个昆虫也是身强体壮、令人生畏的。我手头上正好有一只天牛，爪子和上颚都强健有力。我很清楚天牛这种头上长角的昆虫性情很温顺，但蝼步甲不认识它，在河滩上，它还从来没有遇到过像天牛一样的庞然大物——天牛能对比它胆小的昆虫施加压力。对未知的恐惧只会使事情变得更糟。

　　我用稻草秆的末端指引着天牛，让它把爪子放在躺着的蝼步甲身上。蝼步甲的跗节立刻颤抖起来。如果接触一直持续，并且变本加厉，变成攻击，死者就会翻身起来逃跑。这和苍蝇微微刺痛它的情形一模一样。当令人害怕的未知危险迫在眉睫时，伪装死亡的小伎俩就失效了，取而代之的是逃跑。

　　下一个测试有一点价值。我用硬物去敲击桌子腿，蝼步甲此时正仰躺在桌子上。摇晃非常轻微，不足以让桌子发生明显的晃动。一切都局限于一个被震撼的弹性体的共振。不需要更多的东西来扰乱蝼步甲的平静。每敲击一次，它的跗节就会弯曲，颤抖片刻。

　　最后，我们再来看光的作用。到目前为止，蝼步甲是在我实验室的黑暗中接受实验的，没有直接的阳光照射。窗户边，阳光灿烂。如果我把那只静止不动的昆虫移到亮光处，也就是把桌子抬到窗户边，它又会有什么反应呢？它一晒到太阳就立刻意识到了。蝼步甲在阳光直射下，立刻翻过身来，逃之夭夭。

现在足够了。吃尽苦头，受尽折磨的蝼步甲刚刚已经泄露了它的一部分秘密。当苍蝇戏弄它，把它黏糊糊的嘴唇弄干，把它当作一具尸体，想从中吸取汁液时；当怪物天牛出现在它惊恐的目光中，把爪子放在它肚子上，好像要占有它作为猎物时；当桌子震动，也就是对它来说，当地面颤抖，仿佛它的地穴被入侵者破坏了时；当明亮的光线笼罩着它，有利于敌人对它的图谋，使它这种习惯于在黑暗中生活的昆虫的安全受到威胁时；如果真的有危险降临到它头上时，它能做的就是装死，那么它确实应该一动不动。

在这些关键时刻，恰恰相反，蝼步甲退缩了，它爬起来，回到正常的姿势，逃离了这里。它的诡计已经被揭穿了，或者更确切地说，它没有什么诡计。它失去意识的状态不是装出来的，而是真实存在的。这是一种暂时的麻木状态，是它敏感的神经系统让它突然陷入这种昏昏沉沉中。一个微不足道的小东西就让它倒下，又一个不起眼的小东西让它摆脱这种濒死状态，尤其是当它晒日光浴的时候，阳光对动物行为有很强的刺激作用。

受惊后长时间保持不动的昆虫，我还发现一只可以与巨大的蝼步甲相提并论的大个子黑吉丁，它的前胸搽着白粉，是黑刺李树、杏树和山楂树的朋友。在某些情况下，我看到它的足紧紧地折叠着，触角耷拉着，仰躺着持续装死一个多小时。在另一些情况下，它又随时准备逃跑，显然是受大气条件的影响，而我对这方面的奥秘一无所知。在一般情况下，我只能观察到它保持静止状态一两分钟。

让我们再说一遍：在我的不同实验对象中，装死持续的时间是天差地别的，这种差别是由许多意想不到的情况决定的。我经常利用良好的时机，让搽粉的黑吉丁接受巨大的蝼步甲所经历的各种考验。实验结果是一样的。如果你知道蝼步甲的结果，那你就知道黑吉丁的结果了，没有必要在这里停下来多讲。

我只想提到，当我把黑吉丁从我的桌子上抬到窗户的阳光下时，它在阴凉处时一动不动，当太阳照射到它时，它立刻恢复了活动。在温暖明亮的太阳光下，昆虫只需几秒钟就打开了它的鞘翅，并以此为杠杆，翻过身来。如果我没有马上用手抓住它，它就会迅速起飞了。它喜欢阳光，爱好晒太阳，在最炎热的下午，它会在黑刺李树的树皮上如痴如醉地享受日光浴。

黑吉丁对热带高温的热爱会让我产生这样一个问题：如果我在它保持一动不动的姿势时给它降温，会发生什么？我可能会看到装死时间的延长。当然，不能一下子冷下来，因为这样黑吉丁就会出现昏睡，这种昏睡能使越冬的昆虫因寒冷而身体麻木。

相反，黑吉丁必须尽可能地保持旺盛的生命力。温度的降低将是温和的，下降得不多。因此，在这样的气候条件下，它将保留日常生活中的行为方式。我有一个合适的冰箱，就是我井里的水，夏天的水温比周围空气的温度低十二度。

我刚刚通过几次惊扰引起黑吉丁装死，把它安放在一个小罐子的底部，接着把罐子密封起来，然后把罐子浸入一个装满清凉井水的桶里。为了保持井水的新鲜凉爽，我不停地一点点地换水，小心翼翼地不晃动昆虫装死的罐子。

我细致的照顾没有白费。在水下五个小时后，昆虫仍然一动不动。我所说的五个小时，是整整五个小时，如果不是我因疲于照顾而结束了实验，它肯定还待得更久。但这足以排除昆虫使用任何的诡计。毫无疑问，昆虫此时没有装死。它是真的昏昏沉沉，一开始是我对它的惊扰让它陷入了一动不动的假死状态，再加上周围凉爽的温度，就更加剧了这种状态的持续。

　　有过将昆虫放在凉爽的井水中的类似经验之后，我想在蝼步甲身上也尝试轻微降温的效果。实验结果多少让我失望，蝼步甲并不像黑吉丁那样，它保持不动的姿势没有超过50分钟。过去即使我没有给它冷却，它也有很多次能保持这么长时间的静止状态。

　　这是意料之中的。黑吉丁喜欢炎热酷暑，它对冷水浴的反应比蝼步甲大得多，因为蝼步甲是夜行者，是地下世界的主人。温度降低了几度会让怕冷的昆虫大惊失色，而那些习惯于地下凉爽的昆虫则无动于衷。

　　我继续进行给昆虫降温的其他实验，但没有更多的收获。我看到装死的状态时而持续更长时间，时而缩短，这取决于这种昆虫是喜欢晒太阳还是逃避阳光。我们换个方法吧。

　　我打开一个广口瓶，在里面蒸发了几滴乙醚，然后把当天捕获的一只粪堆粪金龟和一只黑吉丁都放进去。在几分钟之内，两只昆虫都一动不动了，含乙醚的蒸气让它们昏昏欲睡。我急忙把它们取出来，让它们露天仰躺着。它们现在的样子正是它们在受到撞击的影响或其他原因的惊扰时会采取的姿势。黑吉丁的足一对对地折叠放在胸部和腹部，粪堆粪金龟的足则直挺挺地伸展开，乱七八糟地放在一起，僵直的样子像癫痫发作。它们死了吗？它们还活着吗？我们不得而知。

它们没死。几分钟后，粪堆粪金龟的跗节颤抖起来，接着触须开始抖动，触角也微微晃动。接着前足开始活动，一刻钟以后，其他的足也动了起来。被震荡刺激得假死的昆虫苏醒时也是完全同样的活动步骤。

至于黑吉丁，它处于深度昏睡中，如此长的静止时间，以至于起初我以为它真的死了。到了晚上，它才恢复正常。第二天我发现它又像往常一样活动。我小心翼翼地进行的乙醚试验，产生了预期的效果，我就立即停止了，虽然对它来说并不致命，但给它带来的后果远比给粪堆粪金龟带来的后果严重多了。对撞击和温度降低最敏感的昆虫，对乙醚也最敏感。

因此，在撞击或用我的手指揉捏所引起的两种昆虫假死状态所表现出的巨大差异，可以用它们在易感性上的细微不同来解释。当黑吉丁一动不动地躺着将近一个小时的时候，粪堆粪金龟则在几分钟之后就开始猛烈挣扎了。然而，我很少有条件能让粪堆粪金龟达到躺下几分钟这个极限。

为什么粪堆粪金龟比黑吉丁更不需要装死的计谋来自卫防御？黑吉丁身形魁梧，浑身披戴盔甲而得到了很好的保护，它的盔甲坚硬到大头针和缝衣针的针尖都刺不透。我们发现还有很多昆虫也有同样的表现，有的能保持一动不动很久，有的则完全不能静止，但我们却无法根据昆虫的性别、体型和生活方式来预测它会不会装死。

例如，黑吉丁可以长时间地假死。由于身体结构相同，同属的其他成员是否也有这样的表现？不，我没有发现。我偶然找到了闪光吉丁和九星吉丁。闪光吉丁抗拒我所有的企图。这只美丽的昆虫紧紧抓着我的手指和我的钳子，只要一把它仰面躺下，它就立刻翻身起来。九星吉丁很容易进入静止状态，但它的假死时间是多么短暂啊，最多只有四五分钟。

我经常在附近山丘的岩石下遇到的一种杨树叶甲，能坚持一动不动一个多小时。它是蝼步甲的竞争对手。差点忘记补充一点，唤醒往往是在几分钟内完成的。

是不是因为杨树叶甲是属于步甲科，它就能假死很长时间？绝不是这样，我们来看和杨树叶甲同属的双星蛇纹甲虫，它的圆形背一旦贴地，它就势翻滚，重新站起来；这是一只拟步行虫，由于它的后背扁平，它的体型和它的鞘翅粘连，导致它不能自己翻过身来，在一两分钟的静止之后，它拼命地摇晃着身体。

四肢短小的甲虫在遇到危险时跑不快，似乎比其他甲虫更适合用装死的计策来掩盖它们无法迅速逃跑的情况。但是事实并不符合这一表面上看有充分根据的预测。我找到叶甲虫、高背甲虫、食尸虫、克雷昂甲虫、碗背甲虫、金匠花金龟、重步甲、瓢虫等一系列昆虫做实验。几乎总是只有几分钟、几秒钟就足够恢复活动了。其中有好几种昆虫甚至顽固地拒绝装死。

我们应该说鞘翅目昆虫擅长迅速逃跑。其中有些昆虫会保持一段时间一动不动；还有更多的昆虫是到处乱跑。总之，没有一个向导能事先告诉我们："这个昆虫很会装死，这个昆虫不太愿意装死，这个昆虫拒绝装死。"当实验结果还没有出来时，我们只有模糊的可能性，不能确认。从这场混乱的情况中，我们能得出一个结论——灵魂能在装死的时候得到安息吗？我希望如此。

昆虫的"自杀"

　　我们不会去模仿陌生人，我们也不会假扮成我们不了解的人，这是显而易见的事情。要想装死，必须要对死亡有一定的了解。

　　那么昆虫，或者确切地说，动物，它们能意识到生命的时长是有限吗？在它们蒙昧未开的大脑里会去思考生命的尽头这个可怕的问题吗？我经常观察动物，我和它们亲密地生活在一起，我从没有观察到它们对命在旦夕有任何反应。对生命的最后时刻的强烈恐惧，使人类有别于动物，既让人感到痛苦，又是人类伟大的证明，命运低微的动物是没有这样的不安的。

　　它们就像处于混沌时期的小孩子一样，活在现在很开心，没有想过未来的事情。它们没有人生苦短的忧虑，生活在一种蒙昧无知的甜蜜平静之中。只有我们能预见到时日无多，只有我们为最后的归宿惶惶不安。此外，这种"人终有一死"的想法需要思想上成熟之后才会产生，因此会比较迟一点。我这样说是因为这个星期发生了这么一件让我特别感动的事情。

　　我们家有一只温驯的小猫，是我们一家人的开心果，它在无精打采了几天之后，一天晚上终于死了。第二天早上，孩子们发

146

现它直挺挺地躺在它睡觉的篮子里。大家都很伤心。我四岁的女儿安娜尤其难过，她还沉浸在和小猫共度的美好时光中。她用手轻轻地抚摸着小猫，呼唤着它，给它的杯子里盛了一点儿牛奶。"小猫喝吧，"她说，"它不想吃我给它准备的早餐。它在睡觉。我从来没有见过它这么睡觉。它什么时候醒啊？"

她在面对死亡这么沉重的话题面前表现出的天真无邪让我揪心。我赶紧想办法让女儿离开这里，然后悄悄地将小猫的尸体埋了起来。小猫从此再也没有在孩子们吃饭的时候出现，悲伤的女儿终于明白了她的朋友沉沉地睡着了，不会再醒来了。第一次她明白了死亡的模糊概念。

我们小时候不知道的事情，昆虫是否知道呢？当我们年幼的时候，我们的思想其实已经蓬勃发展，远远超过了动物迟钝的智力。它能预见到结局吗？这对它来说是一个让它厌烦的无用之事。在我们做出结论之前，让我们来看看火鸡的真实情况，而不是照搬高级的科学，那是可疑的向导。

我想起了在罗德兹皇家中学短暂学习时最生动的回忆之一。事情总是在变化中的，当时这里叫中学，今天我们叫公立中学。

到了复活节前的星期四，我们完成了把外文译成法文的作业练习，也学习了十个希腊词根，我们就成群结队地下山，往山谷尽头走去。我们把裤子卷到膝盖，像朴实的渔夫一样在阿韦隆河平静的水面上捕鱼。我们希望抓到花鳅，虽然它并不比小指头大多少，但它在草地上的沙地上一动不动，很受我们欢迎。我们打算用三叉戟，一把就把它刺中捕获。捕鱼太有趣了，每次成功捕到鱼，人们都发出胜利的欢呼，但我们很少欢呼：顽皮的花鳅看到叉子的到来，摇三下尾巴就消失不见了。

我们从附近草坪上的苹果树那里得到了补偿。苹果总是带给调皮的孩子们快乐，尤其是当它是从一棵不属于你的树上摘下来的时候。我们的口袋里都塞满了不属于我们的苹果。

还有另一个娱乐消遣在等着我们。成群的火鸡随处可见，它们随心所欲地四处游荡，在农场周围啄食蝗虫。如果农场主不在家，没有人管我们，那我们就可以玩得特别开心。我们每个人都会抓住一只火鸡，把它的头放在翅膀下面，以这种姿势摇摆片刻，然后把它倒放在地上，侧身躺着。那只鸡就一动不动了。整个火鸡群都被我们操控之后睡着了，草坪看起来像是一片屠杀过后的田野，到处都是死的火鸡或者垂死挣扎的火鸡。

还是要当心农场女工。被骚扰的火鸡咯咯大叫，暴露了我们的恶作剧。她拿着一根鞭子冲了过来。但我们跑得更快！我们把欢快的笑声留在树篱后面，早就跑没影了！

让火鸡沉睡的美好时光，我能找回当年的本事吗？这不再是小学生的恶作剧，而是严肃的研究。我正需要的实验对象找到了：一只火鸡，它是即将到来的快乐圣诞节的一道美食。我又成功地把它放倒睡着了，像以前在阿韦隆河岸边那样。我把它的头深埋在翅膀下面，用双手让它保持这个姿势的同时，轻轻地抱着它上下摇晃两分钟。

奇怪的效果出现了，我儿时的花招也没有达到比现在更好的效果。我的实验对象变成了一团没有生气的东西。要不是它的羽毛稍微膨胀，再退缩，表明它呼吸的气息，我就会认为它已经死了。它看起来真的像一只死火鸡，它猛地抽搐了一下，冰冷的爪子缩到腹部下面，脚趾卷曲着。场面一下子变成了悲剧，我对我的恶作剧的结果感到有些愧疚。可怜的火鸡！它可能再也醒不过来了！

不要害怕，它醒过来了，还站了起来，确实有点跟跟跄跄，尾巴垂下，神情憔悴。但很快就过去了，没留下什么。几分钟后，这只火鸡又变回了实验前的样子。

这种麻木的状态，介于真正的睡眠和死亡之间，持续时间各不相同。在我的火鸡身上试了几次，有适当的休息间隔，静止状态有时持续了半小时，有时只有几分钟。就像研究昆虫一样，要想找出这些差异的原因是很困难的。我对珍珠鸡的催眠效果更好。它昏睡的时间太长了，我开始担心这只鸡的状况。从它的羽毛上看不出起伏，没有表现出它呼吸的气息。我焦急地想知道那只鸡是不是真的死了。我用脚把它在地板上挪动了一点儿，它还是一动不动。我就再来一次。这时候，它抬起头来，重新站起身子，保持住平衡，然后拔腿就跑。它的昏睡时间超过了半小时。

现在该轮到鹅做试验了。我家里没有鹅。我隔壁的园丁把他的鹅托付给我。他把它带到我家来，鹅摇摇晃晃地走来走去，我家里立刻充满了它那军号似的吼叫声。不久之后，我家里只剩下一片寂静：这只健壮的蹼足类动物躺在地上，头插在翅膀下面。它的昏睡像火鸡和珍珠鸡一样沉，持续的时间也一样长。

现在该轮到母鸡了，接着轮到鸭子了。它们也会假死，但在我看来，它们静止的持续时间要短得多。我的助眠效果对体型娇小的家伙会不如对体型肥大的家伙吗？如果我相信鸽子，情况很可能就是这样。它在我的摆弄下只获得了几分钟的睡眠。但是雏鸟、翠鸟则更加顽固，我只能让它们昏昏欲睡几秒钟。

因此，似乎随着生命活动在体积娇小的身体中变得更精细，处于麻木状态就不那么明显了。昆虫已经让我们看到了。体型巨大的蝼步甲一动不动维持了一小时，而与它相比像个侏儒的光滑黑步甲，则不管我怎么惊扰它，都不愿意倒下昏睡。我摆弄大个头的黑吉丁，很长一段时间它都不会动，而闪光吉丁，也是一个小矮个，却顽强地拒绝我让它睡觉的方法。

让我们把体重对动物的影响放在一边，因为研究得太少，让我们简单地记住这一点：通过一个非常简单的技巧，有可能使鸟类处于假死的状态。我的鹅、火鸡，还有其他鸟，是不是为了欺骗折磨它们的人而要出装死的诡计呢？

当然，它们中没有一个想过要装死。它们确实陷入了深深的麻木状态之中。总而言之，它们被催眠了。

这些事实早已为人所知，从时间上看，也许是催眠科学或人工睡眠科学中的第一个事实。我们罗德兹的小学生是怎么知道火鸡睡觉的秘密的？当然，我们的书里没有。我们也不知道它从何而来，就像所有进入儿童游戏的东西一样永远不会失传，自古以来就是从一个精通此道的人传给另一个人。

今天，在我的塞里尼昂村，情况也没有什么不同，有许多年轻的学徒，都在实践着催眠禽类的技术。有时科学有相当卑微的起源。没有什么能说明一个无所事事的孩子的淘气行为不是我们催眠知识的起源。

我刚刚也对昆虫做了催眠，这些动作看起来和以前对火鸡做的动作一样幼稚可笑，当时因为我们的恶作剧，农场女工还挥着鞭子追赶我们。我们先不要笑：这些天真的行为背后有一个严肃的问题。

我的昆虫装死的状态与我的家禽沉睡的状态非常相似。两种生物都像已经死了，它们都静止不动，四肢有抽搐和收缩。在这两种情况下，如果有外界的刺激因素出现，它们就会终止静止状态。鸟的刺激因素是噪音，昆虫的刺激因素是光线。寂静、阴影、不被打扰，这种静止状态就会延长。静止不动的持续时间在各个物种之间差别很大，似乎随着动物的体型越大，持续时间越长。

在我们人类当中，催眠师对不同的人诱导睡眠的能力各不相同，因此，他需要选择他催眠的对象。他对一个人成功催眠，对另一个也许就不成功。同样，在昆虫中，也需要选择实施催眠的对象，因为并不是所有的昆虫都会对实施催眠的人的试验做出反应。我精挑细选的试验对象是蝼步甲和黑吉丁，我在挑选过程中又遇到过很多昆虫反抗，有些昆虫异常固执，绝不装死，或者只是非常短暂地一动不动！

昆虫恢复活动状态有一些值得注意的特点。问题的关键就在这里面。让我们回到那些经历过乙醚蒸气测试的实验对象身上。它们真的被催眠了。毫无疑问，它们不是因为实施诡计而纹丝不动；它们真的在死亡的门槛上；如果我不及时把它们从蒸发了几滴乙醚的广口瓶里拿出来，它们就再也不会从麻木中苏醒过来了，而静止状态的最终极限就是死亡。

然而，有什么迹象表明它们正在恢复活动能力呢？我们知道：它们的跗节在颤抖，触须在抖动，触角在摇摆。一个从沉睡中醒来的人也会伸展他的四肢，打哈欠，揉他的眼皮。吸入乙醚昏迷之后苏醒的昆虫也有它自己恢复感官的方式：它挥动着它的小跗节和身上最灵活的器官。

现在让我们观察一下这种昆虫吧，它被撞击惊动，受到刺激的惊扰，然后装死，仰躺在地上。身体恢复活动的方式和顺序与从乙醚中苏醒的动作完全相同。首先，跗节颤抖，然后触须和触角轻轻地摆动。

如果这只昆虫真的在用装死来欺骗敌人，那么它又有什么必要在苏醒时进行这些细微的准备动作呢？一旦危险消失或它认为没有威胁了，它为什么不迅速翻过身来，尽快逃跑，而是在慢吞吞地做些不合时宜的假动作呢？我敢肯定，当熊走了，那个刚才在野兽眼皮底下装死的旅伴，肯定不会想要长时间地伸展身体，揉揉眼睛。他一骨碌爬起来就逃走了。

昆虫有这么狡猾会连苏醒后最微小的细节都一起伪造？不会的，绝对不可能，那太荒唐了。昆虫跗节的颤抖，触须和触角的摇摆，明显是它已经陷入一种真正的麻木状态，麻木状态就快要消失时的反应，这种麻木类似于乙醚引起的麻醉，但程度没有那么强烈。跗节的颤抖，触须和触角的摇摆证明，被我摆弄而处于静止状态的昆虫并不像通俗语言所说的，也不像流行的理论所一再重复的：它在装死。它真的是被催眠了。

它被一次震动惊吓了，感到一种突如其来的恐惧，于是陷入了一种昏昏欲睡的状态，就像那只鸡在头埋在翅膀下摇晃了一会儿也昏睡过去一样。我们自己如果遇到恐怖感觉突然而至，也会使我们不知所措，动弹不得，有时甚至要了我们的命。那为什么昆虫精细敏感的身体，就不会被恐惧的感觉吓得晕过去，暂时失去知觉呢？如果害怕的感觉很轻微，昆虫会蜷缩片刻，迅速恢复正常，然后逃之夭夭；如果它被吓得大惊失色，它就会进入被催眠的状态，长时间一动不动。

昆虫对死亡一无所知，因此它没有办法装死，它对自杀也一窍不通，自杀是结束巨大苦难的绝望手段。据我所知，还从来没有一个真实的例子，说明任何一种动物会自己剥夺自己的生命。那些情感浓厚的动物，有时会让自己因悲伤而萎靡不振，我们见过这样的情况；但这种现象离刺伤自己，割断自己的喉咙还远着呢。

然而，我想起了蝎子自杀的事情，有些人肯定这是事实，有些人却否认。如果蝎子被一圈火包围着，它就会用毒镖刺死自己，从而结束了自己的磨难，这个故事是真的吗？让我们来看看到底是怎么回事。

我所在的环境有利于这项研究。此时此刻，在宽阔的露台上，我在大瓦罐里铺上沙子做床，上面覆盖瓦片，养了一些可怕的动物，我希望能研究它们的习性，但它们却不愿意满足我的期望。我将以另一种方式利用它们。它们是地中海黄蝎，一共有二十四只。这种可恶的虫子在附近山丘的平坦石板下，在阳光最好的沙地上到处都是，它们总是离群索居，声名狼藉。

对被蝎子的刺蜇了有什么后果，我本人没有什么要说的，因为我总是小心翼翼地避免与实验室中可怕的俘虏接触可能带来的危险。我自己什么都不知道，我让别人来说，特别是伐木工人，他们每隔一段时间就会因为不够谨慎而被蝎子蜇。其中一个伐木工人告诉我：

"我喝完汤，就在柴堆里睡了一会儿，突然感觉一阵剧痛，我醒了过来。就像一根在火中烧红的针扎了我一下。我赶快伸出手来，抓住了，感觉有个东西在拼命挣扎。一只蝎子滑到我的裤子下面，咬了我的小腿根部。这只丑陋的小怪物有人的手指那么长。就这么长，先生，就这么长。"

这位勇敢的人边讲边伸出了长长的食指比画。手指长的蝎子我并不感到惊讶：在我捕捉昆虫时，我常常碰到蝎子，也见过这么长的。

"我想又去工作，"他继续说，"但是我突然冷汗淋漓，腿明显肿了起来。小腿变得那么粗，先生，就像这么粗。"

他再一次用手比画起来。他把两只手围在腿外面一圈，比画出一个水桶的大小。

"是的，就这么粗，先生，就是这样。我费了很大力气才回到家，尽管我离家只有四分之一英里。腿肿得越来越大。第二天，腿就肿到了那里。"

他做了一个手势告诉我在腿窝的高度。

"是的，先生，有三天我都站不起来。我忍耐着一直等待，我把腿搭在一把椅子上。我贴了一阵子含碱的敷料纱布才消了肿，恢复到现在这样，先生，情况就是这样。"

他补充说："另一个伐木工人的小腿根也被蝎子蜇了。他的家离得很远，他没有力气走回家，倒在了路边。路过的人把他扛在肩上送回了家，就像在抬死尸，先生，就像在抬一具尸体！"

在我看来，这位朴实的叙述者的说法并不夸张，他更精通肢体语言而不是说话。被蝎子蜇一下对人来说是一个非常严重的事故。蝎子被同类蜇了一下，自己也很快就会倒下。在这里，我有比陌生人的证词更好的东西：我亲自观察过。

我从我养的蝎子里选出两个活蹦乱跳的实验对象，把它们放在一个广口瓶底部的一层沙子上。我用一根稻草去挑逗它们，把它们惹怒，让它们后退，然后重新遇上，决定决斗。毫无疑问，它们把我制造的麻烦归咎于对方。只见它们各自举起它们的防御武器——钳子，两只钳子呈半圆形展开，钳子大张以抵住敌人，保持距离；两只蝎子的尾巴都突然放松，从背上向前刺出去；在尾部刺尖上闪耀着一个细小的水滴，那是清澈如水的毒液，它们用毒针相互攻击。

战斗的过程很短暂。其中一只蝎子被另一只蝎子的毒针刺中。一切就都结束了：几分钟后受伤的蝎子就死了。胜利者静静地埋头啃食战败者的头胸前部，或者，用不那么令人讨厌的术语来说，我们想在那里寻找蝎子的头，但只找到腹部的入口。它小口小口地啃咬着，持续时间很长。四到五天，几乎不间断地，胜利者吃掉了被杀死的同胞。吃掉战败者，是两方交战之后的好处，是唯一可以原谅的。我们的战争，人类自相残杀，我们却不把战场上敌人的肉当作食物，我对人类的战争不能理解。

我们由此得到了真实的信息：蝎子的叮咬对蝎子本身是致命的。让我们来研究一下人们告诉我们的蝎子自杀是怎么回事吧。据说，有只蝎子被一圈燃烧着的火炭包围，就用尾部的毒针刺死了自己，宁愿以自杀的方式来终止折磨。如果这是真的，那对这种残暴的昆虫来说算是好事。我们做实验来看看吧。

我用燃烧着的煤炭围了一个圈，中央放了我养的蝎子里最大个儿的一只。风吹得火越烧越旺。在第一次被热浪灼烧之后，蝎子在火圈里又是后退又是打转。不经意间，它又被燃烧的火焰灼伤。然后，它左冲右突，不顾方向地后退，接着又是火烧火燎的疼痛。它每一次想要冲出火的包围圈，烧伤就会更厉害。蝎子变得惊慌失措。它向前走，被火烧；它往后退，也被火烤。它既绝望又愤怒，挥舞着它的长枪，把它卷曲之后，又突然放松，让尾巴落下来，又急速把它举起，它就这么慌慌张张、忙忙乱乱地舞动着它的尾巴，我看得眼花缭乱，完全跟不上它的动作。

现在到了用螯针摆脱折磨的时候了。事实上，在一次突然的痉挛后，受刑的蝎子一动不动地倒下了，直挺挺地躺在那里。蝎子再也不动了，完全静止了。蝎子死了吗？看起来确实如此。也许它刚才在混乱的舞剑中刺了自己一下，但我没有注意到。如果它真的用螯针刺伤了自己，如果它想要自杀，那它无疑已经死了：我们刚刚看到它是多么迅速地被自己的毒液杀死。

在我不确定的情况下，我用钳子把它捡起来，它似乎已经死了，我把它放在一个凉爽的沙子铺成的床上。一个小时之后，那只假死的蝎子复活了，和实验前一样活力四射。我又找了第二只蝎子做实验，然后是第三只蝎子。得出的结果都一样。在绝望的惊慌失措之后，蝎子突然陷入静止状态，它像被雷击了一样瘫软平躺着，然后，在凉爽的沙地上，它又恢复了活力。

我们可以相信，那些说蝎子自杀的人是被这种突然失去生命力的假象所蒙骗了，被这种像遭受雷击般的痉挛所愚弄。火圈的高温使愤怒的蝎子深陷其中，绝望至极，浑身抽搐，突然倒下。他们很快就认为它死了，就让它被火烤焦了。如果他们不那么容易上当，提前就把这只蝎子从火圈里搬走，他们就会看到蝎子表面上看已经死了，不久之后就复活了，从而确定了它根本不知道什么是自杀。

除了人类之外，没有一种活着的生物自愿结束自己的生命，因为它们对死亡一无所知。对我们人类来说，有能力逃避生活的苦难，这是一种崇高的特质。我们善于思考，这是我们超越普通动物的标志。但归根结底，当我们采取自杀的行动时，其实是我们懦弱的表现。

如果有人要走到这一步，那么他至少应该重复说一遍25个世纪前伟大的哲学家孔子所说的话。这位中国圣人在树林里发现一个陌生人在树枝上拴着一根绳子准备要上吊，他对自杀的人说：

"不管你有多痛苦，最大的痛苦就是屈服于绝望。其他的都可以修复，这个是无法修复的。不要以为你失去了一切，试着让自己相信一个真理，这个真理已经被几个世纪的经验证明是不容置疑的。这个真理是这样的：只要一个人热爱生活，他就不会绝望的。他可以从极致的悲伤走向极致的欢乐，从极致的不幸走向极致的幸福。重新鼓起勇气吧，从今天起你开始知道生命的代价，要善于利用生命中的每一刻。"

这种中国式的脚踏实地的哲学不乏优点。又让我回忆起另一个寓言作家的话：

……如果有人把我变成残疾，

缺腿、痛风、独臂，

只要我活着就够了：我心满意足。

是的，寓言作家和哲学家孔夫子都说得对：生活是一个严肃的事情，你不能因为一点儿挫折就舍弃它。我们不应把它看作是一种享乐，也不应把它看作是一种痛苦，而应把它看作是一种义务，只要我们一息尚存，我们就必须尽全力去履行这个义务。

提前结束自己的生命是懦弱和愚蠢的。我们可以随心所欲坠入死亡陷阱中，彻底消失，但这并不意味着我们可以轻生。但这种自由的想法也让我们具备了动物完全不具备的能力，那就是展望未来。

只有我们知道生命的盛宴如何结束，只有我们才能预见自己的结局，只有我们对死者表现出尊敬。这些伟大的事情，其他动物是一无所知的。当一门伪劣的科学在宣称一种可怜的昆虫在用装死的伎俩欺骗我们时，让我们要求这门科学更仔细地贴近昆虫去观察研究，不要把因为恐惧而昏睡的状态误以为是动物在模仿一种自己并不知道的状态。

只有我们才对末日有清醒的认识，只有我们才有想象来世的卓越本能。在此，人微言轻的昆虫学家说："你们要有信心，本能从来没有违背过自己的诺言。"

红蚂蚁

　　鸽子被带到几百英里之外也能找到回家的路，燕子冬天到非洲过冬，穿越大洋，春天还能回到它原来的家里。这么远的旅程是什么在指引它们回家呢？难道是视觉吗？有一位精力充沛的观察者，他超越了其他只研究做成标本的动物的博物学家，是研究动物在自然状态下习性的专家，他叫图斯内尔[1]，是《动物的智慧》一书的作者，他认为鸽子飞行依靠的导航是视觉和气象。"法国的鸟类经验丰富，"他说，"它们知道冷空气来自北方，南方炎热，东方干燥，西方湿润。它们有足够的气象知识给它们指出方位和指导它们的飞行。从布鲁塞尔运到图卢兹的鸽子装在有盖的笼子里，当然不可能用眼睛看到沿路的地形；但是，没有人能阻止它从大气的热度变化中感觉到它正沿着向南的道路前进。在图卢兹获得自由后，它已经知道返回鸽棚的方向是朝北。因此，它直接朝这个方向飞去，只有在它感觉到天空的平均温度与它居住的地区温度相同时它才会停下来。如果它一开始找不到家，那是因为它的飞行路线向右偏移或向左偏移了。无论如何，它只需自

---

[1] 图斯内尔（1803—1885），法国博物学家、作家和记者。

东向西寻找几个小时，就能纠正它的错误。"

当鸽子的位移方向是南北方向时，图斯内尔的解释是有吸引力的；但这个解释不适用于在同一等温线上东西方向的移动。此外，还有一个缺点，那就是不能将这个解释应用于其他动物身上。当一只猫从城市的一端穿过它第一次看到的迷宫般的大街小巷回到家时，不应该只是视觉的因素，更不可能是因为气候变化的影响。当我的那些石蜂被放到森林里的时候，它们也不是靠着视觉的指引才能回家。它们离地面两三米低空飞行，因此它们不可能俯瞰整个地区，也不可能看清楚整个地区的地貌。它们需要看清楚地貌吗？它们只会短暂地犹豫不决：在实验者周围转了几圈之后，它们就向巢穴的方向出发了，尽管有森林的帷幕遮挡，尽管有高低起伏的山丘，它们会保持离地面不远的飞行姿态，跨越一切障碍。视觉帮助它们避开障碍物，但不会告诉它们应该飞的大致方向。气候更不是它们能找到回家之路的原因：几公里的旅行，气候没有发生变化。石蜂并没有对于炎热、寒冷、干燥、湿润的经验：它们才出生几个星期，还什么都没有经历过。如果它们靠这个判断方向，那么它们的蜂巢所在的地方和它们被释放的地方的气候学特性都一样，就很难确定对的方向。因此，为了解释所有奥秘，我们只好援引另一个奥秘，也就是动物有一种特殊的感应能力，而人类没有。现在不会有人去质疑达尔文的权威，他也得出了和我同样的结论。研究动物是否能感知大地的电流，探索动物在靠近磁针时是否受到影响，这难道不是识别动物对磁场感知的一种方式吗？我们也有类似的能力吗？当然，我说的是物理学上的磁性，而不是梅斯梅尔[1]和卡廖斯特罗[2]所说的磁性。显然，我们没有类似的能力。如果水手自己就是指南针，他的罗盘还有什么用？

因此，达尔文认为有一种特殊的感觉，指引着鸽子、燕子、猫、石蜂和很多其他动物从异国他乡回家，而这种特殊能力我们的身体是无法感知的，我们甚至对它没有概念。我不能确定这种特殊能力是不是对磁场的感应，如果我能为证明它的存在做出一点儿贡献，我就很高兴了。我们又发现一个此前人类不知道的感应能力，增加了我们对生命的认识，这是多么伟大的收获，在研究事业上是多么大的进步！为什么我们被剥夺了这种能力？这是一个很好的武器，对争取生命的斗争非常有用。是的，正如他们所说，所有动物，包括人类，都源自原始的细胞，随着时间的推移而发生进化，优胜劣汰，为什么这种奇妙的感知能力只有少数低等生物具有，而在高等生物的人类身上却没有留下任何痕迹呢？我们的祖先失去这样一种伟大的能力，丢弃了大自然的这份遗产真是太失误了，这可比保留一截尾骨或者一缕胡须更有价值。

如果这份遗产没有被人类继承，是不是因为人类与动物之间缺乏足够的亲缘关系？我把这个小问题提交给进化论者，我非常想知道原生质和细胞核是怎么解答这个问题的。

---

① 弗兰茨·安东·梅斯梅尔（1734—1815），奥地利心理学家、催眠科学的奠基人，提出了"动物磁力"说。
② 卡廖斯特罗（1743—1795），来自意大利西西里的冒险家，自称为炼金术师，擅长各种神秘艺术，包括心理治疗、炼金术和占卜等。

这种未知的感应能力是否位于膜翅目动物身体的某个地方？是通过一个特殊的器官来实现的吗？我们马上就会想到它们的触须。每当我们不明白昆虫的行为时，我们总会观察它们的触须；我们老是喜欢把我们研究时所需要的一切解释都推到触须上。

　　现在我也有很充分的理由来怀疑触须具有这种感应能力和导航能力。当多毛长足泥蜂寻找灰毛虫时，它使用了触须，像人的小手指一样不断地触碰地面，好像能借此发现地下的猎物。这些在多毛长足泥蜂捕猎时似乎能起引导作用的探索丝，难道不能在旅行中引导多毛长足泥蜂吗？这是值得研究的，我也做了实验。我用剪刀把一些石蜂的触须剪得尽量短。然后把这些剪过触须的石蜂带到另一个地方去放飞。它们像其他普通石蜂一样很容易地就回到蜂巢。以前，我用个头最大的瘤节腹泥蜂做了类似的实验，这个象虫捕猎者也顺利回到了它的地穴里。通过这些实验，我们推翻了这个假设：昆虫的触须是不具备引导方向的作用的。那么起导航作用的器官在哪里？我现在还不知道。

　　我清楚地知道，没有触须的石蜂，即使回到蜂巢中，也不会再继续工作。它们固执地飞到它们的砖石建筑前，飞到泥土做成的小碗上，站在蜂巢的栏杆上，它们像在沉思和伤心，长时间静静地站在没有完成的蜂巢前。它们飞走，又飞回来，赶走每一个不速之客，但是它们再也不去采集蜂蜜或收集泥浆了。第二天它们就完全消失了。工人没有了工具，就没有工作的心情。当石蜂筑巢时，它的触须会不断地触碰、检查、探索，似乎这样才能让它们的筑巢工作更加完美。触须是它的精密仪器，就像建筑工人手里的罗盘、角规、水平仪、铅垂线一样。

到目前为止，我的实验只涉及雌蜂，出于母亲的职责，雌蜂更忠于巢穴。如果雄蜂被带到别处，它们会怎么做？我对这对恋人没有多大的信心，雄蜂们乱哄哄地聚集在泥土做成的蜂巢前，连续几天等待雌蜂从蜂巢里出来，然后在无休止的争斗中抢夺它们的所有权，最后在筑巢进行得如火如荼的时候就消失了。对这些雄蜂来说，我觉得回到它们以前的蜂巢，或是在别的蜂巢定居，又有什么关系呢？只要它们能在那里找到一个可以相爱的人。事实证明我错了，雄蜂会回到原来的蜂巢。诚然，由于它们体质稍差，我并没有强迫它们长途跋涉，我只把它们带到离家大约一公里距离外。然而，对它们来说，这是一次遥远的探险，一个陌生的地方，因为我没有见过它们长途旅行。白天，它们参观花园里的蜂巢或花朵；晚上，它们栖身在废弃多年的荒石园里的孔洞中或石头空隙中。

有两种壁蜂（三叉壁蜂和拉特雷依壁蜂）经常光顾石蜂的蜂巢，它们在石蜂废弃的蜂巢里建造自己的巢穴。最经常这么做的是三叉壁蜂。对我来说，这是一个很好的机会了解膜翅目昆虫是否普遍都具有方位感知的能力。我好好地利用了这个机会进行观察研究。那么结果是，三叉壁蜂无论是雄性还是雌性，都能返回自己的蜂巢。我做实验的距离很短，速度很快，选取的实验对象不多。但它们和其他实验的结果完全吻合，因此我相信我的实验结果。总之，包括我之前的实验在内，已经发现了四个物种能顺利回归巢穴，棚檐石蜂、高墙石蜂、三叉壁蜂和瘤节腹泥蜂。我是不是应该把这个实验结果推广到其他蜜蜂，或者是所有的膜翅目昆虫都能在陌生的地方找到回家的路？我不会这样做，因为据我所知，这里还有一个例外的结果，很有意义。我在荒石园的实验室里，有很丰富的实验对象，排在第一位的是著名的红蚂蚁的蚁穴，它们像亚马逊人①，捕猎奴隶来为它们服务。它们自己不养家糊口，也不会寻找食物，即使食物就在眼前，唾手可得，也需要仆人来喂它吃，并照顾它的家庭。红蚂蚁会盗窃别人的孩子，让这些奴隶为它自己的族群服务。它们掠夺住在它附近的不同种类的蚁穴，它们把其他蚂蚁的蛹带回家，蛹很快就孵化了，成为异乡人家里卖苦力的仆人。

当炎热的六月和七月来临的时候，我经常看到"亚马逊人"在下午离开它们的军营，出去远征。它们的队伍绵延五到六米长。如果在旅途中没有任何值得注意的东西，那么军队的队形就保持得相当好。一旦发现其他蚂蚁的蚁穴，它们的首领就立刻停了下来，蚁群马上乱成一团，而其他红蚂蚁则大步赶来聚集在这里。侦察兵立即出动，如果发现是认错了，它们又继续前进。这群红蚂蚁穿过花园的小径，消失在草丛中，再次出现在更远的地方，进入成堆的枯叶，穿过枯叶堆继续去探险，它们总是在寻找目标。终于找到了一窝黑蚂蚁。红蚂蚁急忙钻进黑蚂蚁蚁穴蛹的休息室里，很快就带着战利品重新返回地面。然后，在地下城市的门口发生了一场激烈的混战，黑蚂蚁要保卫自己的财产和孩

① 亚马逊人，是古希腊神话中一个全部皆由女战士构成的民族。

子，红蚂蚁想要掠夺。这场战斗双方的武力太不平衡了，很快就分出了胜负。红蚂蚁赢得了最终的胜利，它们匆匆忙忙地赶回自己的住处，每个人都拿着自己的战利品，用它们的上颚叼着一个黑蚂蚁的蛹。

对于不熟悉这些奴隶制习俗的读者来说，"亚马逊人"的故事非常奇特；但是我很遗憾，不能再把这个故事继续讲下去了，因为离我们要讨论的话题太远，我们现在要研究的是红蚂蚁怎么回到蚁穴。

红蚂蚁搬运抢夺来的蚂蚁蛹的距离每次都不一样，这取决于黑蚂蚁蚁穴离它巢穴的远近。有时只有十到二十步远。而有时，离它的巢穴五十步，甚至超过一百步。只有一次，我看到红蚂蚁的大军走到花园外去发动侵略战争。"亚马逊人"爬上四米高的围墙，翻了过去，再往前进入一片麦田。行进中的部队不会在意所走的路线。不管是光秃秃的地面，或是杂草丛生的地方，又或是枯叶成堆、乱七八糟的石头路，再或是砖石路和草地，它们都照走不误，没有明显偏爱一种类型的路。

返回巢穴的道路是严格限定的，红蚂蚁大军必须沿来时的路，绕过所有的弯道，走完所有的路线，即使是难以通过的地方。带着战利品的红蚂蚁大军，回到巢穴的路线往往是非常复杂的，因为当时出来狩猎时为了寻找猎物，会绕来绕去多走一些路。它们重新走它们当初经过的地方，对它们来说，这是迫切的需要，就算这条路增加了它们的辛劳，甚至是危及生命，它们都不会改变路线。

在我的想象中，红蚂蚁刚刚穿过了一大堆枯叶，在这里它们穿过了无数个深渊，它们每时每刻都在重复坠落，许多红蚂蚁刚精疲力竭地爬上来，又走上了摇摇欲坠的叶梗桥，最后从迷宫般曲折的小巷中穿了出来。没关系的，当它们回巢的时候，尽管身上的负担很重，但它们肯定会再次穿过这个困难重重的迷宫。要想避免这么劳累，它们需要做什么？它们只需稍微偏离原来的路线就行，因为好走的道路就在旁边，这两条路都交汇在一起，中间只隔一步的距离。它们却对这个距离很近的好路视而不见。

　　有一天，我发现它们行进在池塘内部的砖石边缘，我在池塘里养了一群金鱼，取代了原本生活在这里的两栖动物。风刮得很猛，把红蚂蚁大军的一部分吹到空中，有一整排的部队都掉进了水里。金鱼赶紧游了过来。它们一拥而上，把落水的蚂蚁吃了个精光。队伍的行进非常艰难，部队还没过去，就被消灭了大半。我期待着它们会从另一条路回来，那条路可以绕过致命的悬崖。但事实并非如此。满载蚂蚁蛹的队伍又回到了危机四伏的道路上，金鱼们获得了双重美味：红蚂蚁和它们的战利品。红蚂蚁大军因为没有改变路线，第二次死伤惨重。

　　这些"亚马逊人"在长途跋涉后会很难找到自己的家，因为它们在不同的远征中很少走相同的路线，它们每次都是随心所欲地走出一些弯弯曲曲的路线，这无疑迫使它们沿着所走的路线撤退才能顺利到家。如果红蚂蚁不想在途中迷路，它就别无选择：它必须沿着它所知道的，刚才走过的小路回家。当毛毛虫走出巢穴，到另一棵树或者另一根树枝上，寻找更适合它们口味的树叶时，就会在旅途中拉一根丝，沿着旅途中布下的这根丝，它们就能回到家。这显示了昆虫在跋山涉水时防止迷路的一个最基本的方法：在沿路拉上细丝，就能把它带回家。爬行的毛毛虫是用它沿路拉的细丝来指引方向的，而石蜂和其他一些以特殊感知能力为向导的昆虫则完全不同。

"亚马逊人"虽然是膜翅目动物，但回家的手段也相当有限，从它必须沿着来时的踪迹返回就可以看出来。红蚂蚁是不是在某种程度上仿效爬行的毛毛虫的做法；这就是说，它们是否会在路上留下一些气味，可能是某种形式的气味，使它们能够通过嗅觉的指引，而不是拉一根丝，因为它们没有拉丝的工具？人们在这种观点上很有共识。

人们普遍认为蚂蚁是由嗅觉指引方向的，它的嗅觉似乎是由不断摆动的触须来感知的。请允许我对这一观点持保留意见。首先，我怀疑蚂蚁的嗅觉器官是否是触须；我已经在前面的实验和描述中给出了理由。其次，我希望通过实验证明红蚂蚁不是由嗅觉来指引方向的。

我花了很多的时间来观察我院子里的"亚马逊人"，整整几个下午，但它们始终没有出去远征的迹象。于是，我给自己找了一个助手，她没有我这么忙。她就是我的孙女露西，一个调皮的女孩，她对我告诉她的关于蚂蚁的事很感兴趣。她目睹了红蚂蚁和黑蚂蚁的伟大战役，她对红蚂蚁抢劫黑蚂蚁的后代一事仍然无法释怀。露西认为自己有崇高的责任，她为自己已经开始进行伟大的科学研究而感到自豪。所以，当天气允许的时候，露西就在花园里走来走去，观察红蚂蚁，她的任务是仔细标记出红蚂蚁去抢劫别的蚁穴的路线。她的工作热情已经证明了我可以相信她。有一天，她跑到我实验室门口。我当时正在整理我每天的记录资料，响起了砰砰的敲门声：

"是我，露西。快点来，红蚂蚁进了黑蚂蚁的家了。快来看啊！"

"你知道它们的路线吗？"

"我知道。我做好标记了。"

"怎么做的？用什么标记？"

"我就像童话故事里的'小拇指'一样，我在它们的路线上撒了一些白色的小鹅卵石。"

我立刻跟着她跑了出去。就像我六岁的同伴刚才告诉我的那样，露西事先准备好了小石子，看到红蚂蚁大军从兵营里出发，她一步一步地跟在它们后面，每隔一段距离就放一颗小石子。"亚马逊人"开始沿着小石子指示的路线从抢掠中回来了。它们离巢穴的距离大约有一百步，这给了我足够的时间去进行已经计划好的实验。

我拿着一把结实的扫帚，在它们要经过的路线上打扫干净了大约一米的距离。地上粉末状的东西都被我扫掉了，由其他东西代替。如果这些粉尘被红蚂蚁的某种气味所浸透，现在没有了就会使红蚂蚁无法辨别方向。接着，我用这种方法把红蚂蚁的必经之路每间隔几步打扫一次，在路上扫干净了四段。

这时，红蚂蚁的队列到达了第一个实验地带。显而易见，红蚂蚁开始犹豫不决。有些蚂蚁掉头了，然后又走回来又掉头；另一些则在实验地带的边界上徘徊；还有一些蚂蚁则向两边分散，好像试图绕过这个陌生的地方。红蚂蚁大军的先头部队最初聚集起来形成了几分米大的一团，现在分散在三到四米宽的范围内。但后面到达的部队在实验带前成倍增加，它们乱哄哄地聚集在一起，犹犹豫豫不敢向前。最后，有几只红蚂蚁冒险走上了清扫过的小路，其他的也跟上来，而一小部分红蚂蚁则通过绕道走到实验带的前面去了。而到了其他实验带时，红蚂蚁依然犹豫不决；然而，它们要么直接穿过去，要么是从旁边绕过。尽管我给它们设置了一些陷阱，但最终它们还是沿着标记有小鹅卵石的路线回到了自己的巢穴。

这个实验似乎是支持嗅觉引导方向的观点。红蚂蚁有四次在道路被我清理的地方都表现出明显的犹豫。然而，如果返回的路线是和离开的路线重合的，这可能是由于扫帚打扫得不均匀，留下了一些沾染了气味的粉尘。绕过实验带的红蚂蚁可能是被我抛到两边的粉尘的气味引导的。因此，在我决定赞成还是反对嗅觉的引导作用之前，最好在更好的条件下重新开始实验，并彻底去除任何沾染了气味的东西。

几天之后，当我制订了新的实验计划的时候，露西又开始观察了，并很快来告诉我红蚂蚁大军又开拔了。果然不出我所料，因为"亚马逊人"经常在六月和七月沉闷炎热的下午出门去远征，尤其是有暴风雨天气逼近的时候。"小拇指"的小鹅卵石仍然点缀着这条路线，在这条路线上，我选择了最能达到我的实验目标的地点。

　　我把用于浇灌花园的帆布水管一端连接在池塘的取水口上，闸门打开了，红蚂蚁的路线被一条奔涌的激流拦腰切断，这条激流冲刷了一步宽的土地，而且这条河的长度是无穷无尽的。水一开始流动得又多又快，以便彻底地清洗地面，除去任何可能沾染气味的东西。我用大量的水清洗了将近一刻钟，然后当红蚂蚁大军满载战利品归来时，我将水流的速度放缓，减少了水量，这样红蚂蚁就不至于过不了河。如果它们必须走原来的路返回，这就是"亚马逊人"必须克服的障碍。

　　在这里，红蚂蚁犹豫不决了很长一段时间，后面的部队都到达了大军的前面了。它们在几块高出水面的鹅卵石的帮助下，进入了激流；然后有些冒失的红蚂蚁失足掉进了水里，水流把它们冲走了，它们一直没有松开叼着的战利品，顺水漂流，搁浅在浅滩上，再回到岸边，重新开始寻找另一个渡河的地点。水流带来的稻草秆在路中间停了下来，形成摇摇欲坠的浮桥，红蚂蚁从上面穿行而过。干枯的橄榄叶变成了满载客人的木筏。最骁勇的战士，凭借自己的本事和运气，在没有任何外力帮助的情况下，到了对岸。我看到有的红蚂蚁被水流冲到距离两边河岸两三步远的地方，似乎非常着急地在想它们该怎么办。现在这群迷路的军队已经陷入混乱，还有随时溺水而亡的危险，但它们没有一个放弃自己的战利品。它们小心翼翼的，宁可死也不扔掉战利品。简而言之，红蚂蚁大军穿越了障碍，还是沿着它们原来的路线回到巢穴。

在经过了水流实验之后，我认为它们并不是靠嗅觉辨别沿路的气味而回到巢穴的，因为我在实验时提前让水流冲洗了一会儿地面，而且，红蚂蚁穿越水流的时候，水一直在不停地流。现在让我们来看看，当可能存在的气味——如果有的话——被一种我们人类能闻到的无比强烈的气味所取代时，会发生什么？而前一种可能存在的气味是我们人类闻不到的，至少在我讨论的条件下是这样。

红蚂蚁第三次出动又被发现了，我选了它们沿途经过的一个地方，用刚从花坛里剪下来的几片薄荷叶擦了擦地面。接着，我还是用薄荷的叶子，覆盖了小路的一段。红蚂蚁回来了，似乎毫无顾虑地穿过薄荷叶摩擦过的区域；它们在薄荷叶散落的地方迟疑了一下，然后还是从那里走过去了。

在这两次实验之后，一次是用水流冲刷土壤，另一次是用薄荷叶改变气味，我相信引导蚂蚁沿着最初的路线回到巢穴的不可能是嗅觉。我将进行其他实验来完善我们的研究。

这一次我没有碰触地面，我把几张大报纸平铺在红蚂蚁的必经之路上，然后用几块小石头压住。在这块地毯前面，红蚂蚁们比在我以前所有设置的障碍前，甚至比在水流前都更加犹豫不决，这块地毯完全改变了道路的外观，却没有带走任何可能有气味的东西。红蚂蚁在冒险进入这片陌生区域之前，它们需要反复试探，有从侧面进行侦察的，有时而前进时而后退的。红蚂蚁们终于越过了报纸，军队照常前进。

还有另一个陷阱在等待着"亚马逊人"。我在它们的行军路线上铺上薄薄的一层黄沙，原来的地面是灰白色的。这种颜色的变化本身就足以让红蚂蚁们一时感到困惑，它们又表现出了面对铺报纸的区域时一样的犹豫不决，但时间没有那么长。最终，这个障碍和其他的一样被它们克服了。

我的沙带和报纸覆盖并没有去除它们的远征路线上可能散发的气味，很显然，红蚂蚁表现出了同样的犹豫，同样的止步不前，因此不是嗅觉让红蚂蚁找到了它们的路，而是靠视觉，因为每次我以任何方式改变道路的外观，通过扫帚清扫、水流冲刷、薄荷叶使道路变绿、报纸做地毯，以及不同于地面颜色的沙子铺路，返回的红蚂蚁大军都会停下来，犹豫不决，试图弄清楚发生了什么变化。是的，就是视觉，但红蚂蚁具有的视觉非常受限，只能看到近物，几颗砾石移动之后就改变了整个景观。在这样只能看到近物的视野中，一张报纸、一张薄荷叶床、一层黄沙、一条涓涓细流、扫帚扫干净的一段，以及更小的变化，都改变了风景；这支急于带着战利品回家的军队，焦急地停在这些陌生的地方。如果这些可疑的区域最终被越过，那是因为随着它们对改变后的地形不断尝试，一些红蚂蚁最终识别出在这段障碍之后就是它们熟悉的区域。其他红蚂蚁相信这些千里眼，也跟着走。

如果"亚马逊人"没有同时对它们经过的每个地方有精确的记忆，那么光是视觉还是不够的。蚂蚁的记忆！这可能是什么样的记忆？蚂蚁的记忆和我们的有什么相似之处？对这些问题，我没有答案；但我只跟踪它们几次之后就可以发现，这种昆虫对它曾经去过的地方有着相当牢固和准确的记忆。这是我多次亲眼见证的。

有时，"亚马逊人"掠夺的蚁穴有很多战利品，远征军一次不能完全拿走。或者红蚂蚁大军到达的地区有好几个蚁穴，要想都洗劫还需要进行另一次远征。于是，它们又进行了第二次扫荡，有时是在第二天，有时是两三天以后。这一次，红蚂蚁大军不再在沿途搜寻蚁穴，而是直奔蚂蚁蛹的住处，走的是上次走过的一样的路线。我碰巧在两天前"亚马逊人"走过的那条路上用小石头每隔一段做了标记，这条路一共有20米长。"它们会从这里经过，它们会从那里经过。"我看着路标对自己说。事实上，它们确实从这里经过，又从那里经过，沿着我的小石头标记的路线，没有明显的偏移。

相隔数天，难道空气中还留着上次出征时散发的气味？没有人能这样说。因此，引导"亚马逊人"的是视觉，是由视觉观察而记下来的对地点的记忆。这种记忆异常牢固，直到第二天和之后仍然留有印象；这种记忆非常精确，没有偏差，因此能带领红蚂蚁大军沿着与前一天相同的道路，穿过复杂的地形。

如果"亚马逊人"对周围的地形比较陌生，它们将怎么做？除了记忆地形之外，红蚂蚁是否还拥有石蜂那样的辨别方向的能力？如果我把它们放到一个它们此前没有去过的地方，当然在有限的范围内，它们能自己回到蚁穴或找到行进中的队伍吗？抢劫军团并没有探索过整个花园，它们喜欢在花园北边的这部分进行抢掠，因为在那里它们的侵略战争可能会得到更多的战利品。因此，"亚马逊人"通常向军营的北边出征，我很少在南边碰到它们。因此，花园的这一部分对它们来说，虽然不是完全陌生，但也没有北边那么熟悉。话虽如此，让我们看看红蚂蚁的表现吧。

我站在红蚂蚁的蚁穴附近，当大部队掠夺奴隶回来时，我让一只红蚂蚁爬上了一片枯叶，我把枯叶递到它面前。我没有触碰它，就拿着枯叶把它抬到离兵营往南只有两三步远的地方。这足以让它远离故土，完全迷失方向。我看到被放回陆地的这个"亚马逊人"，在原地急得团团转，当然上颚一直叼着战利品。我看见它急匆匆地往一个方向跑去，其实离它的同伴越来越远，它肯定以为会找到它们。我看到它又走了回来，然后又折返回去，一会儿向右试探，一会儿向左寻找，它在周围各个方向都探索了一遍，却始终没有找到正确的方向。这个长着强壮上颚的好战的奴隶贩子，在离它的大部队两步之遥的地方迷路了。我还记得那些迷路的蚂蚁中的一些，它们经过半个钟头的搜寻，再也找不到路了，而且越走离家越远，上颚还一直叼着蚂蚁蛹。它们最终会怎么样呢？它们会怎么处理它们的战利品呢？我可没有耐心再一直跟着这些愚蠢的强盗了。

让我们重复做这个实验，但把"亚马逊人"放在花园的北部区域。它经过一段时间的犹豫不决，有时候往一个方向寻找，有时候往另一个方向探索，最终红蚂蚁设法找到了大部队。因为它熟悉这个地方。

由此看出来，虽然同样都是膜翅目昆虫，红蚂蚁却完全没有其他膜翅目昆虫具有的那种辨别方向的能力。红蚂蚁除了对地点的记忆深刻之外，其他什么本领也没有。离开两三步远的地方就足以使它迷失方向，让它无法回到自己的巢穴；而石蜂却可以穿越几公里陌生的地区，毫不费力。有时让我感到惊讶的是，人类被剥夺了的这种神奇的感知能力，却是一些动物的特权。我将这两个有巨大差异的物种拿来比较可能会引起争论。现在这种巨大的差异已经不存在了：它们是两种非常接近的昆虫，都是膜翅目。为什么它们来自相近的种属，一个具有对方向的感知能力而另一个却没有这样的能力，或许它具有一种身体器官的细节之外具有决定性意义的特征呢？我想那些进化论主义者会给我一个合理的解释。

我刚刚认识到红蚂蚁对地点的记忆的牢固和准确，它怎样才能持续保持对地点的印象？"亚马逊人"是否需要多次远征才能了解路线的地理特征，还是一次探险就够了？从一开始，沿途的路线和去过的地方是否就铭刻在红蚂蚁的记忆中？通过我们的实验，红蚂蚁不能给出这个问题的答案，实验计划者不能决定远征军所走的路线是否是第一次经过；而且他也无权让军团走这样或那样的路。当它们出去打劫蚁穴时，"亚马逊人"会随心所欲地出征，它们的行进路线不会受到我们的干涉。那让我们去看看其他膜翅目昆虫吧。

我选择了蛛蜂来做实验，它们的行为将在另一章中详细研究。它们以捕猎蜘蛛为生，是一种穴居昆虫。它在为未来的幼虫准备食物的时候，把这些猎物捕获之后再进行麻醉，然后再挖掘地穴。如果一直带着沉重的猎物会使这种膜翅目昆虫在寻找安家地点时不堪重负，因此它捕获的蜘蛛会被藏到高处，比如在草丛或灌木丛中，以便远离掠夺者，尤其是蚂蚁的偷食，如果这些珍稀美食的主人不在的话，偷吃的人可就自己享用了。蛛蜂将战利品隐藏在高高的灌木丛上之后，它就开始寻找一个适宜的地方，在那里挖掘洞穴。在挖掘过程中，它不时地回到它的蜘蛛身边察看。它轻轻咬一口蜘蛛，摸一摸，好像在为丰盛的食物感到高兴。然后它又回去继续挖它的洞穴。如果有什么事让它感觉不安，它不仅会去察看它的蜘蛛，还会把蜘蛛搬到离它挖掘的地点更近一些的地方，也还是把它放在一个灌木丛上面。这些行为都给了我可乘之机，可以通过实验来了解它的记忆力有多牢靠。

当膜翅目昆虫在挖掘地穴时，我拿走它的猎物，把它放在离原来的位置半米远的一个空旷露天的地方。不久，蛛蜂就离开了地洞，去察看它的猎物，它直奔以前它放猎物的地方而来。它对存放猎物的方向十分确定，而且精确地记住了存放地点，这可能是因为此前它重复来过多次。我不知道之前它来过几次，我们不需要考虑前面的这些，而往后的表现会更有说服力。这时，蛛蜂已经毫不犹豫地找到了先前猎物藏身的那个草丛。接着它在灌木丛中走来走去，仔细探察，频繁地回到以前放蜘蛛的地方。最后，膜翅目昆虫确信蜘蛛已经不在那里了，它开始慢慢地在周围徘徊，触须碰触着地面。蛛蜂在我放蜘蛛的地方找到了它的战利品。蛛蜂大吃一惊，它先是向前走，然后突然吓一跳之后往后退。难道蜘蛛还活着吗？它还没死吗？这真的是我捕获的蜘蛛吗？还是当心一点好！它好像在自言自语。

蛛蜂只短暂地迟疑了一下，它就抓住蜘蛛，把它拉回来，放在第二个绿灌木丛上面，离第一个绿灌木丛两三步远。然后它又回到地洞，继续挖了一段时间。我第二次移动蜘蛛，把它放远了一点，在一处裸露的地面上。现在是蛛蜂展示记忆力的时候了。两个灌木丛都被用来作为猎物的临时存放地。第一次，它非常精确地找回来了，蛛蜂可以通过仔细的勘察，通过我没有看到的反复来回察看来熟悉地点；但它对第二个灌木丛的印象肯定比较肤浅。它在没有考虑选择其他地点的情况下仓促地选了这里。它在这里停留的时间不长，刚把它的蜘蛛放到灌木丛顶上就走了。它第一次见到这里，在放猎物的过程中就匆匆忙忙地看了一眼。这快速的一瞥足以让它记住这里吗？此外，在昆虫的记忆中，两次存放猎物的地方现在可能混淆在一起，第一个存放地可能与第二个存放地混为一谈。蛛蜂会去哪里找它的猎物呢？

我们很快就会知道了。它再一次离开建筑工地去看它的蜘蛛。它径直跑到第二个灌木丛，在那里它花了很长一段时间寻找失踪的猎物。它很清楚地记得最后一次猎物是放在那里的，而不是在别的地方。它坚持在那里寻找蜘蛛，一次也没有想过要回到第一个存放蜘蛛的灌木丛去。第一个灌木丛对它来说已经没有意义了，只有第二个灌木丛让它烦躁不安，然后它开始在第二个灌木丛附近展开搜索。

蛛蜂最终在我放的光秃秃的地面上找到了猎物，膜翅目昆虫很快就把蜘蛛隐藏在第三个灌木丛上，于是实验又开始了。这一次，蛛蜂毫不犹豫地跑到了第三个灌木丛上，并没有把这个灌木丛和前两个混淆在一起，因为它拥有强大的记忆力，不屑去察看前两个灌木丛。我又这样做了几次实验，昆虫总是回到最后一个食物存放处去寻找，而不关心此前其他的存放地点。我对这个小个子昆虫的记忆力惊叹不已。它只需要匆忙地瞥一眼一个地方，而且这个地方与其他许多地方没有明显的不同，就能清楚地记得这个地方的位置，尽管它还要持续地专注于挖地洞的工作。我们人类的记忆力能和它的记忆力相抗衡吗？这是非常值得怀疑的。如果红蚂蚁也有这样的记忆力，那么它的远征和沿着原路返回的本领就没有什么难以理解的了。

这样的实验给了我其他一些值得注意的结果。我们发现，当蛛蜂确信蜘蛛已经不在它原来放置的灌木丛上时，它就会抽身出来，在附近寻找，然后很容易就找到了，是因为我是故意把蜘蛛放在了一个开阔的地方。让我们增加一点难度。我用指尖在地面上按了一个小坑，把蜘蛛放在小坑里面，用一片薄树叶盖在它身上。然而，膜翅目昆虫在寻找丢失的猎物时，有时会路过这片树叶，在树叶上走过来，走过去，却一点也不怀疑蜘蛛就在树叶下面，于是它还会继续徒劳无功地到更远的地方去寻找。因此，指引它寻找方向的不是嗅觉，而是视觉。而且，它的触须在寻找过程中也是不断地触碰着地面。它的触须起了什么作用？我不知道，但是我肯定它们不是嗅觉器官。在研究泥蜂寻找灰毛虫时，我已经得出了同样的结论。我现在又通过实验得到了证实，在我看来，这是有决定意义的。我还想补充一点：蛛蜂的视力很差，它经常在离蜘蛛几英寸的地方经过，却没有发现它。

蝉和蚂蚁的寓言

名声主要来自传说，不管是动物界还是人类的领域，故事比历史更重要。尤其是昆虫，它们有很多不真实的民间故事，以这样或那样的方式吸引了我们的注意。

比如，谁不知道蝉呢？在昆虫界，哪儿还有像蝉一样有名的昆虫呢？它那热爱歌唱而没有远见的名声，从我们第一次训练记忆的时候开始，就被当作素材。易学好懂的小诗句向我们描绘了这样一个画面，当寒风阵阵，冬天来临时，它跑到邻居蚂蚁家里哭穷乞讨。不受欢迎的乞讨者得到了一个讽刺的回答，这是它名声大震的主要原因。蚂蚁带着稍微戏谑的神情说了两句短短的话语：

你先前在唱歌！我很喜欢听。

那么，现在请跳舞吧。

这两句话奠定了蝉的名声，比蝉凭自己的功绩得到的名声还要大。这种名声钻入了儿童的心灵深处，以后再也不会磨灭。

大多数人都没听过蝉的歌声，它在橄榄树生长的区域唱歌。不管大人还是小孩，我们都知道它在蚂蚁面前的沮丧模样。它的名声就是这么来的！一个践踏道德和自然史的极具争议的故事，一个只是保姆讲给婴儿听的简短的小故事，就构成了一种声誉的基础，它将支配岁月留下的遗迹，就像《小拇指》中的靴子和《小红帽》中的烙饼那样。

童年的记忆最为深刻。习俗和传统一旦被存入他的记忆档案中，就再也无法销毁。蝉的名声要归功于儿童，他在第一次尝试背诵时结结巴巴地讲述了蝉的不幸。构成寓言的浅薄的无稽之谈将被他们一直记住：尽管冬天没有蝉，寒冷的时候蝉总会挨饿；它总是请求施舍几粒小麦，尽管小麦与蝉精致的吸管格格不入；它会乞求苍蝇和蚯蚓，尽管它从来不吃这些东西。

谁该为这些奇怪的错误负责？是拉封丹[①]，在他的大部分寓言中，吸引我们的是精妙的观察，对蝉的描述却不太恰当。他对寓言里早先出现的主角，狐狸、狼、猫、山羊、乌鸦、老鼠、黄鼠狼和许多其他动物都了如指掌，他向我们惟妙惟肖地精确描绘了这些动物的行为和动作。这些动物都生活在当地，在他家附近，是他的邻居。它们的公共生活和私人生活都在他的眼皮底下，但蝉在这里是陌生的，这里是兔子让诺嬉戏的乐园，拉封丹从未听过蝉的歌声，也从未见过蝉。对他来说，这位著名歌手就像是一只螽斯。

格兰维尔[②]的铅笔画与拉封丹的文字相得益彰，也造成了同样的混淆。在他的画中，蚂蚁装扮成勤劳的家庭主妇。它站在门

[①] 拉封丹（1621—1695），法国古典文学的代表作家之一，寓言诗人。作品经后人整理为《拉封丹寓言》，与古希腊著名寓言诗人伊索的《伊索寓言》及俄国著名作家克雷洛夫所著的《克雷洛夫寓言》并称为世界三大寓言。
[②] 格兰维尔（1803—1847），法国著名插画家。

口，旁边放了几大袋小麦；它轻蔑地背对着伸出爪子——对不起，伸出手——的乞讨者。蝉戴着撑边的大檐帽，腋下夹着吉他，裙子被寒风吹得贴在小腿上，这是第二个人物，完全就是螽斯的形象。格兰维尔和拉封丹一样，都不清楚真正的蝉长什么模样，他用栩栩如生的画笔把这个错误的认识再现了出来。

此外，在这个内容单薄的小故事中，拉封丹只不过是另一个寓言家的回声。蝉不受蚂蚁待见的传说，和利己主义，或者说，和我们的世界一样古老。雅典的孩子们拿着装满无花果和橄榄的草编手提袋去上学，已经把这个故事当作背诵的一课在不停念叨了。他们说："冬天，蚂蚁们会在阳光下晒干发潮的食物。一只饥饿的蝉来乞讨食物。它想要几粒谷物。而守财奴们则回答：'你曾在夏天唱歌，那就在冬天跳舞吧。'"虽然情节有点枯燥，但这正是拉封丹的主题，与我们认识的常理背道而驰。

然而，这个寓言来自希腊，一个以橄榄树和蝉闻名的国家。如同传说的那样，伊索真的是作者吗？这是值得怀疑的。不过，这并不重要：讲故事者是希腊人，他是蝉的老乡，他必然对蝉足够了解。在我的村子里，就算是孤陋寡闻的农民，也知道冬天没有蝉；当寒冷即将来临，橄榄树的树根需要培土时，每一个给树培土的人都见过这种昆虫的初始状态——幼虫，因为培土的人的铁锹常常把蝉的幼虫挖出来。他在路旁见过成百上千次，知道蝉的幼虫是如何在夏天从它在地下挖的一口圆洞里钻出地面的，又是如何抓住一根小树枝，从背上的外壳裂开一条缝，蜕去那比一张干瘪的羊皮纸还干枯的外壳。蜕皮后的蝉先是嫩绿色，很快就变成棕色了。

希腊的农民也不是傻瓜。他注意到了最不善于观察的人也能发现的东西，他知道我那些乡野邻居们都知道的事。这个寓言的作者，无论他是谁，都具有了解这件事的最佳条件。那么，他故事中的错误从何而来呢？

这位希腊寓言家不像拉封丹那样情有可原，他讲述的是书本上的蝉，而不是真正的鸣叫起来像锣钹（bó）声的蝉，他不顾现实，只会遵循传统。他本身就像是一个更古老的故事讲述者的回声。他重复了一些来自印度的传说，当然印度是可敬的文明之母。他不知道印度的这位作者写这篇故事的主旨是什么，其实是表明没有远见的生活会带来的危险。我们可以相信，这篇故事中所涉及的小动物场景比蝉和蚂蚁之间的对话更接近真实情况。印度是动物的伟大朋友，不可能犯这样的错误。一切似乎都表明了这一点：原始寓言的主角不是我们的蝉，而是另一种动物，而可能是一种昆虫，它的习性与改编的故事完全一致。

在流传到希腊之前的漫长的几个世纪以来，这个古老的故事一直在印度河岸边激发智者的思想，逗乐孩子们。也许就像历史上的一个族长第一次提出勤俭节约一样年代久远，而且内容基本忠实地从一代人传给另一代人。它的细节一定会被改变，就像所有的传说一样，随着时间的流逝，这些传说为了适应时代和地理的情况而发生了变化。

希腊的农村没有印度所说的昆虫，所以就逐渐将这个故事的主角改成了蝉。就像在巴黎，在现代的雅典，蝉被螽斯所取代一样。谬误已经造成了。现在成了不可磨灭的深刻在孩子心中的记忆，错误战胜了显而易见的真理。

让我们试着为那个被寓言诽谤的歌手平反。我迫不及待地承认，它们是个讨厌的邻居。每年夏天，它们被两棵枝叶茂密的梧桐树所吸引，都会成百上千地聚集到我家门前。然后，从日出到日落，它们用沙哑的交响乐不停侵扰我。在这场吵吵闹闹的音乐会上，思考是不可能的；思绪满天飞，头晕目眩，无法定下心来。如果我不利用清晨的时间来做点事，那这一整天就荒废了。啊！该死的昆虫，给我家带来灾难，使我不得片刻清静。据说雅典人把你养在笼子里，这样他们就可以轻松地欣赏你的歌声。在吃完饭消化期间昏昏欲睡，听一只蝉叫还可以，但是成百上千的蝉，同时唱响，震耳欲聋，让人心烦意乱，这真是一种折磨！你为你自己辩护，你说是你先到这里来的，所以你有权在这里歌唱。在我来之前，那两棵梧桐树毫无保留地属于你，而我是这两棵树荫下的入侵者。那好吧，不过，为了照顾给你写故事的人，请在你的钹上安一个弱音器，把你的琶音调小声一点。

真相摒弃了寓言作者告诉我们的胡编的故事。蝉和蚂蚁之间有时会有点关系，这一点非常确定。只是这种关系与我们听寓言作者讲的恰恰相反。并不是蝉占主动，它从来不需要别人的帮助来维持生活。而是蚂蚁采取主动，因为它们是贪婪的剥削者，抢走一切可以吃的东西放进自己的粮仓。任何时候，蝉都不会在蚁穴的周围发出饥饿的叫声，也不会保证连本带利一起还；恰恰相反，是蚂蚁实在饿得不行向歌手乞求。我在说"乞求"！借钱和归还可不存在于掠夺者的习俗中。它剥削蝉，厚颜无耻地抢劫。让我们来了解一下这起强盗案件，这是至今仍不为人所知的一个历史奇案。

七月，在一个闷热难耐的下午，当昆虫们都因口渴而疲惫不堪，在枯萎的花朵上游荡，徒劳地寻求解渴的东西时，蝉对这种普遍的水荒不屑一顾。它用它的喙，就像精细的钻探探头，刺穿了取之不尽用之不竭的酒窖中的一间。它唱着歌落在一棵灌木的细枝条上，钻开坚硬光滑的树皮，树皮里包裹着被太阳晒得成熟的树汁，使树皮膨胀起来。洞钻好后，它就把吸管插进洞里，愉快地喝了起来，一动不动，全神贯注于糖浆和歌曲的魅力。

让我们观察它一段时间。我们可能会看到意想不到的悲剧。的确，许多口渴的昆虫从四面八方赶来。它们发现了钻孔边缘渗出的汁液。它们跑过来，一开始还有所保留，只是舔着外渗的汁液。我看到胡蜂、苍蝇、蠼螋（qú sōu）、泥蜂、蛛蜂、金匠花金龟，当然还有蚂蚁。

个子娇小的，为了靠近水源，滑到蝉的肚腹下面，蝉温文尔雅，把爪子撑高一点，让不速之客自由通过。个子大一点的昆虫，则不耐烦地直跺脚，很快地吸了一大口，然后退了出来，飞到附近的树枝上转悠一圈，然后又野心勃勃地飞回来。昆虫们愈加贪婪，那些谨小慎微的昆虫也开始变成一群闹闹哄哄的侵略者，准备把钻泉取水的人从泉水边赶走。

在这群强盗的围攻中，最顽固的就是蚂蚁。我看见它们有的咬着蝉的爪子，有的去拉扯蝉翼的边缘，还有的爬到蝉的背上，挠着蝉的触须。居然有一只胆大妄为的蚂蚁当着我的面抓住了蝉的吸吮器，试图把它从树枝上拔出来。

巨蝉被这些小矮人蚂蚁气坏了，忍无可忍，最终放弃了它钻的井。它跑开了，走之前把它的尿液滋到抢劫者身上。对蚂蚁来说，蝉的这种高傲的蔑视无关紧要！它们的目标实现了。现在它们是泉水的主人了，但当使井冒水的泵停止运转时，井也就很快干涸了。井虽然很小，但很甘甜。只要一有机会，它们就会用同样的方式获得更多的琼浆。

正如我们所看到的：现实彻底颠倒了寓言想象出来的角色。大胆无礼的乞丐，抢劫时绝不退缩的是蚂蚁；勤劳的工匠，心甘情愿地与受苦者分享甘露的是蝉。还有一个细节，使角色的颠倒变得更加明显。经过五到六个星期漫长的欢快歌唱，歌手精疲力竭，耗尽生命从树上摔下来。它的尸体被太阳晒干了，被过路人的脚踩碎了。一直在搜寻战利品的蚂蚁遇到了蝉的尸体。它把这块美食撕碎、肢解，把它撕成碎片，将增加它的食物储存。我有时看到一只还在垂死挣扎的蝉，它的翅膀还在尘土中颤抖，就被一队蚂蚁拉拽着，要将它搬回家。此时的蝉伤心欲绝。见到这种蚕食同类的行为之后，这两种昆虫之间的真实关系不言自明。

在古代，蝉享有极高的赞誉。被称为"希腊的贝朗瑞[1]"的阿那克里翁[2]，献给蝉一首颂歌，对它极尽赞美之词。"你几乎就像神明。"他说。他给出的理由并不是最恰当的。他这么说的理由

---

① 贝朗瑞（1780—1857），法国诗人、民谣作家。
② 阿那克里翁（约公元前570—约公元前480），希腊抒情诗人。

认为蝉有三个特点：生在地下，不知疼痛，无血无肉。我们不应该责怪诗人的这些错误，这些错误当时是普遍的观念，而且延续到之后很久，直到有人进行了细致入微的观察。此外，在讲究节拍与押韵的小诗句中，人们并没有这么关注这一点。

即使在今天，像阿那克里翁一样熟悉蝉的普罗旺斯的诗人，在赞颂以蝉为标志的昆虫时，也几乎不关心真实的蝉。但我的一个朋友，是一个敏锐的观察者和一丝不苟的现实主义者，他不包含在该受指责的人里。他授权我从他的活页本中抽出下面这篇普罗旺斯语写成的作品，其中以足够的科学严谨着重描写了蝉和蚂蚁之间的关系。我把诗中的意象和道德评价的责任留给他，这些精美的花朵是不可能在我的博物学家的花园里开放的；但我肯定他叙述的是真实的，这与我每年夏天在花园里的丁香花上看到的一模一样。我用法语翻译了他的这篇作品，我只能说我的翻译在许多情况下意思是相近的，因为法语和普罗旺斯语并不总是完全对应。

蝉和蚂蚁

一

天哪，真热啊！却是蝉喜欢的天气，

你欣喜若狂，享受着一场烈火的阵雨；

收割的好天气。

在金色的麦浪中，收割者们弯腰弓背，

胸口迎风，辛苦劳作，不想唱歌。

在他口干舌燥的喉咙里发不出歌声。

这是你的好时光。所以，可爱的蝉大胆地唱歌吧，

让你的小钹发出响声。

抖动你的肚腹，张开你的两片镜子。

农夫在挥舞镰刀，

镰刀上下翻飞，

镰刀的寒光闪耀在棕色的麦穗上。

磨刀石上浇了水，用草擦拭过，

小水罐在农夫臀部晃动。

磨刀石在凉爽处的木箱里，

不停给它浇水湿润，

农夫在烈日的炙烤中喘着粗气，

感觉骨髓都会沸腾。

蝉，你自有一种解渴的方法：

秘密就在树皮里，

树枝嫩而多汁，

你用喙里的针刺入树枝，钻了一口井。

糖浆从细细的吸管中被抽上来。

你尽情吸吮着流淌的蜜汁，

大口大口享受着甘甜。

但总是不太平！小偷来了，

邻居们，强盗们看到你挖井。

它们口渴难耐，痛苦地来了，

想从你手里分一杯。

当心它们，我的小可爱，

这些腹中空空的人，

一开始卑躬屈膝，

转瞬就变得卑鄙无耻。

它们起初只乞求沾湿嘴唇；

然后就不满足于吃你的残羹冷炙，

它们抬起头来，想要霸占所有。

它们会如愿以偿的。

它们的爪子像耙子挠你的翼尖。

它们在你宽阔的脊背上，不停爬上爬下，

它们抓住你的喙，拉你的触须，扯你的脚趾。

它们这里拉拉，那里挠挠。

让你恼火又难受。

呲呲！你朝它们喷出一泡尿，

然后离开了树枝。

你远离那些偷你井的无赖，

它们犹自狂笑，开心不已，

舔着它们那沾满蜜汁的嘴唇。

在这些打劫的强盗中，最顽强的是蚂蚁。

苍蝇、大胡蜂、胡蜂，鳃角金龟，

各种各样游手好闲的无赖，

太阳把它们赶到你的井里来，

只有蚂蚁固执地要把你赶走。

按压你的脚趾，挠你的脸，

捏你的鼻子，在你肚子的阴影下跑来跑去，

真的没有人能比得上它。

这个无耻之徒用你的爪子当梯子，

竟然胆大包天地爬上你的翅膀；

在那上面走来走去，傲慢无礼，爬上爬下。

二

现在讲一个不可信的事。

从前，古人们这样告诉我们，

这是一个冬天，你饥饿难忍，低垂着头，

你偷偷地去看，

在地下储存了丰富食物的蚂蚁。

不愁吃喝的蚂蚁在阳光下晒麦子，

准备把它们储藏进地窖里，

因为它的麦子被夜晚的露水打湿发霉了。

麦子晒干准备好，

就会装进袋子里。

然后你出现了，

两眼饱含泪水。

你央求它说："天气很冷。

寒风把我吹得无处可躲，

我快要饿死了。

你有这么多麦子，

让我拿一些充饥吧。

甜瓜成熟的时候，

我定会如数奉还。"

"借给我一些麦子。"

但是你走吧，

如果你认为它会听你的话，

你就错了。

虽然有大袋麦子，但你什么也得不到。

"往前走，去刮桶底吧；

你夏天只知道唱歌,

冬天就等着饿死吧!"

古老的寓言是这样说的,

这是劝我们都做守财奴,

那些有钱的人,乐于捂紧他们的钱包……

让这些傻瓜尝尝饿肚子的痛苦吧!

当寓言作者给我说,

冬天你要去寻找苍蝇、蠕虫、麦粒,

但你从不吃这些东西的,

麦粒!你要麦粒做什么!

你有你的蜜汁喷泉,除此之外,你别无所求。

冬天对你来说无关紧要!

你的家人都躲在地下睡觉,

而你将长眠不醒。

你的尸体从树上掉下来摔碎了。

有一天,蚂蚁在窥探时看到了它。

从你那干瘪的皮肤上,可恶的蚂蚁正在争夺;

它把你的胸膛掏空,把你撕成碎片,

它把你储存起来腌制,

在冬天下雪的时候,这是它们的美味食物。

三

这是一个真实的故事，

与寓言相去甚远。

你有什么想法，该死！

啊，专捡便宜的人，

手指带钩，肚子鼓鼓囊囊，

他们带着保险箱统治世界。

你这个无赖，还散布谣言，

说艺术家从来不工作，

蠢货就活该受苦。

那就闭嘴吧。

当蝉在树皮上钻孔找蜜汁的时候，

你们偷喝它的饮料，

当蝉死了的时候，

它又成了你们的食物。

　　我的朋友用他极富有表现力的普罗旺斯方言，为被寓言家毁谤的蝉平了反。

蝉出地洞

在雷奥米尔①之后再讲蝉的故事就没有意义了，如果徒弟知道得没有师傅多的话。这位伟大的历史学家从我所在的地区收集他的研究材料；他正在处理我用马车运来的标本，这些标本保存在三六烧酒中。相反，我生活在蝉的陪伴下。七月来临时，蝉占领了荒石园的围墙以内，一直到我房屋的门槛前。我隐居的荒石园现在是属于两个人的财产。我仍然是房屋内部的主人；但在房屋外面，是它的天下，一刻不停地歌唱，震耳欲聋。我们之间的关系如此亲密，天天见面，我因此得到了一些雷奥米尔无法想象的细节。

到了夏至，第一批蝉出现了。在我经常走的被太阳烧焦的小径上，泥土由于行人踩踏已经变硬，地面上出现了一些圆形孔洞，与地面平齐，大小正好可以放入一根拇指。这些是蝉的幼虫从地底深处爬出地面变成蝉的出口。你可以在任何地方看到它们，当然被农具耕作搅动的土地除外。它们通常的位置是在最温暖和最干燥的地方，特别是在路边。蝉的幼虫配备强大的工

---

① 雷奥米尔（1683—1756），法国化学家、物理学家、博物学家和历史学家。

具，可以穿过凝灰岩和干黏土，它们喜欢在最坚硬的泥土中打洞出来。

花园中的一条小径，因为一堵朝南的墙反射了阳光，明亮炎热得如同到了塞内加尔，这里的地面到处都是蝉的出洞口。六月的最后几天，我在检查这些最近被废弃的竖井。地面太瓷实了，我需要用镐才能挖得动。

这些出洞口是圆的，直径差不多两厘米半。在这些孔口周围，绝对没有废土，也没有泥土堆在地面上形成的土丘。事实很清楚：蝉的出洞口顶部从来没有废土，不像粪金龟和其他勤劳的挖掘者的地洞口堆出一个土丘。蝉和它们的工作步骤不同，造成了这种差异。食粪虫从地面向地下打洞，它从竖井口开始挖掘，这样它就可以把挖掘出来的废土收集起来，堆积在地表。而蝉的幼虫则相反，是由地下往地面挖掘，最后，它打开了出洞口的门，出洞口的门只有在挖掘工作结束时才打开，打开这道门就没有浮土可以清理了。食粪虫是挖土进洞，在房屋门口堆起了一个土丘；蝉的幼虫是从洞里出来，就不能在洞口上面堆浮土了。

蝉的地洞深度约四分米，是圆柱形的，根据地形的关系略有弯曲，基本上保持垂直方向，这样幼虫爬出地面的路程最近。洞的上下完全贯通。想在洞里寻找挖掘时产生的碎土块是徒劳的，你在任何地方都找不到废土。这条地洞的尽头是死胡同，有一个稍微宽敞的小房间。这个房间的四壁非常平整，没有任何迹象与其他的竖井延伸的通道相连。

根据地洞的深度和直径，挖掘工作需要挖出的土体积约200

立方厘米。那么这些挖出来的土都到哪儿去了？在非常干燥易碎的土中挖洞，井和井底的四壁应该是粉状的，如果除了钻孔之外没有做其他工作的话，这些地方就很容易塌方。恰恰相反，我很惊讶地发现四壁被涂上了一层泥浆。它们不是完全光滑的，非常粗糙，但粗糙的内壁被一层涂层盖住了，这些容易松动的内壁被凝集剂浸润固定住不再掉下来。

　　幼虫可以在地洞里上上下下，爬到地表附近，再回到它在地底下的房间，它的爪子不会将地洞四壁的泥土带下来，否则墙上的泥土滑下来会堵塞地洞，想向上攀登就变得困难，想向下回到房间也变得不可能。矿工用木桩和横杆来支撑巷道的四壁，防止垮塌，地铁的建造者用砖石修砌隧道，蝉的幼虫是同样精明的工程师，它用泥浆涂抹地洞的四壁，地洞尽管使用的时间很长，但一直都不会塌方堵塞。

　　如果我碰巧在蝉的幼虫冒出地面的那一刻惊动了它，它本来是想在附近找一根树枝蜕化成成虫的，我看到它小心翼翼地撤退进了地洞，然后毫不费力地回到它在地洞尽头的家。这就证明，即使在地洞即将被抛弃的时候，房子里也没有杂乱无章地堆满废土。

　　上到地面的通道不是为了要迫不及待地晒到太阳而匆忙建造的工程。这是一个真正的庄园，一个幼虫必须长时间居住的地方。用泥浆刷墙也表明了这一点。

　　对于一个一旦打开大门就会被抛弃的出洞口来说，这种预防塌方的措施是没有必要的。毫无疑问，地洞里有一个气象观测站，蝉可以在那里了解外面的天气。

蝉的幼虫已经生长成熟，可以出洞了，但它在地下我们两臂合围的长度或更深的地方，很难判断气候条件是否良好。地下的气候变化太慢，无法为它提供生命中最重要的行为——到太阳下进行蜕变——所需要的精确气象条件。

几个星期，也许几个月，它耐心地挖掘、清理、加固这个垂直的地洞，在通到地表的地方留出一根手指厚度的土层，以便与外界隔绝。在地洞最深处，它费尽心力修建了比其他地方更加舒适的房间。这是它的隐居之处和等候室，如果它收到的信息是建议它推迟出洞，它就会一直在那里休息。它一旦发现天气晴朗的迹象，就会沿着地洞爬上去，通过盖在出洞口的少量泥土探查外面的情况，感受外面的温度和湿度。

如果气候条件不合它的心意，如果有狂风暴雨，对蝉蜕皮后柔弱的身体有死亡的威胁，蝉的幼虫又谨慎地回到地洞底部，继续耐心等待。相反，如果天气条件有利，幼虫就动几下爪子把天花板刨下来，它就从井里出来了。

一切似乎都证实了这一点：蝉的地洞是一个等候室，一个气象站，幼虫在那里停留很长一段时间，有时爬到地表附近探查外面的天气，有时爬到地洞底下隐居起来。这就解释了为什么蝉要在地洞深处建一个舒适的休息室，以及为什么必须要在它不停来去的地洞四壁抹上涂层。

有一点让人费解的是，挖掘洞穴产生的浮土为什么完全消失了？挖这样一个竖井平均产生两百立方厘米的浮土到哪里去了？

在地洞外面没有一点浮土，地洞里面也没有。而且，在像炉灰一样干燥的土层里，它是怎么获得涂满墙壁的泥浆的呢？

啃食木头的昆虫幼虫，如天牛和吉丁，好像能够回答第一个问题。它们在树干上钻洞，它们边挖隧道，边吃挖出来的木屑。这些木屑被幼虫的上颚挖出来，再一点点吃掉，最后消化。木屑从挖掘者身体的一端穿过，到达另一端，被吸收了微薄的营养之后就排出体外了，然后向幼虫的身后堆积，完全阻碍了幼虫身后的道路，它不能再返回了。上颚和胃经过这场极端的消化活动，能使被消化后排泄的木屑比没被啃咬的木头更紧实，因此，在幼虫挖掘的洞前方有一个空隙，一个幼虫进行挖掘工作的小屋，这个小屋的长度非常短，刚好足以让被囚禁的幼虫活动。

蝉的幼虫是不是也用类似的方法钻出它的地洞呢？当然，蝉的幼虫挖掘的浮土不会被它吃掉，即使是最柔软的腐殖质土壤，也绝对不会作为蝉的幼虫的食物。但最后，被挖掉的泥土不是也会随着工作的进行而被丢弃在身后吗？

蝉在地下待了四年。当然，它漫长的一生并不全生活在我们刚才描述的地洞底部，为离开做准备的小屋里。幼虫来自别处，可能来自相当远的地方。它是一个流浪汉，它用吸管插入一个树根，之后又到另一个树根。当它到处搬家时，要么是为了躲避冬天上层土壤的严寒，要么是为了在一个更适宜的地方安顿下来，它用像镐一样的上颚把挖掘出的废土往后抛洒，开辟自己的道路。这种方法是不容置疑的。

就像天牛和吉丁的幼虫一样，它在挖掘地洞时只需要周围有一点劳动所需要的空间就够了。潮湿而柔软、容易挤压的土壤对它来说就像天牛和吉丁的幼虫消化过的木屑粥。这些土壤可以轻易地压缩堆积起来，给蝉的幼虫留下活动空间。

困难来自另一个方面，出洞口的竖井周围的土质非常干燥，如果保持土质的干燥，就不可能压缩堆积土壤。幼虫在刚开始挖掘地洞时，有可能把一些挖掘出来的废土倒进了一个现在已经消失的地洞里。尽管目前观察到的情况还没有证实这一点，但如果考虑到竖井的容量和为如此多的废土找到堆放空间的极端困难，你就会产生怀疑，你可能会想："这些废土需要一个宽敞的空地堆放，而空地本身是通过挖掘其他土壤而获得的，这些废土同样难以找到地方存放。要腾出一个空间需要另一个空间，而开采另一个空间的土地又需要再找地方堆放。"因此，我们陷入了一个恶性循环，仅靠向后抛撒废土的沉降不足以解释地洞里怎么会留下如此大的空间。为了不让多余的废土堵塞地洞，蝉必须有一种特殊的方法。让我们试着揭露它的秘密。

让我们观察一只幼虫从地上出来的那一刻。它身上总是或多或少地沾着泥土，有时是湿润的泥浆，有时是干燥的。它的挖掘工具——前腿的尖刺上有泥块，其他腿就像戴着泥做的手套，背部也沾满了泥浆。它看起来像个下水道工人刚疏通完淤泥管道。这样满身污泥让人十分惊讶，因为蝉的幼虫是从非常干燥的土壤中爬出来的。我们以为它身上会有粉尘，但我们发现它满身污泥。

沿着这个方向再往深处研究，竖井的秘密就揭开了。当一只幼虫正在往出洞口挖掘时，我挖出了它。我能揭示这个秘密多亏了它正在进行挖掘，因为在地表外面是没有任何迹象能让我发现它在地洞里的劳作。

我很幸运，我发现它时，它正刚开始挖掘。地洞有一根手指长，中间没有任何废土，地洞尽头是休息室，这是它目前的全部工作成果。那么矿工现在是什么样的？请接着往下看。

幼虫的颜色比我在它们出地洞时看到的要浅得多。眼睛非常大，特别的是眼睛呈现出浑浊的白色，显然它看不见东西。视力在地底下有什么用？

相反，钻出地面的幼虫的眼睛是黑色的，闪着光亮，表明它有视力。未来的蝉有时需要离开出洞口走很远的路，在阳光下寻找一根可以挂在上面蜕皮的树枝；在这种情况下，它的视力显然是有用的。幼虫在为爬出地面而准备的过程中，视力也逐渐成熟，足以向我们表明，它并没有匆忙地即兴地挖掘通往地面的竖井，反而是在地洞里待了很长的时间。

此外，这只苍白而盲目的幼虫比成熟状态下的幼虫更大。它体内充满液体，好像它有水肿。我用手指把它捏起来，它的尾部流出一股清澈的液体，液体渗出到了背部，湿润了整个身体。这种液体从肠道排出，是尿液一样的排泄物吗？或者仅仅是只吃树汁的胃消化后的残留液体？我也不能确定，为了说起来方便，我们权且叫它"尿"吧。

好吧，这个尿泉就是谜底。随着幼虫向前挖掘，它用尿打湿粉尘状的废土，并将废土变成泥浆，再立即通过腹部的压力将泥浆涂抹在四周的墙壁上。在干燥的土层上，拌上有可塑性的泥浆。泥浆浸入粗糙土壤的空隙中，水分较多的泥浆先渗入，其余的被幼虫不断压缩，填补空隙。这样一个自由来去的通道就建好了，没有任何废土，因为粉尘状的废土搅拌成了建筑工地上的泥浆，比幼虫穿过的干燥土层更加紧密，也更均匀。

所以幼虫在泥浆中工作，这就是为什么你看到它从极度干燥的土壤中出来时，却惊人地浑身污泥。这只完美的昆虫，虽然现在已经摆脱了一切矿工的苦差事，但并没有完全放弃它的尿袋；遗留下来的尿被保存起来作为防御武器。如果我们靠得太近去观察它，它就会向不速之客射出一泡尿，然后突然飞走。尽管蝉性喜干燥，但这两种形态的蝉都是杰出的灌溉者。

虽然幼虫体内充满液体，但它也没有足够的液体用来润湿废土，将废土变成易于压缩的泥浆，因为它必须在地洞中挖空很长一段距离。蓄水池耗尽了，就必须重新蓄水。在哪里找水，怎么才能蓄上水？我想我隐约知道答案。

我小心翼翼地挖开了几个蝉的幼虫的地洞，当整个地洞都挖出来之后，我在地洞的深处发现了镶嵌在墙壁上的一根生命力旺盛的树根，有的有铅笔那么粗，有的有吸管那么粗。露在墙壁上的树根只有很小一部分，大约几毫米，其余的部分都扎进了周围的泥土里。这种汁液泉是幼虫偶然遇到的吗？还是幼虫特别搜寻的呢？我倾向于第二种选择，因为每次我挖开一个蝉的地洞的时候都能发现一根树根。

情况就是这样。蝉的幼虫在挖掘住所安家时，也就是未来的地洞的开端，它会在附近的泥土里寻找一根细小的新长出的树根，将树根露出一部分，但又不会突出于墙壁。我想墙上的这个生机勃勃的树根就是幼虫的水源，在需要的时候，尿袋的供应在那里得到补充。当它体内储存的水分因为要把干涸的尘土变成泥浆而面临干涸时，矿工就往下走回到它的休息室，把吸管插在树根上，用嵌在墙上的水桶把自己灌得圆圆滚滚。肚皮装满水之后，它再爬上来，重新开始工作，把硬土打湿，用爪子拍打，把废土变成泥浆，压实在它周围的墙上，让地洞畅通无阻。

事情应该就是这样。虽然没有直接观察到这个过程，因为没有办法去地洞观察，但通过逻辑和环境证明了这一点。如果没有这个树根作为水桶，而幼虫体内的蓄水池耗尽了会发生什么？下面的实验会告诉我们：我把一只刚从出洞口爬上来的幼虫抓住了。我把它放在一个试管的底部，用蓬松的干燥土壤盖住它。土层有一分米半高。幼虫刚刚离开的地洞有试管的三倍长，虽然土质和试管中相同，但挖掘地洞要费力得多。现在幼虫被埋在这截短短的尘土柱子下面，它能钻出地面吗？如果它有足够的力量，结果是肯定的。对于一个刚刚在坚硬的土地里开了洞的幼虫来说，不够牢固的障碍又算什么呢？

然而，我很怀疑。当幼虫为了打破隔断地洞和外界的最后一处屏障的时候，它用光了它储备的所有尿液。现在蓄水池干涸了，没有活的树根就没有办法补充水池。我怀疑它会失败是有根据的。事实上，有三天的时间，我看到埋在试管里的幼虫在努力挖掘中筋疲力尽，它甚至没能爬上一个指头的距离。被挖出来的废土，由于没有黏合剂而无法被涂抹在适当的位置，它一边挖掘，废土就会一边掉落回到脚下。它一直在做无用功，总是从头挖起。到了第四天，幼虫就死了。

如果幼虫体内充满汁液，结果就完全不同了，我让一只正要蜕皮的幼虫接受同样的考验。它尿袋鼓鼓囊囊的，尿液渗出并湿润了它的身体。对它来说，爬出来很容易。这些松散的干土几乎没有阻力。矿工靠尿袋提供的一点水分将干土变成泥浆，再把泥浆抹开压实。地洞开始挖掘了，但这个地洞确实非常不规则，而且随着幼虫的攀登进程，它身后的地洞也几乎被泥土填满了。这只幼虫似乎知道它不可能补充它的尿袋，因此尽量节省使用，只用了它所需要的水分，以便尽快离开这个完全陌生的环境。它对水分的使用精打细算，大约十多天后，幼虫终于钻出地面。

螳螂捕食

　　法国南方有一种昆虫，人们对它的兴趣不亚于对蝉的兴趣，但它的名气却小得多，因为它不会唱歌。如果上天赐给它像钹一样的嗓音，这是受欢迎的首要条件，它定会使那位著名的歌手黯然失色，因为它的身材和习性都是如此奇特。这里的人们称它为"向上帝祈祷的昆虫"。它的正式名称是螳螂，科学术语和农民朴实的词汇在这里达到一致，他们都认为这个奇怪的昆虫像一个传达神谕的女预言家，一个神秘的苦修女。这种比喻由来已久。古希腊人就已经称这种昆虫为"占卜者""先知"。农民们做类似的比喻一点都不难，他们擅长在一些模糊不清的表象上添油加醋。他看见一只风度翩翩的昆虫在被太阳晒得干枯的草地上，威严地挺直了上半身。他们注意到它宽大而薄透的绿色翅膀，仿佛戴着长长的亚麻布头巾一样飘逸；他们看到它的前腿，他们以为那是手臂，用祈祷的姿势举向天空。不需要更多了，其他的都靠大家的想象，就这样，自古以来，灌木丛里挤满了传达神谕的女预言家和祈祷的修女。

　　你们这些天真善良的好人啊，你们犯了一个多大的错误啊！这些向天祈祷的姿态掩盖了它残忍的习性。这些祈求的手臂是可怕的攻击武器：它们不数念珠，而是消灭任何经过它面前的昆虫。人们没有想到螳螂是植食性的直翅目昆虫中的一个例外，它只吃活的猎物。它是和平的昆虫群落里的老虎，是埋伏着摄取鲜肉的恶魔。试想它这样强健有力，贪得无厌，再加上它完美的令人胆寒的捕杀技巧，使它成了乡村的霸主。"向上帝祈祷的昆虫"变成了凶残的恶魔。

如果我们不去管螳螂置人于死地的工具，它其实没什么值得我们担心害怕的。它甚至可以说是不乏优雅，它那纤细的腰肢，雅致的上衣，体色柔绿，像长纱一样的翅膀。它没有像剪刀张开似的凶猛的上颚，相反，只有一个小而尖的嘴巴，似乎是用来啄食的。多亏了从胸部长出来的灵活颈部，头部可以旋转，使它能左顾右盼，俯视和仰视。在昆虫中，只有螳螂能如此调整目光；它观察，它检视；它的脸上好像还有表情。

它的整个身体平和安详，和被描述为凶残的致命机器的前腿之间形成了巨大的反差。它的腰不同寻常的长而有力，作用是把捕猎工具扔到身体前面，而不是等待猎物自己送上门，它是主动出击的。它身上的装饰美化了捕猎工具。在身体内侧，腰肢底部有一个美丽的黑色斑点，上面有白色的圆点；边上镶嵌几排精美的珍珠似的装饰。

它的大腿更长，像一个扁平的纺锤，在前半段的下边缘，有两排锋利的刺。内排共有十二个长短相间的刺，长的黑色，短的绿色。这种长短不同的刺交替增加了啮合点，提高了武器的威力。外排更简单，只有四个齿刺。最后三个刺，是其中最长的，在双行刺的末端。

简而言之，大腿是一把锯子，有两组平行的刀片，两组刀片之间有一个沟槽，小腿折叠起来可以放入其间。

小腿与大腿有关节相连，非常灵活，小腿也是一把双排刃口的锯子，比大腿的锯子更小，更密，刺更多。它的末端有一根特别坚硬的尖刺，尖刺的锋利程度可以与最好的钢针相媲美，尖刺下侧有小槽，如同一把双刃刀或一把截枝刀。这个利刃是一种非常完美的刺穿撕裂的工具，给我留下了深刻的回忆。有多少次，在我捕捉螳螂的时候，我都被我刚抓到的螳螂钩伤了，我两只手都不自由，不得不求助于别人的帮助，才把自己从顽强的俘虏手中解救出来！谁不想把扎入肉中的尖刺拔出来之后再离开，如果通过暴力拉扯来摆脱螳螂，就会留下像被玫瑰花刺扎伤一样的划痕。我捕捉的昆虫没有比这更难处理的了。它用尖刺钩你，用尖刀划你，用老虎钳夹你，让你没有还手之力，只要你想让你的猎物活着，你就得受点罪，否则你只能用手指捏死螳螂来结束战斗。

在休息时，螳螂的捕猎工具弯曲并直立在胸前，看起来安静平和。好像昆虫在祈祷。但当猎物经过它眼前时，祈祷就突然结束，螳螂原形毕露。捕猎工具的三个长部件突然展开，甩出末端抓钩，钩住猎物之后，向后拉动，塞在两把锯子之间。

老虎钳类似于大臂和小臂的合拢，只是一夹，一切都结束了：蝗虫、蚱蜢和其他更强大的昆虫，一旦被四排尖刺夹住，就不可能逃命。无论是它们绝望的颤抖，还是它们乱踢乱抓，可怕的捕猎工具只会越夹越紧。

对螳螂的持续观察研究需要在实验室里，在自由来去的田野里是行不通的。这并不困难：螳螂并不关心是不是被关在钟形罩里，只要它有吃有喝就行。我给它精心选择食物，每天更新食谱，远离灌木丛生活的遗憾并没有困扰它。

我有十几个大的金属钟形罩作为笼子，罩住我的俘虏，这些钟形罩和用来保护餐桌上的美食避免苍蝇的垂涎所用的罩子是一样的。每一个钟形罩都罩住一个装满沙子的罐子。里面有一丛干百里香，一块以后可以用来产卵的平整石板，构成了螳螂的所有家具。这些小屋被安置在我的动物实验室的大桌子上，太阳一天中的大部分时间都能晒到它们。我把我的俘虏放进里面，有的单独一间屋，有的成群结队地群居。

八月的下半月，我开始在路边枯萎的草地和灌木丛遇到成年的螳螂。雌性螳螂的肚子已经很大了，而且越来越多。相反，它们瘦小的伴侣却相当罕见，我有时很难给我的雌性螳螂完成配对，因为在钟形罩里，这些瘦小的雄性被悲惨地吃掉了。让我们把这些暴行留到以后再说，先谈谈雌性螳螂。

雌性螳螂的胃口很大，需要持续喂养几个月的时间，寻找食物就会比较困难。食物几乎每天都要更新，大部分食物都被它们浪费了，它们只浅尝几口就不吃了。我想，螳螂在它出生的灌木丛上吃食物会比较节俭的。由于猎物数量不多，它会将捕获的食物充分吃完；在我的钟形罩里，它们挥霍无度。通常，在吃了几口之后，它们就丢弃了，放弃了营养丰富的部分，而没有享受到美食的所有好处。看来，我以为它们不会因被囚禁而烦恼是错误的。

为了应付这奢侈的餐桌，我不得不求助于帮手。附近有两三个无所事事的小孩子，为了从我这里赢得面包片和一片甜瓜，每天早晚都到附近的草坪上放置芦苇做的箱子，那里面堆满了活蹦乱跳的蝗虫和蚱蜢。而我呢，手里拿着网，每天都在围墙周围徘徊，想给我的房客们挑些美味的猎物。

这些精挑细选的食物，是我打算测试我的螳螂有多大胆量和力气有多大的。其中包括大灰蝗虫，其体积超过了食用它的螳螂的个头；白额螽斯，有强壮的上颚做武器，捉它的时候必须小心手指；奇怪的蚱蜢，头上戴着金字塔状的冠冕；葡萄藤距螽，敲着它的钹，在大腹便便的肚子上还有一把大刀。除了这一系列难以食用的猎物之外，还有两种可怕的蜘蛛，这两种都是这个国家最大的蜘蛛：一种是圆网蛛，它的腹部像一个边缘饰有花彩的圆盘，有20苏①硬币那么大；另一种是冠冕圆网蛛，面目狰狞，毛茸茸的，大腹便便。

当我看到螳螂在钟形罩下勇敢地与任何出现的猎物搏斗时，我毫不怀疑螳螂在大自然中也会如此勇猛地攻击这样的对手。它在灌木丛中守望，一定会大快朵颐偶然遇到的肥美食物，就像它在铁丝网下享受我慷慨奉上的美味一样。它对这些充满危险的大猎物的捕杀绝不是即兴的，它们一定是习以为常了。然而，据我

---

① 法国货币名，1法郎等于20苏。现已不用。

208

观察，在大自然中它们捕猎这种大型猎物的机会似乎很少，也许是螳螂的遗憾。

各种各样的蝗虫、蝴蝶、蜻蜓、大苍蝇、蜜蜂和其他中等大小的猎物，这些昆虫都是螳螂经常能抓到手的猎物。总之，在我的钟形罩里，这位勇敢的女猎手遇到任何猎物也不退缩。灰蝗虫和螽斯，圆网蛛和蚱蜢，迟早会被螳螂的弯刀钩住，再被它夹在两把锯子中间，吃得津津有味。这个情景值得描述一番。

螳螂一看到钟形罩上那只大蝗虫不知所措地向它靠近，立刻就痉挛似的一颤，突然摆出了一个可怕的姿势。电流击打它也不会产生这么快的作用。过渡非常突然，它的肢体语言如此具有威胁性，以至于这位新来的猎物立即犹豫不决，缩回手来，担心着未知的危险。如果我当时心不在焉，即使我这样一个见怪不怪的人，突然看到了也难免会吓一大跳。仿佛在你面前的一个盒子里突然被弹簧弹出来一个小恶魔，完全出乎意料。

鞘翅张开，向侧面倾斜，翅膀完全打开，就像两张平行的帆，在背部竖起一个巨大的鸡冠，腹部的末端卷曲在臀部，向上翘，然后放下来，放松，伴随着一阵急促的呼吸突然摇晃起身体，发出"噗噗"的声音！"噗噗！"让人想起火鸡开屏时发出的声音。听起来又像是一条受惊的蛇在吐信子。

这只昆虫稳稳地昂首立在四条后腿上，它长长的捕猎工具几乎垂直举起。这两条捕猎的腿起初是弯曲的，紧贴在胸前，然后张开，呈十字形，露出两侧腋窝里装饰的一排排珍珠和两个中心带白圆点的黑点。这像两只眼睛，大致模仿了孔雀尾羽上的眼睛，连同象牙质的细细的凹痕，是战斗的法宝，平时是秘藏着的。它只有在战斗中为了虚张声势，为了表现得盛气凌人的时候才会拿出来。

螳螂以这种奇怪的姿势一动不动地注视着蝗虫，一直盯着蝗虫的方向，它的头随着蝗虫的移动左右转动。这种架势的目的是显而易见的：螳螂想要恐吓强大的对手，使其因恐惧而瘫痪，而这个对手如果没有被吓坏的话，那就太危险了。

螳螂能做到吗？在螽斯光滑的头骨下，在蝗虫的长脸后面，没有人知道发生了什么。在它们无动于衷的面具上，我们看不到它们表达出任何情感。然而，可以肯定的是，受威胁的人知道危险。它看见一个怪物站在它面前，弯刀举在空中，准备进攻，它觉得自己在面对死亡，时间还来得及，但它没有逃跑。它擅长跳跃，一跃而起远离那双夺命飞刀对它来说轻而易举，但它却愚蠢地愣在原地，甚至慢慢靠得更近。

据说，小鸟被蛇张开的嘴巴吓得瘫痪，看到蛇的凶狠目光就被吓得目瞪口呆，只能任由自己被抓住，没有办法飞起来。蝗虫也经常处于差不多的状态。

现在，它在女猎人触手可及的范围内。螳螂的两只弯刀都砍下来了，爪子抓紧，双锯合上，紧紧地夹住猎物。不幸的蝗虫在徒劳地挣扎：它的上颚什么也咬不到，它绝望地对着空气拳打脚踢。这一切该结束了。螳螂折叠好翅膀，那是它的战旗；它恢复了平常的姿势，开始吃饭。

在攻击蚱蜢和距螽这两种比灰蝗虫和螽斯危险小的猎物时，

螳螂摆出的恶魔姿势没有那么吓人，持续时间也比较短。通常把弯刀抛出去就解决了。它们对付蜘蛛也很有办法，只需要把蜘蛛拦腰抱住，就不用担心被蜘蛛的毒钩袭击了。螳螂很少用它的恐吓手段来对付那些弱小的蝗虫，这些蝗虫是我经常放进钟形罩下的，就像螳螂在大自然中随处可以碰到的一样，它抓住这些触手可及的冒失鬼简直易如反掌。

如果要抓捕的猎物拼死抵抗时，螳螂就会摆出一种威慑的姿势来吓唬猎物，使猎物瘫痪，再使出弯刀稳、准、狠地钩住对方。随后，它的狼夹子把这个呆若木鸡、无力防御的受害者紧紧夹住。它就是用一种突如其来的恶魔姿态使它的猎物被震住而原地不动的。

翅膀在这个奇特的姿势中扮演了重要角色。它们非常大，外缘绿色，其余部分无色透明。翅膀布满翅脉，呈扇形辐射，沿长边的方向贯穿整个翅膀。而另一些更纤细的翅脉是横向延伸的，与前一种交叉成直角，并共同形成了大量的网格。

在螳螂摆出恶魔姿态时，两个翅膀展开伸直，形成几乎相互接触的两个平行的平面，就像停下来休息的蝴蝶翅膀一样。在两个翅膀中间，腹部卷曲的末端突然地运动。腹部与翅脉网的摩擦产生了一种呼吸声，我把它比作蛇在防御姿势下吐信子的声音。要模仿这种奇怪的声音，只需将指甲尖快速地划过展开翅膀的正面。

翅膀对雄性螳螂来说非常重要，它们是瘦小的侏儒，从一片灌木丛飞到另一片灌木丛，为了交尾而到处游荡。它们的翅膀已经发育得足够宽大，飞起来最大距离足足有我们四五步远。这个小家伙吃得不多。在我的钟形罩里，我很少用一只瘦小的蝗虫给它惊喜，我总是给它一些微不足道的猎物，最没有攻击性的猎物。也就是说，它不知道怎么摆恶魔的姿势，这对它来说毫无用处，它是一个没有野心的猎人。

相反，对于雌螳螂来说，翅膀的作用令人费解，因为雌螳螂肚子里的卵成熟时，它的体态肥硕。它可以攀爬，可以奔跑，但它从来不飞，因为身体太沉了。那么翅膀有什么用呢？难道它的翅膀不够大吗？

如果考虑到螳螂的近邻欧洲跳螳，这个问题变得有点儿紧迫。雄性欧洲跳螳有翅膀，甚至飞得相当快。雌性欧洲跳螳受肚子里满满的卵拖累，翅膀发育不全，像奥弗涅和萨瓦的奶酪制造工一样穿着短燕尾外套。对于那些不能离开干草皮和碎石堆的欧洲跳螳来说，这套短外套比华而不实的薄纱荷叶边衣服更合身。欧洲跳螳只保留了一点儿笨重翅膀的残留是正确的。

而留着大翅膀，但是不能飞行的螳螂，是不是就错了？一点儿也不。因为螳螂捕食大型猎物。有时，在它面前会出现一个危险的家伙，需要它去降伏。直接攻击可能是致命的。最好先恐吓外来者，让它吓得魂不附体，无招架之力。为此，它突然展开了翅膀，扮演起幽灵。不适合飞行的巨大翅膀是它狩猎的工具。这种策略对小个子欧洲跳螳来说完全没有必要，因为它捕捉弱小的猎物，如小蝇和刚孵化的蝗虫。它们俩习性相似，都因为身体肥胖而不能飞行，两个女猎手的服装都与它们各自伏击猎物的难度相匹配。第一个是勇猛的亚马逊女战士，展开它的翅膀，那是威风的军旗；第二个是低调的捕鸟者，翅膀退化成了短燕尾服。螳螂几天没吃东西了，饥肠辘辘，个头和它差不多，甚至还比它大的灰蝗虫，能被螳螂完全吃掉，除了干硬的翅膀。要吞掉体积这么大的猎物，两个小时就够了。这样的狂欢很少见。我在旁边观察过一两次，总是在想这只贪婪的昆虫是怎么找到地方存下这么多食物的，以及要装的东西比容器大的道理是如何被它颠覆的。我佩服它的胃有这么高超的特性，食物只是通过胃，就立即被消化、溶解、排泄。

在我的钟形罩里，通常的食谱是大小和种类各不相同的蝗虫。观察螳螂啃食蝗虫还算有趣，蝗虫被螳螂的两个捕猎的钳子夹着，尽管螳螂的小嘴尖利，似乎不适合大吃大喝，但很快蝗虫整个就消失了，除了翅膀，就连翅根部的一点肉质都被啃食得干干净净。蝗虫的爪子、坚韧的外皮，所有的一切都被吃得精光。有时，螳螂用两只钳子抓住蝗虫的一条后大腿，送到嘴边慢慢品尝，脸上带着一丝满足的神情咀嚼着。蝗虫肥美的大腿对它来说是上等的好肉，就像我们拿着一只羊腿一样。

螳螂从猎物的颈部开始下口。它的一只前爪抓住被弯刀刺伤的猎物的身体中部，另一只前爪按压猎物的头部，使颈部裂开一道口子。在这道裸露出来的没有外壳保护的位置上，螳螂的尖嘴不停地啃咬和咀嚼。颈部伤口越开越大。垂死挣扎的蝗虫也变得一动不动，猎物变成了一具静止的尸体。现在，螳螂完全自由了，它可以随意选择它喜欢的部位开吃。

第一口从颈部开始的不只是螳螂。让我们说一句题外话。六月，我经常在围墙边的薰衣草丛中见到两种小型的蟹蛛。一种像穿着白缎子做的衣服，腿上是绿粉相间的环状花纹；另一种体色黝黑，腹部有红色的圆圈，中间有叶状斑点。它们是两种优雅的蜘蛛，像螃蟹一样横着走。它们不知道如何编织一张狩猎网，它们只有少量的丝是专门用来编织卵袋的。因此，它们的战略就是埋伏在花丛中，突然扑向前来采蜜的猎物。

它们最喜欢的猎物是蜜蜂。我不止一次碰到它们捕猎的场景，蜜蜂有时被夹住颈部，有时被抓住身体的任何一个部位，甚至是翅膀的根部。无论如何，蜜蜂已经死了，爪子垂下，舌头吐出来。蜜蜂颈部的毒钩引起了我的注意，我看到了一个惊人的相似点，它们和螳螂的做法相同，螳螂也是从颈部开始吃蝗虫的。接着又出现了一个问题：身体柔软易受伤害的弱小蟹蛛，是怎么能抓住像蜜蜂这么一个比它更强壮、更敏捷和有致命毒刺的猎物呢？

在身体力量和武器的威力方面，猎人和猎物之间的差距是如此悬殊，而且在没有使用蛛网，没有拿一根蛛丝来阻碍和捆绑可怕猎物的情况下，要赢得这场战斗似乎是不可能的。反差是如此之大，就像羊胆敢往狼的喉咙里跳。然而，蟹蛛还是发起了大胆的进攻，胜利属于更弱的人，我在这里待了好几个小时，看到蟹蛛杀死许多蜜蜂就证实了这一点。相对弱的一方应该有一种特殊的本领作为补偿，蟹蛛有一种策略来克服看似不可战胜的困难。

我在薰衣草丛边缘观察蟹蛛捕猎的场面常常是一站大半天，

但却什么都没有看到。我想最好由我自己来为它们准备决斗的地方吧。我把一只蟹蛛和一束薰衣草放在钟形罩里，再往里面滴了几滴蜂蜜，再放进三四只活蜜蜂，就完成了场景搭建。蜜蜂们完全没把可怕的邻居放在眼里。它们在钟形罩的金属网格周围飞来飞去，它们时不时地在有蜜的花朵上喝一杯，有时离蟹蛛很近，只有半厘米远。它们好像完全没有预见危险。

古往今来的教训并没有教会它们怎么面对凶残的屠夫。而蟹蛛则一动不动地站在有蜂蜜的花朵附近的一根花枝上。四条较长的前腿伸展，略微抬起，准备攻击。

一只蜜蜂来喝蜂蜜。是时候了，蟹蛛一下子跳起来，用尖刺扎进了冒失鬼的翅膀根，而它的爪子则笨拙地抱紧了蜜蜂。几秒钟过去了，蜜蜂竭尽全力，背着捕猎者，没有受到毒针的影响。这种肉搏战持续不了太久，蟹蛛的拥抱就会松开。果然，蟹蛛松开了蜜蜂的翅膀，突然一击，正好抓住猎物的颈部。当它把毒钩插进去时，一切都结束了，蜜蜂即刻死亡。蜜蜂像被闪电击中了，它停止了垂死挣扎，只剩下跗节在微弱地颤抖，最后的抽搐也很快就消失了。

蟹蛛总是抓住猎物的颈部，享受的不是完好无损的尸体，而是慢慢吸吮它的鲜血。当颈部吸完之后，蟹蛛再随心所欲地将吸管插进猎物的腹部或胸部。这就是为什么我在户外观察时，发现蟹蛛的毒钩有时扎在猎物的颈部，有时又在蜜蜂身体的另一个部位。第一种情况说明捕猎刚刚完成，凶手保持了它的姿势；第二种情况表明捕猎是昨天的事情了，蟹蛛放弃了吸干了的颈部，而去叮蜜蜂身上另一个血液饱满的部位。

随着猎物的血液逐渐枯竭，小恶魔移动它的毒钩，一会儿扎这儿，一会儿扎那儿，缓慢地吸吮着受害者的鲜血。我看到它的这顿饭连续吃了七个小时，我冒冒失失的检查惊动了它，它才把猎物扔下，逃走了。被遗弃的尸体，对蟹蛛来说就是毫无价值的浮雕，没有被肢解，没有啃咬过的痕迹，也没有明显的伤口。蜜蜂被吸干了血，仅此而已。

我的朋友"公牛"还活着的时候，每次它跟别的狗打架时，喜欢咬对手颈部的皮肤。它的方法是犬类普遍使用的。它先是大声咆哮，嘴大张着，嘴里吐出白色的泡沫，准备跟对手撕咬，最基本的防御措施就是咬住对手的脖子，使它无法动弹。在与蜜蜂的战斗中，蟹蛛的目的不同。它对捕猎有什么好怕的？最害怕的就是蜜蜂的毒刺，那根恐怖的螫针即使是轻轻地一扎，都能使它疼痛难忍。

然而，它对此毫不在意。它只想要用毒钩刺蜜蜂的后颈。在此过程中，它并不打算模仿狗的策略，使蜜蜂的头部不动，顺便说一句，这个过程并不危险。它有更深远的目的，我们看到蜜蜂像被雷击一样的结局。颈部一旦被它刺中，猎物就死了。因为大脑中枢神经受到毒液损害，中毒之后，生命的原始之光立即熄灭了。

这样就避免了一场长时间的战争，持久战肯定对蟹蛛不利。蜜蜂有毒刺且身强力壮，敏捷的蟹蛛对捕猎蜜蜂十分精通。

让我们回到螳螂的话题，它也具有快速致人死亡的本领，小蟹蛛也擅长这种技术，因为它对控制蜜蜂很在行。当螳螂抓住一只健壮的蝗虫，或者一只壮实的螽斯，它应该想要安安静静地饱餐一顿，不受猎物的惊扰，但是猎物是绝对不会束手就擒的。在忙乱中吃饭，只会食不甘味。而且，猎物的主要防御武器是它们的后腿，因为后腿强壮有力，乱踢乱蹦，而且边缘还带有锯齿，如果后腿碰巧蹬到螳螂的大肚子，就会开膛破肚。它们怎样才能像其他昆虫那样使猎物失去战斗力，降低风险，阻止它们在绝望的状态下拼死一搏呢？

将猎物的肢体一个接一个地去掉是可行的，但这需要一段很长的时间，当然也不是没有危险。螳螂有更好的办法，它知道颈部的解剖学奥秘。首先从半张开的颈后部攻击猎物，咬断颈部神经节，切断肌肉能量的主要来源。于是，猎物就停止了挣扎，不是立刻见效，也不是完全静止，因为粗糙的蝗虫不像蜜蜂那么精致和生命力脆弱，而螳螂只要第一口从颈部咬下去就足够了。

很快，拼命挣扎就停止了，所有的动作都没有了，无论多大的猎物，都在波澜不惊中被吃掉了。

以前，我把捕猎的昆虫分为使人瘫痪的和直接致人死亡的，这两种昆虫都对解剖学非常了解，令人吃惊。

今天，让我们在这份昆虫的杀手名单上再加上蟹蛛——它们擅长袭击猎物的颈部——和螳螂，螳螂为了能安静地吞食壮硕的猎物，会先咬掉它的颈部神经节，使它无法动弹。

大孔雀蝶

这是一个值得纪念的夜晚。我叫它"大孔雀蝶之夜"。谁还不知道这种美丽的蝴蝶？它是欧洲最大的蝴蝶，穿着红棕色天鹅绒大衣，打着白色的皮毛领带。翅膀上点缀着灰色和棕色的斑点，有一条苍白的之字形线条穿过，线条边缘是灰白的。翅膀中间有一个圆点，像一只大眼睛，有黑色的瞳孔和五颜六色的虹膜——仿佛彩虹似的闪耀着黑色、白色、栗色和苋菜红色。

同样引人注目的是大孔雀蝶的毛毛虫，体色隐约透出黄色。在每一个体节上，稀稀拉拉地错落镶嵌了绿松石蓝的珠子，珠子顶上有一簇黑色的细毛。它结实的棕色茧，外表很奇特，呈漏斗形，就像渔夫的鱼篓一样，通常贴在老杏树底部的树皮上。这同一棵树的树叶曾滋养了毛毛虫。

在五月六日的早晨，在我实验室的桌子上，一只雌性大孔雀蝶在我面前破茧而出。它浑身还浸透了孵化的湿气，我立刻把它扣在一个金属网钟形罩下。此外，我只是一时兴起就这么做了，还没有计划关于它的具体研究项目。我把它罩在钟形罩里，只是出于观察的习惯，时刻注意可能要发生的事情。

好运降临到我身上了。晚上九点左右，家里人都要上床睡觉时，我听到隔壁房间里有很大的响动。小保罗脱了一半衣服，在房间里跑来跑去，又蹦又跳，把椅子都打翻了，好像发疯似的。我听到他在叫我。"快来啊，"他喊道，"来看看这些蝴蝶，像鸟一样大！房间里到处都是！"

我赶紧跑到隔壁。眼前的景象足以证明孩子的热情和他夸张的表达方式是合理的。这是一次史无前例的巨大蝴蝶的入侵。四个已经被抓住了，关在麻雀笼里。还有很多蝴蝶在天花板上盘旋。

看到这幅场景，我突然想到早上被我关在钟形罩里的雌性大孔雀蝶。"穿上你的衣服，孩子，"我对儿子说，"放下麻雀笼子，跟我来。我带你去看一件稀奇的事。"

我们要下楼去我的实验室，实验室占据了房子的右翼。在厨房里，我遇到了女佣，她也对正在发生的事情感到困惑。她用围裙驱赶着大蝴蝶，起初她还以为它们是蝙蝠。

显然，大孔雀蝶已经占领了我的家，到处都是。在我早上扣住的俘虏那里发生了什么，而造成这么多大孔雀蝶群集于此！幸运的是，实验室的两扇窗户中有一扇是开着的。大孔雀蝶有自由进出的通道。

我们手里拿着蜡烛，走进实验室。我们看到了令人终生难忘的一幕。随着柔和的噼啪声，大孔雀蝶在钟形罩周围飞来飞去，一会儿停在上面，一会儿又飞走，一会儿又回来，一会儿飞上天花板，一会儿飞下天花板。它们扑向蜡烛，翅膀把蜡烛扇灭了。它们落在我们的肩膀上，紧贴在我们的衣服上，摩擦着我们的脸。我们仿佛进了亡灵巫师的老巢，很多蝙蝠在里面盘旋。为了给自己鼓劲，小保罗比平时更用力地握着我的手。

它们有多少只？大约二十只。再加上在厨房、孩子们的房间和家里的其他房间里的，聚集而来的大孔雀蝶总数接近四十只。我说，这是一个值得纪念的夜晚，是大孔雀蝶之夜。它们来自四面八方，我不知道它们是怎么得知消息的，这里确实有四十个情人急切地向今天早晨在我实验室的神秘氛围中诞生的蝴蝶美人致意。

今天，我们就不要再打扰这群求爱者了。蜡烛的火焰损害了这些来客，它们奋不顾身地扑到火焰上，有的被烧伤了。明天我们将用一个预备好的实验问卷重新开始这项研究。

现在，让我们先扫清障碍，我来谈一谈在我观察的八天里，一直不停重复的场景。每次都是在晚上八点到十点之间的黑夜里，大孔雀蝶一只接一只地出现。暴风雨就要来了，天空阴云密布，到处黑黢黢的，在花园的开阔地带，即使远离树冠，也伸手不见五指。

对这些来访者来说，除了一片漆黑之外，还有出入的困难。我的房子藏在高大的梧桐树下，前厅外面是一条密密麻麻长满紫丁香和玫瑰的小路，成片的松树和柏树好似屏风挡住了西北风的侵袭。大门之外几步远还有茂密的灌木丛形成的壁垒。大孔雀蝶必须在黢黑的夜里穿过杂乱无章的树枝，才能到达朝圣的目标。

在这种情况下，猫头鹰都不敢离开它橄榄树上的鸟巢。大孔雀蝶拥有多面的光学眼睛，比那只大眼睛的夜猫子更有天赋，它可以毫不犹豫地向前飞，绕过障碍，也不会撞到任何东西。它迂回曲折地飞行，是如此出色，以至于尽管它越过了很多障碍，也还是在完美的状态下到达目的地，大翅膀完好无损，没有一丝划痕。黑暗中的一点光亮对它来说就足够了。

即使它能感知某些普通的视网膜所不能感应的光线，但这种非凡的视力也不可能是从远处召唤蝴蝶，使它飞奔而来的因素。遥远的距离和其间的遮挡屏障让这种视力无法发挥作用。

此外，除非有误导性的折射，这里不是这种情况，大孔雀蝶就会直奔所看到的东西，因为光的指示非常精确。然而，大孔雀蝶有时也会犯错，不是在大致的方向上，而是在吸引它的物体的确切地点上。我刚才说过，孩子们的房间在我的实验室对面，现在实验室才是访客们的真正目的地，在我们拿着蜡烛闯入之前，就已经被大孔雀蝶占领了。它们中有一些确实收到的情报不够准确。在厨房里，同样也有很多犹疑不定的蝴蝶，但在厨房里有一盏明亮的灯，是夜间活动的昆虫难以抗拒的诱惑，可能聚集而来的蝴蝶也就糊涂了。

让我们只考虑黑暗的地方，在这些地方迷路的蝴蝶也不少见。我在大孔雀蝶需要到达的目的地附近，到处都能找到它们。因此，当那只雌蝴蝶在我的实验室里时，并不是所有的蝴蝶都是从开着的窗户进来的，这是一条直接而安全的通道，离被关住的女囚只有三四步之遥。还有些大孔雀蝶从下面的一楼进来，在前庭游荡，最多到达楼梯，这是一条死路，因为沿着楼梯向上走就是一扇紧闭的大门。

这些数据告诉我们，来求亲的访客不会像我们物理学上已知或未知的任何光辐射所引导的那样，直接赶往目的地。另有一种东西在远处召唤它们，把它们带到准确的地点附近，然后让它们在不确定中搜索和犹豫，最后才能发现。因此，我们从听觉和嗅觉中获取信息也是这样的，当我们需要精确判断声音或气味的来源时，这些信息的精度不够高。

黑夜朝圣的处于发情期的大孔雀蝶接收信息的设备是什么？有人怀疑是触须，雄性大孔雀蝶的触须确实看起来像宽大的羽毛，可以用来感知广阔的空间。这些华丽的羽状物是简单的装饰，还是也在感知气味和引导方向上发挥作用？用一个实验似乎很容易证实。我们来试试看吧。

大孔雀蝶大规模来访的第二天，我发现前一天的八位访客在我的实验室里。它们一动不动地贴在紧闭的第二扇窗户的横档上。其余的在晚上十点钟左右跳完了它们的芭蕾舞，就从进来时的通道离开了，也就是从白天黑夜一直开着的第一扇窗户飞走了。这八只坚忍不拔的蝴蝶，正是我实验需要的。

我用小剪刀在不触碰蝴蝶其他部位的情况下，齐根剪掉了它们的触须。被剪掉触须的蝴蝶并不关心这个手术。它们一动不动，几乎都没有扇一下翅膀。手术情况极佳：伤口似乎不怎么严重。它们没有疼得到处乱飞，肯定会更好地配合我的实验计划。这一整天它们都安安静静、纹丝不动地贴在窗框上。

我还需要做一些安排。特别重要的是要换一个房间，不要让雌性大孔雀蝶出现在被剪去触须的这几只蝴蝶面前，它们在夜里还会飞的，这样有利于我们的研究。于是，我将钟形罩连同里面的女囚一起搬到了房子另一侧门廊下的地板上，离我的实验室有大约五十米。

夜幕降临，我最后一次查看了剪掉触须的那八只蝴蝶。其中六只已经从开着的窗户飞走了，还有两只掉在地板上，如果我把它们翻过来背朝下仰躺，估计它们都没有力气翻过身来。它们已经精疲力竭、生命垂危了。这跟我的手术没有关系。即使我没有剪掉它们的触须，它们也总是会迅速地衰老。

现在有六只大孔雀蝶飞走了。它们会回到昨天吸引它们来的雌性身边吗？它们没有了触须，还能找到钟形罩吗？钟形罩现在放在别处，离以前的地方相当远。

钟形罩搁在开阔地，隐没在了黑暗中。我不时地拿着灯笼和一个网兜去钟形罩附近转悠。访客们陆续被我抓住，辨识种类，然后立即放进隔壁的一个房间，接着我再把房间门关上。这种方法可以使我能够准确地一一记录数字，而不必担心把同一只蝴蝶重复计数。此外，宽大空旷的临时牢房绝不会让访客们受伤，它们能在那里找到安静的休息空间。在我的下一步研究中也会采用同样的措施，预防伤害。

到晚上十点半，不会再有新的访客了。晚会结束了。我总共捕捉了二十五只雄性大孔雀蝶，其中只有一只没有触须。昨天有六只蝴蝶被剪掉了触须，它们精力充沛，从我的实验室飞向了野外，但只有一只回到钟形罩这里。返回的比例太小了，我不敢据此对大孔雀蝶的触须是否对它们有引导方向的作用下定论。让我们在更大的范围内重新开展一次实验吧。

第二天早上，我去探望前一天晚上被我关在房间里的雄性蝴蝶。我眼前的场景并不乐观。许多蝴蝶都掉在了地上，奄奄一息。我把它们捡起来，它们也几乎没有生命迹象了。对这些濒临死亡的蝴蝶还能有什么期望呢？我们还是试一试吧。也许，有爱情的召唤，它们会重获生机。

现在有二十四只新的蝴蝶被剪掉触须。先前已经被剪掉触须又飞回来的那只不算在内，因为它已经耗尽力气，就快死了。最终，我打开监狱的门，这一天剩下的时间都不再关上。任由它们想出去就出去，想参加求爱的晚会就可以参加。为了让这些飞走的蝴蝶接受我的实验研究，它们昨天已经在门口遇到过我关雌蝴蝶的钟形罩了，因此我又给钟形罩换了一个地方。我把它放在房子另一侧底楼的房间里。

当然，这个房间是敞开的。在二十四个被剪掉触须的蝴蝶中，只有十六只飞走了。剩下八只仍然虚弱无力，它们很快就会死在这里。在十六只飞走的蝴蝶中，有多少只晚上会回来寻找钟形罩？一只也没有。这天晚上我守夜的收获减少到七只大孔雀蝶，都是新来的，都有触须。这一结果似乎表明，剪掉触须对大孔雀蝶来说是很严重的损伤。然而，我们还不能得出结论，还仍然存在一个很大的疑点。

小狗穆弗拉德刚刚被人残忍地割掉了耳朵，它说："我现在状态很不好！我还敢出现在其他狗面前吗？"我的那些蝴蝶会有像小狗穆弗拉德这样的担心吗？一旦它们失去了美丽的羽毛状触须，它们就不敢出现在它们的情敌中间，去向雌性求爱？是因为它们有精神上的顾虑，还是因为缺乏指引方向的器官？难道是因为它受到爱情的召唤后，等待的时间太长，而变得精疲力竭，即将衰亡了？实验会告诉我们答案。

第四天晚上，我捉住了十四只蝴蝶，都是新来的，我把它们关在一个房间里过夜。第二天，我利用它们白天的静止状态，把它们胸口中间的绒毛剪了一些下来。这种轻微的修剪不会使蝴蝶感到不舒服，因为这些绒毛很容易又会长出来，这次我并没有损伤它们用来寻找钟形罩可能需要的任何器官。对剪掉一些绒毛的蝴蝶来说，这算不了什么，对我来说，就是给蝴蝶做一个标记，看看哪些飞走了又飞回来。

这一次，蝴蝶们没有被剪掉触须，对它们飞行没有影响。到了晚上，十四只蝴蝶离开了，飞向野外。当然，钟形罩又挪了一个地方。在两个小时内，我捉到了二十只蝴蝶，其中只有两只腹部剪了绒毛。至于前天被我剪掉触须的蝴蝶，则一只也没有出现。它们的婚期结束了，所以它们也就寿终正寝了。

在十四只被剪掉一点绒毛的蝴蝶中，只有两只回来了。其余十二只，如果它们的羽状触须是它们的向导，那它们没有被剪掉触须为什么却没有回来呢？另外，为什么这些蝴蝶只关了一个晚上，几乎大多都衰弱不堪？对此，我只看到一个答案，大孔雀蝶被求爱的热情所折磨，精力消耗殆尽。

大孔雀蝶一生的唯一目标就是结婚，它用自己的天赋为此全力以赴。穿过遥远的距离，跨越黑暗，克服艰难险阻，它知道怎样找到它的挚爱。在两三个晚上，每个晚上只有几个小时的时间它用来寻找和追逐爱情。如果在这段时间里它没有成功，那么一切就都结束了。本应该精确的罗盘指错了方向，本应该明亮的信号灯熄灭了。现在没有找到爱人，活下去还有什么意义？然后，它们黯然地退到一个角落，孤独地度过了最后一晚，结束了幻想，也结束了苦难。

　　大孔雀蝶展现美丽的外表只是为了种族永远延续下去。它不怎么吃东西。当其他种类的蝴蝶，作为快乐的食客在花丛中穿梭，展开它们的螺旋形的吻管，伸到甜美的花冠中时，只有它是独一无二的禁食者，完全摆脱了肚子的束缚，不必吃东西了。它的口器纯粹是个摆设，中看不中用，并不是真正的工具。它的胃里没有一点儿花蜜：如果它短暂的生命可以再延长一点儿的话，不用吃饭倒是一种伟大的特权。除非油灯熄灭，否则就需要不停地给油灯加油。大孔雀蝶放弃了这盏油灯，它不得不放弃了长久的生命。只有两三个晚上，它必须要和爱人相遇相亲，唯有如此，大孔雀蝶才算没有白活。

　　那么，那些触须被剪掉而没有回来的蝴蝶遭遇了什么呢？它们是否因为失去了触须才没有办法找到女囚等待它们的钟形罩？不，完全不是这样。就像被剪掉触须的蝴蝶一样，那些只被剪掉绒毛的蝴蝶也大多没有再回来了，这就意味着它们的生命已经结束了。它们不管是被剪掉触须，还是完好无损，现在都因为生命的短暂而无疾而终，它们没有再回来并不能说明什么。

　　由于大孔雀蝶的寿命短暂，我进行实验的时间非常不够，我们还是无法解答触须有没有导航的作用。以前人们怀疑有这个作用，以后仍然可以怀疑。

钟形罩里的雌蝴蝶被囚禁了八天。它每晚都为我吸引了数量不等的访客齐聚于此，根据我的安排，它有时在这个房间，有时在那个房间。我用网兜捕捉那些访客，一旦捉住了，就放进一个有门的房间里，让它们在那里过夜。第二天，我将它们都做好标记，至少是剪掉一点儿胸部的绒毛。

在这八个晚上，总共有一百五十只蝴蝶来访，尤其是考虑到我在接下来的两年里为继续这项研究而收集所需的大孔雀蝶的资料，我在周围寻找大孔雀蝶时，才发现这个数字是如此惊人。在我不大的园子里，并不是找不到大孔雀蝶的茧，但至少也是非常难见到的，因为适合大孔雀蝶的毛毛虫栖息的老杏树并不多。有两个冬天，我找遍了所有的树，那些腐烂的树，我在树干的底部仔细搜索过它们，在树下的硬草皮里翻找过它们，有多少次都是空手而归！

所以我记录的一百五十只蝴蝶都是从遥远的地方来的，也许是方圆两千米以外，甚至更远的地方飞来的。它们是怎么知道我实验室里有雌性大孔雀蝶的？有三种信息传导媒介可以远距离传输信息：光、声音和气味。我们在这里可以先谈一谈视觉吗？当蝴蝶穿过打开的窗户进入房间时，这是视觉在指引，没有什么比视觉更好的解释了。但是，如果是在陌生的野外呢！仅仅有锐利的目光是看不穿墙壁的，它们还必须要有在几公里之外能够实现这一奇迹的视觉敏锐度。这完全是无稽之谈，因此我们不再考虑视觉了，我们来看看其他方面吧。

声音也同样不能作为召唤这么多蝴蝶的原因。被关在钟形罩里的大孔雀蝶，虽然能够从很远的地方把雄蝴蝶吸引过来，但它却一直安安静静，即使是最灵敏的耳朵也没有听到它发出了声音。也许它有内心的振动，一种激情的颤动，可以用极其灵敏的麦克风感知，在必要时是有可能的。但请回想一下，雄蝴蝶需要在很远的地方，通常数千米以外接收信息。在这种情况下，就不要考虑声学了。这就像是用沉默来引起周围的骚动一样不可思议。

还剩下气味了。在我们的感官领域里，气味比其他任何东西都更能解释这些蝴蝶聚集于此，经过再三犹豫最终找到吸引它们的爱人。事实上，是否存在我们所说的气味这一类物质，极端微妙的气味，我们人类绝对闻不到，但却能给比我们嗅觉更灵敏的昆虫留下深刻印象？可以做一个非常简单的实验来验证。实验的方法是掩盖这些气味，把它们压制在一种浓烈而持久的气味之下，使浓烈的气味作为嗅觉的主宰。强烈的气味遮住雌蝴蝶可能散发的微弱气味。

我事先在晚上雄性蝴蝶会来的房间里撒了些樟脑丸。此外，在钟形罩下面，雌蝴蝶的身边，我也放置了一个装满樟脑丸的塑料瓶盖。访客们聚会的时候到了，只需要站在房间的门口，就能清楚地闻到一股煤气厂的气味。然而我的计策没有成功。雄蝴蝶还是像往常一样来了。它们进入公寓，穿越焦油的臭味，飞向钟形罩，就像在没有臭味的环境中一样笃定。我对嗅觉的引导作用也产生了怀疑。此外，我的实验无法继续开展下去了。第九天，我的女囚因为徒劳无益的等待而精疲力竭，在钟形罩的金属网格上产下没有受精的卵之后死去了。由于没有了实验对象，一直到明年之前我都没有实验可做。

这一次，我将仔细制订我的研究计划，为能够如愿以偿地重复已经尝试过的实验和正在筹划的实验，我需要储存更多的实验材料。因此，我一刻也不能耽误，立即开始了工作。

夏天，我以一苏一只的价格买了很多毛毛虫。这场交易让我家附近的几个孩子喜笑颜开，他们经常给我供应毛毛虫。每到星期四，他们做完困难的动词变位练习之后，就在田野里东奔西跑，时常会发现一只大孔雀蝶的毛毛虫，把它挑在一根棍子的末端带给我。可怜的孩子们不敢碰它，当我用手指抓起它，就像他们自己抓家蚕一样时，他们对我的胆量震惊极了。

我给毛毛虫喂食杏树的小枝，在短短几天之后我就得到了很漂亮的茧。冬天，我又在为毛毛虫提供食物的杏树底下勤奋翻找，充实了我的实验对象储备。对我的研究感兴趣的朋友也来帮助我。最后，通过养育、收购、讨价还价和在灌木丛中搜寻，我拥有了各种各样的茧，其中有十二个更大更重的茧，我认为是雌性大孔雀蝶的。

我却遭遇了一个重大的挫折。五月来了，这个月气候反复无常，破坏了我的准备工作，给我造成了很大的麻烦。好像是冬天又回来了，西北风呼号着，把梧桐树初生的叶子撕烂，散落一地，冷得像十二月的寒冬。我们必须重新点燃壁炉，以供夜里取暖，脱掉薄衣衫再次穿上厚棉袄。

我的蝴蝶也在这样的天气里受了很多罪。它们的孵化变得十分缓慢，即使出生了也没有什么生气。在我的钟形罩里面，雌性大孔雀蝶在等待着，今天一只，明天另一只，我按照它们的出生顺序给它们做好了记号，但很少或者根本没有雄蝴蝶从外面飞进来。

然而，我家附近应该是有很多雄蝴蝶的，因为孵化出来的雄性大孔雀蝶经过我辨认记录之后就被放归花园。不管是远道而来，还是就在附近，雄蝴蝶很少来访，即使出现了也没精打采。它们进了实验室一会儿，就飞走了，再也不回来了。恋人之间变得很冷淡。

也许温度降低会影响气味的传播，天气热的时候气味可以传播得更远，天气冷就会削弱气味的影响。我这一年的努力都白费了。唉！我想做的实验是看有多少只被捉住的雄蝴蝶又飞回来，但是它们短暂的恋爱季节碰上了变幻莫测的天气，真是苦恼啊！

第三次，我准备重来一次。我喂养毛毛虫，在野外跑来跑去，搜寻它们的茧。

当又一年的五月到来的时候，我得到了足够的实验储备。天气很好，满足了我的愿望。我再次见到了最开始给我留下深刻印象的大孔雀蝶聚集的景象，那场有名的"蝴蝶之夜"是我进行这个研究的起源。

每天晚上，少则十几只，多则二十几只，甚至更多的雄性大孔雀蝶蜂拥而至。大腹便便、身强力壮的雌性蝴蝶，紧紧地攀住钟形罩的金属网格，一动不动，甚至都没有颤抖一下翅膀。它似乎对正在发生的事情漠不关心。我家里嗅觉最灵敏的人也没有闻到什么气味，它也没有发出声音，被我招来作见证的人没有听到哪怕很细微的声音。它保持静止，等待着。

雄性大孔雀蝶三五成群，在钟形罩上方盘旋，飞来飞去，不停地扇动翅膀，拍打着钟形罩的圆顶。它们虽然是竞争者，但它们之间也没有争斗。没有任何迹象表明这些急不可耐的蝴蝶有嫉妒的迹象，每只蝴蝶都竭尽所能想要进入钟形罩。尝试了很多次都没有成功之后，它们无可奈何地飞走了，融入了房间里跳芭蕾舞的群体中。一些绝望的蝴蝶从开着的窗户离开了，很快就有新来的取代了它们的位置。在钟形罩的圆顶上，直到十点钟左右，雄蝴蝶们一次次地尝试接近雌蝴蝶，不久就放弃了，不一会儿又重新开始努力。

每天晚上，钟形罩的位置都会发生变化。我把它放在北边或南边，一楼或二楼，在房子的右侧，或者50米之外的房子左侧，在露天，或者在一个偏僻的房间。所有这些突然的搬家，是希望让前来的访客可以改道，但此举对雄蝴蝶来说并没有造成什么困扰。我想设计愚弄它们，其实是在浪费我的时间。

在这些实验中，雄蝴蝶对地点的记忆没有起作用。例如，前一天晚上，雌蝴蝶被安放在这栋房子的一个房间里。雄蝴蝶来到这个房间里飞了几个小时，有的甚至在房间里过夜。第二天，日落时分，当我移动钟形罩时，所有雄蝴蝶都飞去了野外。虽然它们的生命是短暂的，但最近几只雄蝴蝶能够第二次或第三次重新造访我关押女囚的房间。这些第二天再来的雄蝴蝶首先会去哪里呢？

它们已经明确知道前一天约会的地点。我们相信，它们会在记忆的指引下回到那里，在那里没有找到爱人，它们就去别的地方继续搜寻。但是结果不是这样，情况出乎我的预料。没有一只蝴蝶再出现在昨天晚上聚会的地方，也没有一只蝴蝶在那里短暂地停留。昨晚的地点虽然它们知道，但是现在空无一人，记忆没有给它们传递什么信息。一个比记忆更加准确的指引把它们召唤到别处。

到目前为止，雌蝴蝶一直暴露在钟形罩的金属网格下。在黑夜里视力很好的访客们在隐约的光芒中是可以看到它的，而在我们看来就是漆黑一片。如果我把它锁在一个不透明的笼子里会发生什么？由于笼子的材质不同，笼子能让雌蝴蝶的气味继续顺利传播吗？还是会对这种信息传播产生阻碍呢？

现今的物理学已经能让我们使用无线电波来传递信息，是以一种微波的形态。大孔雀蝶会不会在这个领域领先于我们？为了引起周围雄蝴蝶的激情追逐，为了通知千里之外的求婚者有一只雌蝴蝶刚刚孵化出来，这个信息是否能通过已知或未知的电磁波传播出去？这种电磁波是否被一种材质屏蔽，而可以顺利通过另一种材质？总而言之，它会以自己的方式发射无线电波吗？我不认为这事不可能，昆虫早就有各种奇妙的发明了。所以我把雌蝴蝶放在各种各样的容器里。有马口铁的、木头的和纸板的。所有的容器都是密封的，甚至缝隙都用胶粘剂粘好了。我还使用了一个玻璃的钟形罩，把它放在一个玻璃窗旁边。

好了，在这种封闭严实的情况下，不管今晚的夜色多么温柔平静，就再也没有一只雄蝴蝶来到这里。无论容器的材质是金属的，还是玻璃的，是木质的，还是纸板的，密封的容器是一个不可逾越的障碍，阻断了信息的传递。一层两根手指厚的棉花也能起到同样的效果。我把雌蝴蝶放在一个大广口瓶里，瓶口上盖着一块棉絮作为瓶盖。这足以将我家周围的雄蝴蝶和我实验室里隐藏着的女囚隔离开了。没有一只雄蝴蝶出现。

相反，当我们使用封闭得不严，半开着的容器时，即使我们把容器和女囚一起藏在厨柜的抽屉里，经过这么多层的加密，雄蝴蝶还是会像以前一样多，当时女囚关在钟形罩里敞放在实验室的桌子上。让我记忆犹新的一个夜晚，女囚在一个关上门的壁橱底部的一个帽子盒里等待着。雄蝴蝶来到壁橱门前，用翅膀不停地拍打着，咚咚咚地敲门，想要进去。风尘仆仆的朝圣者们，穿过田野从四面八方赶来，它们很清楚这层木板门后面有什么。

因此，任何类似无线电波的信息传播方式都被证实不太可能，因为一旦有一个屏障出现，不管是能传导电磁波的，还是不能传导的，都会使雌蝴蝶的信号受到阻碍。为了让信息能顺利传播，并且传到更远的地方，有一个条件是必不可少的：就是关女囚的容器不能密封，内部空气与外部空气要流通。这就让我们又一次考虑雌蝴蝶可能是用气味来传递信息的，然而，我用樟脑丸做的实验又与之矛盾。

我的大孔雀蝶茧正在逐渐完成孵化，问题的答案仍不明朗。

第四年我会重新开始做实验吗？我放弃又做实验的理由如下：要想观察一种夜间举行婚礼的蝴蝶的习性，困难重重。为了达到研究的目的，勇敢的人当然不需要点灯，但我那人类微弱的视力在晚上就离不开灯。我至少需要一支蜡烛，但蜡烛经常被盘旋的蝴蝶群扑灭。用灯笼可以避免灯光熄灭，但灯笼的光线朦朦胧胧，还有大片的阴影，并不适合我，我想要把所有细节都仔细看清楚。这还不是全部原因。如果点一盏灯，光线就使雄蝴蝶偏离它们原来的目标，分散它们的注意力，如果持续亮着灯，实验就不可能成功。一进实验室的门，访客们就拼命地扑向火焰，它们漂亮的翅膀都烧焦了也在所不惜。而它们被烧伤后惊慌失措，不能再作为我的实验目标了。如果它们没有被烧到，而是蜡烛外面加了一个玻璃罩子，它们就会一直趴在火焰外面的罩子上，好像被催眠了，一动不动。

有一天晚上，雌蝴蝶在餐厅的一张桌子上，对着打开的窗户。天花板上吊着一盏煤油灯，上面有一个大的白色搪瓷灯罩，灯一直亮着。在到达的雄蝴蝶中，有两只在钟形罩的圆顶上降落下来，迫不及待地想靠近女囚，另外七只，只在路过钟形罩的时候打了声招呼，然后就飞到灯前，转了几圈，然后被白色灯罩反射的光线迷住了，纹丝不动地贴在灯罩下。孩子们的手已经举起来抓住它们了。"不要捉它们，"我说，"随它们去吧。我们要热情好客，不要打扰那些追逐光明的朝圣者。"

整个晚上，这七只都没有移动。第二天，它们还在那里。它们陶醉在光里忘记了享受神醉心往的爱情。

有了如此狂热的追光者，要想使实验精确和持续时间长就不切实际了，因为观察者必须要有灯光照亮。我放弃了大孔雀蝶和它的夜间婚礼。我需要一种不同习性的蝴蝶，像大孔雀蝶一样热衷于求爱的蝴蝶，但是它们的婚礼要发生在白天。在我们继续讨论下一个符合条件的实验对象之前，让我们按先来后到的顺序再补充一点，在我结束我对大孔雀蝶的研究之后，又出现了另一种蝴蝶。这是小孔雀蝶。

　　有人给我带来了一个漂亮的茧，我不知道它来自哪里，茧的外面包裹着宽大的白色丝网。在这个有不规则的褶皱的保护套里，露出来一个和大孔雀蝶的茧相似的茧，但要小得多。它的前端是用随意的聚在一起的丝线编织而成的，用来保护茧的开口处，允许蝴蝶破茧而出，但阻止别的昆虫进入茧内，所有的迹象表明这是一种和大孔雀蝶同属的蝴蝶的茧，在丝线上还留有纺织工的印记。

　　事实上，三月底，在圣枝主日[①]的早晨，带着丝网的茧中诞生出一只雌性小孔雀蝶，它一出生就被我扣在实验室里的一个金属网钟形罩下。我打开实验室的窗户，让这个好消息能传播到野外，如果有访客要来，它们也会更方便进入房间。女囚紧紧攀住金属网格，一个星期都一动不动。

　　我的女囚很漂亮，它身着带波浪条纹的棕色天鹅绒大衣，脖子上系着白色皮毛围巾，上翅有胭脂红斑点，还有四只大眼睛似

---

① 圣枝主日，即基督苦难主日，是圣周开始的标志，圣周节又称复活节，因耶稣在这一周被出卖、审判，最后被处十字架死刑。

的花纹，以这四个花纹为圆心，环绕着黑色、白色、红色和黄赭色的月牙形花纹。它和大孔雀蝶的外表几乎一样，但色彩更鲜艳。在我的一生中，我见过这种蝴蝶三四次，它的体型和外貌都是如此出众。小孔雀蝶的茧我昨天就认识了。但我从没见过雄性小孔雀蝶。我只从书本上知道，它的个头只有雌性的一半大，颜色更鲜艳，更多花纹，下翅是黄橙色。

这个优雅的陌生人会来吗？这种我从来没见过的雄蝴蝶，在我们这片土地上十分罕见，生活在遥远的树篱里，它会注意到我实验室桌子上等着它的蝴蝶姑娘吗？我对它寄予厚望，我是对的。它来了，比我想象得要早。正午时分，当我们坐在餐桌旁吃午饭的时候，小保罗可能被什么事情缠住了迟迟没有来，只见他突然跑到我们身边，满脸红光。一只漂亮的蝴蝶在他的手指间拍打着翅膀，它刚才飞进了我的实验室。他拿给我看，用眼神询问我。"哇！"我说，"这正是我们要等的求爱者。快把餐巾叠起来，我们一起去看看发生了什么。我们晚点再吃饭。"

在突然出现的奇迹面前，午餐都被遗忘了。雄蝴蝶们难以置信地准时到达了，它们都收到了女囚神奇的召唤，蜂拥而至。它们的飞行路线迂回曲折，一个接一个地出现在实验室里。所有雄蝴蝶都来自北方。这个细节很有价值。事实上，刚刚过去的一个星期，仿佛冬天又回来了。狂风肆虐，暴雨如注，杏树上早开的花都被摧残殆尽。这种天气的剧烈变化，在我们这里通常是春天的前奏。今天，气温骤降，但北风仍在猛烈地吹。

现在，是它们第一次见面，所有的雄蝴蝶都从北方朝女囚飞来。它们跟随着气流而来，没有一只逆着风飞。如果它们有与我们相似的嗅觉来指引方向，如果它们被溶解在空气中的气味原子所引导，它们就会从相反的方向飞来。如果它们来自南方，我们可以相信它们是从北风带来的气味中得知雌蝴蝶的消息的，但是它们是从北方来的，在这个刮西北风的天气里，北风把一切东西都吹走了，我们怎么能假定它们在很远的地方感知到了我们所说的气味信息呢？在这里气味分子的扩散与空气流动方向相反，真是难以理解。

一连几个小时，在灿烂的阳光下，访客们在我的实验室里进进出出。它们中的大多数在很长一段时间里都在四处寻找，搜索四面墙壁，贴着地面飞行。看到它们犹疑不定，我们以为它们可能是在寻找吸引它们的女囚的确切位置时遇到了麻烦。

它们从很远的地方飞来，没有出现任何差错，但一到达现场，它们辨别方向的本领就不完美了。然而，它们迟早会飞进房间，向女囚表白爱意，但不会坚持太久。下午两点，一切都结束了。这次来了十只雄蝴蝶。整个星期，每次在中午十二点左右，在阳光最明亮的时候，雄蝴蝶就来了，但每次来的数量逐渐减少。来过的雄蝴蝶总数接近四十只。我认为重复已经做过的实验是没有意义的，因为这些实验不会增加我已经得到的知识，我只想指出两个事实。首先，小孔雀蝶是白天活动的，也就是说，它们在正午耀眼的光线下举行婚礼。它需要充足的日晒。而对于大孔雀蝶来说，虽然它的成虫形态和毛毛虫的外貌与小孔雀蝶非常接近，但它喜欢在前半夜的黑暗中活动。谁知道为什么这两种蝴蝶具有奇怪的完全相反的习性，就请解释一下。其次，一股强大的气流，朝相反的方向吹走能够传递信息的气味粒子，却不能阻止雄蝴蝶沿着我们所谓的气味流动的反方向飞过来。

为了继续研究，我需要一种在白天结婚的蝴蝶，但不是小孔雀蝶，因为它姗姗来迟，我已经研究过大孔雀蝶就没有什么要询问它的了，我需要的是另一种蝴蝶，其他任何一种，只要它能灵敏地发现新娘所在的位置即可。我能找到那种蝴蝶吗？

小阔条纹蝶

　　是的，我能找到，我甚至已经拥有了。一天早上，一个大约七岁的男孩挎着蔬菜篮来到我家，他看起来很机灵，蓬头垢面，光着脚，用一根绳子系着破旧的短裤，他家里卖萝卜和西红柿，所以他经常到我们家来送货。他得到了几个苏，那是他妈妈在急等着用的钱，他一个一个地细细数了数，然后从口袋里掏出前一天晚上给兔子割草时在树篱旁发现的一个东西。

　　"还有这个，"他把那个东西递给我，"你想要这个吗？""当然，是的，我要了。你再去多找一找，越多越好，我保证星期天带你去玩旋转木马。当然，我的朋友，我先给你两个苏。别把这两个苏和卖萝卜的钱搞混了，这是单独给你的，你放在另一边吧。"小邋遢鬼对这笔钱十分满意，他答应再去好好地寻找，因为他已经预见到他将有一大笔财富。他走之后，我仔细查看了他给我的东西。它值这个价。这是一个美丽的茧，形状钝圆，很容易让人联想到制作丝绸的蚕茧，有一定的硬度，呈现黄褐色。我从书中看到的简短信息推测这是橡树蛾的茧。如果是这样，那真是天赐良机！我可以继续我的研究，也许还能补充我从大孔雀蝶那里得到的知识。

橡树蛾确实是一种典型的蝶蛾类昆虫，没有一本昆虫学著作不提及它们热闹的婚礼。据书上说，一只刚孵化出来的雌性橡树蛾如果被关在一个公寓的房间里，或是放进一个隐藏的盒子里；它远离乡村，置身于大城市的喧嚣之中。尽管如此，它的诞生还是传遍了树林和草地上的雄性橡树蛾。在难以置信的导航指引下，雄性橡树蛾从遥远的乡野中飞来；它们来到盒子面前，仔细查看，在盒子周围盘旋。这些奇观是我通过阅读而知道的，但亲眼看到，并自己动手设计一个实验，却是另一回事。我花了两个苏买的茧能孵出来吗？它会蜕变成著名的橡树蛾吗？

让我们称呼它的另一个名字吧——小阔条纹蝶。最初这个名字是来自雄性的服装：就像穿了一件修道院的棕红色粗布长袍。但在它身上，粗呢的面料变成了高档的天鹅绒，前翅上有苍白的横条纹和白色小圆点。小阔条纹蝶在我们这里并不是一种常见的蝴蝶，如果我们带着网去捕捉它，运气好的时候才有可能捕获。在村子周围，特别是在偏僻的荒石园里，我住了二十年，也没有见到它。我真的不是一个喜欢捕捉昆虫的人，我对收藏昆虫的标本不太感兴趣。我需要活的昆虫，我要测试它的各种本领。虽然我不是热情的标本收藏家，但我会全神贯注地观察一切活动在乡野间的昆虫。如果我遇到一只体型和外表都出类拔萃的蝴蝶，我肯定不会错过的。

虽然我曾经用旋转木马的承诺吸引那个小探险家帮我寻找更多的茧，但是他再也没有找到第二个。三年来，我一直在鼓动朋友和邻居，尤其是小孩子们帮我寻找，小孩子们在灌木丛中可以灵活穿梭。我自己也在成堆的枯叶下翻捡，我还探查了成堆的石头，搜索了中空的树干。徒劳无功让我很痛苦：珍贵的茧一直没有找到。这足以说明，在我家周围，小阔条纹蝶是非常罕见的。时候一到，我们就会看到这个细节很重要。

果然不出我所料，我手里唯一的茧确实属于那种著名的蝴蝶。八月二十日，一只肥硕丰满的雌性小阔条纹蝶孵化出来了，它的外表和雄性一样，只是长袍颜色浅一点，是米黄色。我把它关进金属丝网做的钟形罩，放在我实验室中央的一张大实验桌上，桌子上堆满了书、广口瓶、罐子、盒子、试管和其他设备。这个地方我们很熟悉，就和当初大孔雀蝶一样。房间里有两扇可以俯瞰花园的窗户，给房间采光。一扇窗户关闭，另一扇不管白天黑夜都敞开。雌蝴蝶放在两扇窗户之间，距离窗户四五米，处在半明半暗中。

当天剩余的时间和第二天都没有发生任何值得注意的事情。女囚的爪子攀在钟形罩向阳一侧的金属网上，一动不动。它既没有扇动翅膀，也没有颤动触须。雌性大孔雀蝶的表现也是一模一样的。

雌性小阔条纹蝶慢慢成熟了，它柔软的身体渐渐变得结实。它通过一种我们的科学还完全未知的方式，发出了一个不可抗拒的召唤，吸引四面八方的雄性小阔条纹蝶飞过来。在它丰满的身体里发生了什么？它实现了什么转变，使它周围的环境也跟着发生了突然的变化？如果我们知道了这种蝴蝶的奥秘，将会让我们的知识更上一层楼。第三天，新娘准备好了。

婚礼派对的场面如火如荼。我当时在花园里，已经对婚礼的成功举办感到绝望，因为事情已经拖得太久了，下午三点钟左右，天气炎热，阳光明媚，我看见一大群蝴蝶在开着的窗户里打转。

　　它们是来向蝴蝶美人求爱的。有的从房间里飞出来，有的飞进去，有的停在墙上，在那里休息，好像这趟长途旅行已经让它筋疲力尽。我看到它们从很远的地方飞来，越过高墙，穿过柏树的屏障。它们从四面八方赶来，后续的访客逐渐减少。我错过了聚会的开始，现在客人已经满员了。

　　现在我们上楼去看看吧。这一次，在充足的日光下，我不会遗漏一个细节，我又看到了大孔雀蝶当初向我呈现的令人眼花缭乱的奇观。在实验室里，一大群雄蝴蝶在盘旋，我目测大约有六十只，在这么混乱的场景中很难将它们一一辨认清楚。它们在钟形罩周围绕了几圈之后，大大小小的雄蝴蝶飞到开着的窗户前，很快所有的蝴蝶又都折返回来，重新开始在屋里盘旋。最急切的蝴蝶趴在钟形罩上，用爪子互相抓挠，互相推挤，试图占据最有利的地形。在钟形罩里面，女囚的大肚子紧贴着金属网格，无动于衷地等待着，在骚动的雄蝴蝶面前，它没有表现出任何激动的迹象。

　　雄蝴蝶们有的飞出去，有的又飞进来，有的坚持不懈地趴在钟形罩上，还有的在房间里盘旋，在三个多小时的时间里，它们无拘无束地持续狂欢。但是太阳在西沉，气温也在下降。蝴蝶们的热情也逐渐冷却。有很多雄蝴蝶飞走了，再也没有回来。另一些则像大孔雀蝶一样趴在那扇紧闭的窗户上，一动不动，养精蓄锐，等待明天的盛会。今天的舞会结束了。明天肯定还会有，因为有钟形罩的阻隔，求爱的活动还一直没有结果。

但是我这次又失败了！让我非常遗憾的是，由于我的过错，这场求爱的活动被迫中止了。在当天晚些时候，有人给我送来一只螳螂，因为它体型非常小，我对它很感兴趣。由于我还在全神贯注思考着下午刚结束的蝴蝶盛会，我心不在焉地匆忙地把这只食肉昆虫也关进了小阔条纹蝶的钟形罩下。我完全没有想到把这两种昆虫放在一起会造成的悲惨结果。螳螂是如此的瘦弱，而小阔条纹蝶是如此的粗壮！所以我没有担心。

唉！怪我对这位昆虫猎人有多凶猛缺乏认识。第二天，我被眼前的悲剧震惊了，我发现小螳螂正在吞噬巨大的蝴蝶。蝴蝶的头部和前胸已经消失了。可恶的螳螂！让我的实验变得一团糟！我的研究开展不下去了，我本来昨晚已经筹划了一夜；三年了，因为缺乏实验对象，我一直没能继续研究。

虽然遭此横祸，但让我们再回忆一下我们刚刚得到的一点知识吧。只是一场婚礼，就引来了大约六十只雄蝴蝶。我们考虑到小阔条纹蝶是那么的稀少，再回顾一下我自己和我的助手们的搜寻结果，这项研究为此耽误了好几年，这个数字就让我们感到非常惊讶。

受一只雌蝴蝶的吸引，遍寻不见的雄蝴蝶突然成群结队地出现了。它们是从哪里来的？毫无疑问，它们来自四面八方，很遥远的地方。长久以来我一直在搜寻它们，我对我家周围都已经很熟悉了，我找过一个又一个灌木丛，翻过一堆又一堆石头，我可以肯定那里没有。为了聚集这么多雄蝴蝶，应该是通知了整个地区的雄蝴蝶，这个区域的半径我还不能确定。

三年过去了，我的坚持不懈终于又让我得到了两个小阔条纹蝶的茧。大约在八月中旬，这两个茧前后相隔几天时间，分别孵化出了雌性小阔条纹蝶，这是一个天赐良机，让我重新调整实验计划，以及重复以前的实验。

我立刻开始重复大孔雀蝶已经给我非常肯定的答案的实验。白天的朝圣者和夜间的一样灵活。它挫败了我所有的恶作剧。只要女囚所处的容器没有关闭严实，它总能顺利地飞到关在金属网钟形罩里的女囚面前，不管我将女囚和钟形罩放置在房子的什么地方，它都知道如何在壁橱里发现女囚，它猜测女囚在某个藏起来的盒子里。如果盒子是密封的，它就会因为没有接到任何通知而不再飞来。到目前为止，我除了重复大孔雀蝶的实验之外，还没有做其他的研究。

在一个紧闭的盒子里，空气与外界的大气没有任何连通，小阔条纹蝶放在里面就像隐士一样无声无息，不为人知。即使盒子暴露在窗户旁最显眼的位置，一只雄蝴蝶也没有。

因此，气味来引导方向的想法占了上风，气味不能穿透金属、木材、硬纸板、玻璃做成的容器进行传播。

为了探究这一点，我在实验中用樟脑丸的强烈气味试图来掩盖人类闻不到的特别细微的气味，但大孔雀蝶并没有被蒙骗。我用小阔条纹蝶再一次做相同的实验。这一次，我把所有我能在药品杂货店买到的奢侈的精油和带臭味的东西都用在了实验上。

我大约摆放了十多个碟子，一些放在金属网钟形罩里和女囚在一起，还有一些放在钟形罩周围，围成一个圆圈。有的碟子里放了樟脑丸，有的放了薰衣草香精油，有的放了汽油，还有的放了臭鸡蛋味的碱硫化物。我不能再放更多了，否则我的女囚都要窒息了。这些碟子是在早上放置的，这样到了下午的婚礼时间，房间里就会完全充满这些气味。

到了下午，整个实验室里臭气熏天，宽叶薰衣草的香气和碱硫化物的臭味混合交织。我们别忘了，我在这间屋子里熏过烟。煤气厂、烟草厂、香水厂、汽油厂、放出异味的化工厂，它们的气味搀杂在一起，能成功使雄性小阔条纹蝶迷路吗？然而，并没有。三个小时后，雄蝴蝶来了，像往常一样多。它们飞往钟形罩的方向，为了增加难度，我仔细地用厚厚的布遮住了钟形罩。它们一飞进屋内，什么也看不到，沉浸在一种奇怪的气味中，这种气味应该能掩盖所有微弱的气味，它们飞向被厚布隐藏的钟形罩，试图潜入厚布的褶皱里去寻找它们的爱人。

我的设计没有起到任何效果。经过这次失败，实验的结果显而易见，和大孔雀蝶和樟脑丸的实验结果如出一辙。按照逻辑推理，我本应该不再认为气味作为受邀参加婚礼的雄蝴蝶的向导。但是我没有，是因为我偶然观察到了一个现象。

有时意料之外的偶然事件会带给我们惊喜，使我们走上通往真理的道路，虽然到目前为止，这个研究还是徒劳无功的。

一天下午，我在设法探究视力是否在寻找爱人的过程中起到了作用时，雄蝴蝶群进入房间，我把雌蝴蝶放在一个玻璃钟形罩里，并在里面放了一小段带枯叶的橡树枝。

玻璃钟形罩放在一张桌子上，对着打开的窗户。当求爱的雄蝴蝶飞进来的时候，它们肯定能看到在它们的必经之路上的女囚。让我觉得碍手碍脚的是铺了一层沙子的盘子和上面的金属网格钟形罩，雌蝴蝶在里面度过了前一天晚上和今天早晨。我随意地把这些东西放到房间另一端的地板上，放在一个没有光线直射的角落里，和窗户之间的距离有十几步。

这些准备工作的结果却完全在我的意料之外。飞来的雄蝴蝶们没有一只在玻璃钟形罩前停下来，雌蝴蝶就在里面，在阳光照耀下，非常显眼。它们从那里经过却视若无睹，看都不看一眼，没有任何反应。它们纷纷飞到房间的另一端，飞到我存放有沙的盘子和金属钟形罩的阴暗角落。

它们在金属网格的圆顶上站稳脚跟，探索了很长一段时间，用翅膀拍打着钟形罩，互相推搡。整个下午，一直到太阳落山，它们都围着没有雌蝴蝶的圆顶打转，吵吵闹闹的，好像雌蝴蝶真的在里面一样。它们终于要飞走了，但不是所有蝴蝶。有些固执的蝴蝶不想离开，仿佛被一种神奇的吸引力钉在那里。

结果真的很奇怪：雄蝴蝶们飞到没有雌蝴蝶的地方，并停留在那里，它们的视觉没有劝阻它们；它们不停地经过玻璃钟形罩旁，在那里，来来往往的雄蝴蝶都能看到雌蝴蝶。它们狂热地扑向吸引它们来的目标，而不管现实的情况。

它们怎么会上当受骗呢？前一天晚上和整个上午，雌蝴蝶都待在金属网钟形罩下，有时攀在金属网格上，有时趴在盘子里的沙子上。它所接触的东西，特别是它的大肚子经过长时间的摩擦，将某种会挥发的气味浸透在了周围的环境里。这是它释放的诱惑，它的爱情药水；这就是让小阔条纹蝶的世界发生震动的信息。沙子保留了一段时间这个信息，把这种气味扩散到了周围。

因此，是嗅觉引导蝴蝶的方向，通知它们从遥远的地方赶来。它们被嗅觉牵着鼻子走，不考虑视觉提供的信息。它们经过蝴蝶美人现在被囚禁的玻璃监狱时，不加理睬。它们去了金属网格钟形罩，去了铺沙子的盘子，这些地方都有雌蝴蝶留下的奇妙气味，它们飞向空无一物的钟形罩，那里除了雌蝴蝶逗留之后的气味，什么也没有留下。

这种令人无法抗拒的气味需要一定的时间才能挥发。我想这是一种逐渐释放出来的气味，大腹便便的雌蝴蝶在与环境接触的时候慢慢地将这种气味浸润到四周的东西上。因为玻璃钟形罩直接放在桌子上，或者更好的做法是将玻璃罩下面再放一块玻璃垫板，玻璃罩里面和外面的空气基本上无法流通，雄蝴蝶就无法闻到雌蝴蝶散发的气味，实验时间持续得再久，也不会飞过来。目前，我还不能认定这种屏障会阻断气味的传播是雄蝴蝶没有朝这里来的原因，因为如果我让内外的空气充分流通，如果我用三个小木块将玻璃钟形罩撑起一段距离，尽管房间有很多雄蝴蝶，它们并不会立刻就飞到这里来。但让我们再等大约半个小时，带有雌蝴蝶气味的空气一直到处散发，访客们就像以往一样大量朝它飞来了。

有了这些出乎意料的清晰的数据，我就可以设计各种不同的实验，所有的结论都得出相同的方向。早上，我把雌蝴蝶放在一个金属网钟形罩下。它栖息在和以前一样的一小段橡树枝上。它一动不动，好像已经死了，停在橡树枝上的枯叶中，待了很长时间，枯叶应该已经被它的气味浸透。临近访客到来的时间了，我把沾满它的气味的树枝取出来，放在离开着的窗户不远的椅子上。

　　同时，我把雌蝴蝶留在钟形罩里面，放在实验室中央的桌子上最显眼的地方。雄蝴蝶飞来了，先是一只，然后是两只、三只，很快就有五只、六只。它们飞进飞出，来来往往，上下翻飞，但总是在那扇开着的窗户附近，离窗户不远的是那把放着橡树枝的椅子。它们没有一只朝大桌子飞过来，它们只需要往房间里面再飞几步远的距离，就能看到雌蝴蝶在金属网格圆顶下等待着它们。它们犹豫不决，这是显而易见的，它们还在寻找。

　　它们终于找到了。它们发现了什么？它们找到了今天早上给蝴蝶胖美人作床的那根橡树枝。雄蝴蝶飞快地扇动翅膀，降落到了橡树枝上的枯叶中，它们在枯叶上面和下面摸索和探查，抬起和移动树枝，直到最后树枝落在拼花地板上。

　　尽管橡树枝掉到地上，它们仍然在枯叶之间搜寻着。在它们翅膀的拍打和爪子的抓挠下，现在这段树枝在地上翻滚，就像一只小猫用爪子抓扑的纸巾团一样。

　　正当这群雄蝴蝶随着橡树枝的移动离开椅子时，又飞来两只新来的雄蝴蝶。它们一进来就遇到那把椅子，这把椅子上曾有一段时间放着那根橡树枝。它们停下来，热切地寻找，直到停在刚刚树枝摆放的位置上。然而，对它们来说，它们欲望的真正对象近在咫尺，就在我忘记遮盖的金属网格下面。没有一只雄蝴蝶注意到这一点。在拼花地板上，早上雌蝴蝶躺过的小床继续被推着翻滚，在椅子上，雄蝴蝶继续探查着小床最初摆放的地方。日薄西山，是时候离开了。而且，激情的气味也在减弱，消散。访客们没有什么可以做的了，只好走了。明天再见。

下面的实验告诉我，任何东西，不管什么材质，都可以代替那根橡树枝——我偶然的灵感使用的。我稍微提前一些时间把雌蝴蝶放在一个小床上，这个小床有时是床单或法兰绒，有时是棉絮或纸。我甚至将它放在像木制行军床一样坚硬的玻璃、大理石或金属上。所有这些物体被雌蝴蝶接触过一段时间之后，对雄蝴蝶具有与小阔条纹蝶美人相同的吸引力。这些物体上都保留了这样的气味财富，有的多一些，有的少一些，这取决于它们的材质。棉絮上保留的最多，然后是法兰绒、灰尘、沙子，最后是多孔物体。相反，金属、大理石和玻璃很快就失去了它们吸引的功效。于是，凡是雌蝴蝶停留过的东西上都沾染了吸引雄蝴蝶的气味物质，这种气味物质是通过接触传递的。因此，当橡树枝掉下地后，雄蝴蝶还会飞到椅子上曾经放橡树枝的位置上。

让我们给雌蝴蝶提供一张最好的床，比如法兰绒做的床，我们将会看到一些奇怪的景象。在一个长试管或一个窄颈的玻璃瓶——刚好够一只小阔条纹蝶通过——的底部，我放了一块法兰绒，雌蝴蝶整个上午都趴在上面。访客们飞进了玻璃器皿，在里面挣扎，却再也出不来了。我的这些玻璃器皿就像一个捕捉陷阱，它们一旦进去就只能死在里面了。我把些不幸掉入陷阱的雄蝴蝶们放了出来，再取走那块法兰绒布，把它悄悄地锁在一个密封的盒子里。被求爱冲昏了头脑的雄蝴蝶再一次飞进试管里，重新陷入陷阱。它们被浸透雌蝴蝶气味的法兰绒传递到玻璃上的气味所吸引，不能自拔。

事情终于水落石出了。为了邀请生活在附近的雄蝴蝶赶来参加婚礼，雌蝴蝶隔着遥远的距离通知它们，引导它们，成熟的雌蝴蝶散发出一种极其微弱的气味，我们人类的嗅觉无法察觉。即使用鼻孔凑近雌性小阔条纹蝶，我们都闻不到任何气味，就算是最小的孩子也是这样，其实他们的嗅觉是最灵敏的。

这种气味物质很容易传递到雌蝴蝶待过一段时间的物体上，这个物体从此以后就变成了独属于它的物体，只要它的气味没有消散，这里就像雌蝴蝶自身一样能吸引到很多雄蝴蝶前来相会。

这种气味物质不会在物体表面留下明显的印迹。在一张最近被用来给雌蝴蝶当床的纸上，访客们蜂拥而至，但纸上面没有明显的痕迹，也没有被润湿，表面看起来和雌蝴蝶趴过之前一样干净。

这种气味散发起来很缓慢，需要积累一段时间才能显示出全部的威力。雌蝴蝶被从它休息的地方移走，放在另一个地方，它暂时失去了吸引力，使雄蝴蝶对它变得冷淡。飞来的雄蝴蝶被引导到了雌蝴蝶长时间接触沾染了它气息的休息地。但不久之后，雌蝴蝶的气味物质又开始散发，它的吸引力又恢复了。

根据蝴蝶种类的不同，婚礼通知的时间也有早有晚。最近孵化的蝴蝶需要生长一段时间之后才能成熟，然后释放它吸引雄蝴蝶的气味。雌性大孔雀蝶诞生在早上，有的当天晚上就有访客，更多的是在第二天晚上，经过了大约四十个小时的准备。而小阔条纹蝶则在召集雄蝴蝶的时间上与大孔雀蝶完全不同，它的婚礼要等出生两三天之后才拉开序幕。

　　让我们回顾一下蝴蝶触须的作用。雄性小阔条纹蝶有着华丽的、类似于大孔雀蝶的触须，是触须引导雄蝴蝶来参加婚礼吗？触须里有用来指示方向的罗盘吗？我要重新开始我以前做过的剪掉触须的手术，但结果对我来说不是那么重要。剪掉触须的雄性小阔条纹蝶都没有再回来。但我们不能就此得出结论。大孔雀蝶告诉我们，除了触须之外，没有返回还有其他原因。

　　此外，还有一种类似小阔条纹蝶的蝴蝶——三叶枯叶蛾，它是小阔条纹蝶的邻居，长着相似的触须，因此给我们造成了一些困扰。三叶枯叶蛾在我家周围很常见，我在荒石园里也发现它的茧，很容易被误认为是橡树蛾的茧。我起初就被这种相似性欺骗了。我有六个茧，一直在等待它们孵出小阔条纹蝶，结果到了八月底，六个茧中孵化出六只雌性三叶枯叶蛾。而且，在我家出生的这六只雌蝴蝶身边，从来没有出现过一只雄蝴蝶，尽管毫无疑问的它们都有羽毛状的触须。

　　如果宽大的羽毛状的触须真的能接收远处发来的信息，为什么我家附近有着华丽触须的雄三叶枯叶蛾却不知道我实验室里发生了什么？为什么它们美丽的羽状物会让它们对吸引雄性小阔条纹蝶成群结队地飞来的事情感到冷漠呢？同样，器官并不能决定它的本领。尽管两种蝴蝶都有相似的器官，但是它们所起的作用并不相同。

纳博讷（nè）狼蛛

米什莱①给我们讲述了他当印刷学徒时，如何在一个地窖里和一只蜘蛛保持友好的关系。每天的某一时刻，当一缕阳光从阴暗的印刷车间头顶上的天窗里射进地窖，照到了铅字排版工的排字版上。八条腿的邻居从它的网上爬下来，趴在排字版的边缘，享受晒太阳的乐趣。小孩子们对它听之任之，像招待朋友一样欢迎这位相互信任的访客，对孩子来说，这是长期艰苦工作中难得的消遣。当我们缺乏人际交往时，我们就会躲进动物的世界里，因为在那里不会总在交往中吃亏。

谢天谢地，我不用忍受地窖里孤独的哀伤，我虽然孤独，但我会因为阳光的照耀和花草的繁茂而心情愉悦，我可以随心所欲地参加田野里的欢乐音乐会，听乌鸫（dōng）演奏铜管乐，蟋蟀弹奏交响乐，而且，我比年轻的印刷学徒更热诚地与蜘蛛交朋友。我准许它住在我的实验室里，我在我的书堆中间为它开辟了一个小天地，我把它放在我的窗台上晒太阳，我热情地拜访它在野外的家。我们的关系不单是为了排解我在生活中的烦恼，我和

---

① 儒勒·米什莱（1798—1874），19世纪法国著名作家、历史学家。

其他人一样也有很多苦闷的经历，我还准备向蜘蛛提出一系列的问题，希望它会屈尊回答这些问题。

啊！和它经常来往可以激发我提出好多的问题！为了适当地记录这些问题，当然用不着年轻的印刷工人必备的毛刷。这里需要一支米什莱的鹅毛笔，而我只有一支粗短的铅笔。不管怎样，让我们来试一试，即使外表简陋，真相仍然是美的。

因此，我再次研究起蜘蛛的本能，上一卷里我做的实验还不够完整。自这些早期的研究以来，现在的观察范围大大扩展。我得到了新鲜的、更出人意料的事实，极大地丰富了我的记录。趁此机会，应该为蜘蛛做一个更详尽的传记。

诚然，我将要叙述的问题需要条理清晰，但会出现一些重复的语句。这是不可避免的，因为你必须把每天收集的无数个细节放在一个整体的大纲中，这些细节往往是偶然所得，彼此之间没有任何联系。

观察者无法掌控事情发生的时间，偶然的机会把他引向意想不到的道路。由第一个事实引起的问题在多年后才得到答案。此外，问题可能会扩大，在收集观察研究资料的时候被补充完整。在这样一个琐碎的工作中，重复是必要的，可以帮助我们融合各种想法。我会尽我所能保持简洁。

让我们再来研究我们以前认识的圆网蛛和狼蛛，这是蜘蛛目的主要代表。纳博讷狼蛛，也叫黑腹狼蛛，选择栖息在灌木丛生的石灰质荒地上，是百里香喜欢生长的有小石子的土地。它的家与其说是个堡垒，不如说是一个山区木屋，一个大约是食指和拇指张开那么深的洞穴，直径和玻璃瓶的颈部差不多。洞穴的方向尽量垂直于地面，因为在这样的土壤里经常有障碍物。如果障碍是一粒小石子，就会被狼蛛挖出来，扔到洞外，但是如果在挖洞过程中遇到难以搬动的鹅卵石，狼蛛就会绕开它，使它的走廊拐个弯。如果再一次遇到鹅卵石，走廊又会拐弯，它的家就变得弯弯曲曲的，顶上是碎石拱顶，狼蛛的洞穴之间可能会交叉连通，是它们意外挖通的。

这种杂乱无章并没有给它们带来不便，因为房主对房子的各个角落和楼层早就烂熟于心。如果地面上有什么东西引起了狼蛛的兴趣，它就会从它那曲曲折折的房子里爬上来，速度和从垂直的竖井上来一样快。可能它甚至会发现房子的曲折地形对它有利，有时它必须把一个有自卫能力的猎物拖入一个危险地带以便宰杀。

通常，洞穴的底部会扩建成一个宽敞的卧室，这是狼蛛休息的地方，它可以在那里凝神静思很长时间，当它填饱了肚子之后，它可以在里面慢慢消化。

狼蛛的房间四壁都涂抹了用丝做的灰泥，它十分精打细算，因为狼蛛不像纺纱女那样会制造很多丝，它用丝做的灰泥涂抹上升通道的四壁，防止破碎的土壤掉落下来。这种涂层，能黏合支离破碎的土壤，使粗糙的表面变光滑，尤其要涂在通道的顶部，靠近洞口的位置。白天如果周围的一切都很安静，狼蛛就会停留在那里，既在享受阳光，那是它最大的幸福，也在等待猎物经过。不管是它陶醉在温暖的阳光下，一动不动地待上几个小时，又或是一跃而起抓住经过的猎物，丝质涂层的丝线在各个方向上都给它的小爪子提供了坚实的支撑。

狼蛛在洞口周围，会修筑一堵环形的围墙，有时高耸，有时低矮，这堵围墙的原料是小鹅卵石、碎木片和附近干草叶上撕下来的纤维，所有这些东西都巧妙地缠绕在一起，再用它吐的丝黏合在一起。整个工程的建筑风格质朴，每个狼蛛的洞口都会修筑，有的狼蛛洞口的围墙被简化为一个略微隆起的门槛。

一旦狼蛛成年之后在一个地方安家，它就变得深居简出了。我和一只狼蛛在一起亲密地生活了三年。我把它放在我实验室窗户边的窗台上，每天都观察它。

是的，我很少在离它的洞穴几英寸远的地方看到它，它只要一有风吹草动就急急忙忙地赶回洞穴。

因此，可以肯定的是，当狼蛛自由自在地生活在野外时，它不会从远处收集足够的材料来建造它的围墙，它只会利用家门附近的建筑材料。在这种情况下，小石头很快就用光了，由于缺乏建材，砌墙的工作也被迫停止了。

我想看看如果无限制地给狼蛛供应建筑材料，它的围墙会修多高。我亲自给我的俘虏供应建材，事情就变得容易了。这样做可以帮助那些有朝一日想要继续研究灌木丛生的石灰质荒地中的大蜘蛛的人与狼蛛建立关系，我们来谈一谈我的实验对象是用什么材料来修筑围墙的吧。

我准备了一个大罐子，深度是食指和拇指张开的距离，在里面装满了富含小鹅卵石的红色黏土，与狼蛛通常生活的地方的土壤保持一致。我将土壤适当打湿成糊状之后，这些土壤被一层一层地围绕一根空心芦苇秆压紧，芦苇秆的直径与狼蛛的天然洞穴的直径相当。当容器装满的时候，我再把芦苇秆抽出来，就留下一个垂直的竖井。这样一座狼蛛的家就修好了，用来取代它野外的房子。

我只需要在我家附近走一走，就能找到一个可以住在里面的隐士。我用小铲子把一只狼蛛的房子挖开，把它搬到我建造的房子里，现在它成了这里的主人，它一头冲进了我做的洞穴里。它再也没有露面，也没有想在别处寻找更好的房子。一个大的金属网钟形罩扣在大罐子的地面上，以防它逃跑。

顺便说一句，我并不需要严密看管它。俘虏对它的新家非常满意，对它自己挖的洞穴也毫无留念之情。它没有企图逃跑。别忘记补充一点，每个罐子只能容纳一个居民。狼蛛喜欢排除异己。对它来说，邻居就是猎物，如果它比邻居强壮，它就会肆无忌惮地吃掉邻居。

一开始，我并不知道狼蛛这种野蛮的排他性，在繁殖季节更是如此，我看到在拥挤的钟形罩下发生了可怕的自相残杀。以后如果有机会，我将讲述这场悲剧。

我们还是来研究单独生活的狼蛛。它们并不修整我用一根芦苇秆给它们浇铸的房子，它们至多每隔一段时间把一些废土扔到洞穴外面，也许是它们正在洞穴底部为自己建造一个休息的卧室。所有这些废土，一点儿点儿地垒起了一个包围洞口的门槛。

我给它们提供了大量优质的建筑材料，远远超过了它们自己能找到的材料。首先，地基是光滑的小石头，其中一些有杏仁大小。用这碎石子混合短的酒椰叶纤维，这是一种柔软的带子，易于弯曲。它们取代了狼蛛通常使用的编织材料——那些细长的胚茎和干燥的草叶。最后，我还给我的俘虏们一种它们从来没有见过，也没有用过的材料，就是剪成一英寸长的粗毛线。

同时，我知道我的狼蛛有明亮的眼睛，我很想了解它们是否能够分辨颜色，以及它们对颜色有没有偏好，于是我将各种颜色的羊毛线混合在了一起：有红的、绿的、黄的、白的。如果狼蛛对颜色有自己的喜好，它就会选择某一种颜色的毛线。

狼蛛总是在夜间工作，这个情况让我很伤脑筋，我就不能一直在旁边观察它的工作方法。我只能看到最后建好的结果，仅此而已。我可以借着灯笼的光亮参观建筑工地吗？恐怕也行不通。一方面，狼蛛非常害羞，一有动静它就立即潜入它的洞穴，我也要以牺牲我的睡眠为代价。另一方面，它不是很勤奋，它喜欢从容不迫地工作。一个晚上的工作可能就是把两三股毛线或酒椰叶纤维缠在一起。除了工作缓慢之外，它还常常休息。

两个月过去了，狼蛛建造门栏所用的材料超出我的预期。这些富有的狼蛛只知道拿它们近在咫尺的建筑材料，它们建造了堡垒，它们的种族还从来没有修过与之类似的。在洞口周围，在一个低坡度的斜坡上，扁平光滑的小石头断断续续地铺在地面上。有一些较大的石块，相对于狼蛛的个头来说，实在是太大了，但也被它搬来广泛使用，就像其他石头一样。

在这些小鹅卵石上矗立着堡垒。它是由酒椰叶纤维和随机挑选的毛线编织而成的，没有区分颜色。红色和白色、黄色和绿色杂乱无章地混合在一起。狼蛛并没有被某种颜色所吸引。

最终的杰作就是它修建了一个套筒形的堡垒，有两英寸高。狼蛛吐丝将这些建筑材料黏合到一起，把碎片固定在一起，整个看起来就像一块粗糙的布。虽然这个堡垒的外形不是那么完美，因为外立面粗糙，总有些没有被建筑工修砌整齐的建材，但这座五颜六色的建筑还是非常漂亮的。鸟儿往鸟巢里垫毛絮，也不见得比这个堡垒好看。每一个在我这些罐子里看到这么多五颜六色的奇异建筑的人，都以为是我自己做的，就像是做实验时的恶作剧。当我告诉他这些堡垒的真正建造者时，他们非常惊讶。没有人会想到蜘蛛有能力建造这样的纪念碑。

不言而喻，在灌木丛生的石灰质荒地上，狼蛛并不沉迷于修建这种奢华的建筑。我前面已经说过了原因：它喜欢待在家里，不敢去远处寻找建筑材料，所以它只能利用它家门口周围的东西，这就非常有限。一些小土块，几颗小石子，几根小树枝，几棵干枯的禾本植物，这些就是它能到手的全部建筑材料。因此，它修筑的堡垒通常十分简陋，沦为一个几乎不怎么引人注意的门栏。

我的俘虏告诉我们，如果材料充足，尤其是纺织材料，就不用担心堡垒倒塌。狼蛛非常喜欢高耸的堡垒，它知道建造堡垒的工艺，只要它有足够的建筑材料，它就会施展它的建筑本领。

这种建筑艺术是与另一种艺术联系在一起的，它显然是另一种艺术的衍生。如果太阳太过火辣，或者雨水可能会漫进洞里，狼蛛就会吐丝结网把房子的洞口封闭起来，它在丝网上镶嵌各种东西，有时是被它吃掉的猎物的残骸。古代的盖尔人①把败军的头颅钉在他们小屋的门上。同样，凶猛的狼蛛也把受害者的头骨镶在巢穴的门上。同样大小的小石子也被镶在恶魔的圆顶上，但是我们不要把它的做法看作是在彰显好战者的胜利。狼蛛并不懂我们人类野蛮的虚荣。任何在洞穴门槛上的东西，特别是蝗虫的骨头、植物的残渣和小土块，都被它物尽其用。一只蜻蜓的头在阳光下被烤得像石头一样硬，不大不小正好镶嵌在网上。

因此，狼蛛用它吐的丝和其他小东西，在它家的洞口上做了一个盖子。我不太清楚它把自己封在家里的原因，它的封闭是暂时的，而且持续时间的长短千差万别。我在研究狼蛛家族分布的时候，有一个狼蛛部落的堡垒里住着很多狼蛛，如下文所述，它给了我这方面的确切信息。

在八月炎热的阳光下，我看到我的狼蛛们，有时是这些，有时是另一些，在洞穴的入口处修砌一个凸起的屋顶，屋顶与周围的地面很难区分开来。是为了避免被太强烈的日晒吗？这是值得怀疑的，因为几天后，太阳还是那么火热，屋顶却被戳了个洞，狼蛛又出现在它家门口，享受着被火一般的热浪包裹的感觉。

后来，十月来了，如果天上下雨的话，狼蛛就会隐居在屋顶下，仿佛它有意在防潮。然而，让我们不要断言任何事情：很多时候，雨下得很大，狼蛛还会冲破屋顶，让它的房子敞开大门。

---

① 盖尔人，英国少数民族之一。

也许这只是在家里有重大事务发生的时候它才会关上家门，尤其是在产卵的时候。事实上，我观察到一些年轻的还没有当过母亲的狼蛛，它们把自己锁在洞穴里面，过了一段时间，它们再出现在地面时，身后就挂着一袋狼蛛卵。由此推断，它们关上门是避免在产卵、编织卵袋的时候受到外界的打扰，这是雌性狼蛛的做法，这与大多数粗枝大叶的雌性狼蛛不一样。我发现它们有些在一个没有门栏的洞穴里产卵，我还遇到一些狼蛛，还没有自己的房子，就在露天编织卵袋，把卵包裹在里面。简而言之，不管天气如何，是热还是冷，是潮湿还是干燥，我都无法揭示出狼蛛把洞穴封闭起来的原因。

然而，洞口的盖子总是重复着破裂和复原的过程，有时在同一天。尽管盖子上覆盖着泥土，但丝网有足够的柔韧性，隐士一推就可以裂开一个口子，这样既打开了家门，又不会导致整个盖子崩塌。盖子上的泥土在狼蛛破门而出时落在洞口周围，并且由于随后修复好的盖子又被推开，滑落下来的泥土越垒越高，最后变成了一个围栏，在狼蛛漫长的闲暇时间里，围栏就这样逐渐被抬高。因此，地洞上方的堡垒起源于随时破裂又修复的盖子。堡垒是破损的天花板滑落而成。

这最后的一个堡垒有什么用？我的罐子会给我们答案。狼蛛在没有安家的情况下对追击猎物充满热情，一旦定居下来，它就更喜欢守在洞口，等待猎物经过。在炎热的天气里，每一天我都能看到我的俘虏们从地下悄悄地爬上来，靠在他们用毛线编织成的堡垒的城墙上。它们的姿势真的很优美，表情非常严肃。圆鼓鼓的肚子还在洞穴里面，头伸出外面，玻璃般闪亮的眼睛紧盯着外面，爪子收缩在一起，随时准备一跃而起，它们可以一动不动地等待几个小时，享受着日光浴。

如果它的猎物从面前经过，它以迅雷不及掩耳之势从堡垒塔顶上跳起来，用它的毒牙刺进蟋蟀、蜻蜓和我提供的其他猎物的颈部，然后卡着它们的颈部，再同样迅捷地爬上堡垒，带着猎物回家。简直是非凡的技巧和迅捷的速度。

狼蛛极少错过一个猎物，只要猎物从猎人的附近经过，在它伸手就能够得着的半径内。但是如果猎物离狼蛛有一段距离，比如在钟形罩的金属网格上，狼蛛就会对它熟视无睹。它不会出门去追逐猎物，而是让猎物四处游荡。要想胜利出击，它需要有成功的把握。它是通过堡垒上的高塔获得成功的。它躲在围墙后面，看见猎物过来了，它盯住猎物，直到猎物在它触手可及的范围内，它突然纵身跳起。有了这种出其不意的捕猎方法，它无往不胜。不管路过的昆虫长着翅膀，还是能迅速跳开，只要接近了狼蛛的埋伏圈，它们就必死无疑。

诚然，这需要狼蛛有很大的耐心，因为洞穴里没有任何可以作为诱饵的东西来吸引猎物。顶多，不时有些路过此地精疲力竭的昆虫将它凸出的塔顶作为休息的地方。但是，如果今天猎物没有来，那就等明天，等后天，或者更晚一些的时候，因为灌木丛中有难以计数的蝗虫在蹦蹦跳跳，它们很难控制跳跃的方向。总有一天，好运会把一些蝗虫带到洞穴的边缘。到时候狼蛛就会从堡垒顶上一下跳到猎物身上。在那之前，狼蛛需要时刻保持警觉，当吃的送上门来的时候就吃，但总会有吃的。狼蛛十分清楚食物迟早都会来，因此耐心等待着，并不担心会长时间饿肚子。它的胃很能适应，今天吃得很撑，接着是无休无止的饥饿，我有时整整几个星期都忘记给它们供应食物，而我的房客们也没有因此而变得更糟：在饿了很长一段时间之后，它们没有体力不支，而是像饿狼一样渴望食物。所有这些贪婪的饕餮之徒都一样：它们今天狼吞虎咽，大吃大喝，为明天的食物短缺做准备。

在狼蛛还处于幼年的时候，它还没有自己的洞穴，以其他方式谋生。它像成年狼蛛一样穿着灰衣服，但没有系上适婚年龄才有的黑色天鹅绒围裙，它在稀疏的草地中徘徊。现在才是真正的狩猎。如果有任何适合它的猎物出现，狼蛛就会紧随其后，把它驱逐出藏身之所，快步流星地跟上它。如果猎物跳到高处，正要飞走。在这紧要关头，狼蛛纵身一跃，垂直起跳，抢在猎物起飞前抓住它。

我很高兴看到我饲养的当年出生的最年轻的狼蛛，捕捉我为它们提供的苍蝇时多么迅猛。双翅目的苍蝇徒劳地逃到两英寸高的草叶上。狼蛛突然一跃，腾空抓住了猎物，就连猫捉老鼠的速度也比不上它快。

但这些都是年幼的狼蛛的壮举，它们还没有被肥胖拖累。后来，当它们需要拖着沉重的大肚子时，因为肚子里装满了卵和丝，这样的体操动作就无法做到了。于是，狼蛛挖一个洞穴安顿下来——这是一个狩猎的小屋，并趴在堡垒的顶部伺机捕猎。

什么时候开始狼蛛从一个流浪汉变成了一个深居简出的人？

它又如何得到从今往后度过漫长一生的洞穴的？现在是秋天，凉爽的季节已经到来。田野里的蟋蟀也是这么做的。只要白天晴朗，夜晚不太冷，这位来年春天的歌手就会在休耕的田里游荡，不在乎住在哪里。随处找一个暂时的庇护所，在需要的时候，一片枯叶下面就足够了。最终，在寒冬就要来临之际，它才开始挖掘洞穴，作为长久的住所。

狼蛛和蟋蟀的想法一致，和蟋蟀一样，在漂泊的生活中找到了很多乐趣。狼蛛在九月左右会穿上黑色天鹅绒围裙，表示它可以谈婚论嫁了。

在夜晚柔和的月光下，狼蛛们相互约会，相谈甚欢，在婚礼结束后它们互相蚕食。白天，它们在原野上打猎，在矮草丛中追逐猎物，一起享受晒日光浴的欢乐。这比一个人独自在深井下冥想要好得多。正因为如此，年轻的狼蛛妈妈们也并不少见，它们背着卵袋，甚至带着孩子，却还没有固定的家。

十月是安顿下来的时候了。事实上，有两种不同直径的洞穴。最大的，有玻璃瓶的瓶颈那么大，是属于老妇人的，它们至少在过去两年内一直是这所房子的主人。最小的有一支粗铅笔大小，住着当年出生的年轻妈妈。洞穴经过在它闲暇时漫长的装修，那些初学者建造的洞穴不断加深和扩大，并成为宽敞的家，就像上一代人的家一样。这两种洞穴都有各自的主人和它的孩子，有的孩子已经孵化出来，有的还待在丝网编织的卵袋里。

我没有看到任何挖掘工具，我一直认为挖掘一座房子必须要有挖掘工具，我想知道狼蛛是否会利用一些别人遗弃的地洞，这些地洞是蝉或蚯蚓的杰作。我觉得，如果碰巧遇到现成的地洞，一定会缩短狼蛛挖掘的工期，因为狼蛛显而易见没有优良的挖掘工具，它只需要扩大并修整一下就足够了。我犯了一个错误：洞穴从入口到底部，都是由狼蛛自己努力挖出来的。

那么钻探的机器在哪里？我们首先想到的是它的足和爪子，但对此深入思考之后会发现，这样的工具太长了，在狭小的空间内难以操作，所以是行不通的。这里需要矿工的短柄镐，因为必须要用力敲击地面，插入地下，再撬起来，翻出一块土。这需要一个顶端锋利的工具，才能扎进泥土堆里，将泥土挖开捣碎。因此，还有可能的是狼蛛的尖牙，这是一种精细的武器，起初我们不太愿意相信，这样细的牙齿怎么会参与类似的工作，就像用手术刀挖一口井一样不合逻辑。

这是两颗锋利弯曲的尖牙，在没有行动的时候，它们像弯曲的手指一样折叠起来，藏在两根粗壮的螯肢之间。就像猫把爪子缩回肉垫里面，以保证它们的锋利。同样，狼蛛也保护着它的毒匕首，把它们折叠在两根粗柱子的后面，这两根柱子垂直于狼蛛的脸部向下延伸，里面有负责伸缩匕首的肌肉。

于是，用来杀死猎物的外科手术工具包，在这里变成了艰苦的钻探工作所必需的鹤嘴镐。我不可能见识到它在地下的挖掘工作，但至少，只要有一些耐心，我们就可以亲眼看见它出洞来倒废土。如果我在大清早就一直不知疲倦地观察我的俘虏，我最终会发现它带着一堆废土从洞穴深处爬上来。因为挖掘工作主要是在晚上进行，而且断断续续的。

完全出乎我的意料，它那么多只足没有起到推土上地面的作用。推土的车就是它的嘴巴。尖牙之间有一团土，由触须撑着，触须就像是为口器服务的小手臂。狼蛛小心翼翼地从它的堡垒高塔上下来，走了一段距离，放下了它的担子，然后迅速冲回洞穴，接着把更多的废土推上来。

我们已经看到很多次狼蛛进行挖掘工作，我们知道，狼蛛的弯牙是割喉的武器，不怕咬在黏土和砾石上。它们把挖掘出来的碎土揉成小圆球，托起大块的泥土，运到外面。其余的不言而喻，是尖牙在敲击、挖掘、撬起泥土。它们是多么的坚硬，才不会在挖井的工作中磨钝，挖完洞穴之后它还要再去做颈部的手术呢！

我刚才说过，洞穴的修复和扩大是在很长一段时间内进行的。每隔一段时间，狼蛛洞口环形的门槛会修复，并抬高了一点。它的房子变得更大更深则需要更长的时间。

通常，它的房子在一整个冬天都维持原样。到了冬天结束的时候，三月是比其他任何季节都好的月份，这时候狼蛛好像特别渴望给自己的家扩大规模。现在是它接受考验的时候了。

我们知道田里的蟋蟀被从洞穴里挖出来之后，被关在钟形罩里，如果条件允许，它也愿意的话，就可以为自己挖一个新家。但它宁愿从一个临时住所迁移到另一个临时住所，或者更确切地说，它不再想为自己创造一个永久的家。对蟋蟀来说，只有一个短暂的季节，期间它急不可耐地想在地下挖掘洞穴的本能被唤醒。这个季节过去之后，这位挖掘洞穴的艺术家就会意外地失去这种本能，变成一个到处游荡的流浪汉，对拥有一个固定居所不感兴趣了。它失去了挖掘的才能，只能在星空下露宿了。

当小鸟没有一窝刚孵化的孩子要照顾的时候，它就会放弃筑巢的艺术，这是完全合乎逻辑的，它是为它的家庭筑巢而不是为它自己。但是蟋蟀没有居所露宿在外，会遭遇各种不幸，我们又能说什么呢？对它来说，一个屋顶的保护是非常有用的，尽管它身体强壮，还有比别人更适合挖掘的健壮的上颚，但是它也不会想到自己挖一个洞穴。

蟋蟀的这种疏忽有什么原因？没有原因，只是辛劳挖掘洞穴的季节已经过去了。昆虫的本能都有它的时间表。在规定的时间到来，本能突然苏醒，然后它们又突然消失。当规定的时间结束时，有创造力的人也就变成了无能的人。

在这个问题上，我们可以用灌木丛中的狼蛛来做实验。我在钟形罩里安放了一只当天从野外带回来的老狼蛛，并准备了它喜欢的土壤，我事先在土里挖了一个地洞。我用一根芦苇秆，先大致按照它原来的家的样子做了一个人工洞穴，狼蛛就立刻钻进了洞穴，似乎对这个新家很满意。我的手工作品被狼蛛接受为它的合法住所，它几乎不再做任何改动。随着时间的推移，它所做的一切，都局限于在洞口周围建一个堡垒，用丝和着泥土固定洞穴的顶部。在我修建的这个洞穴里，狼蛛的行为和大自然条件下的行为一致。

但让我们把狼蛛放在泥土表面，而不先给它挖一个洞穴，狼蛛会怎么做？显然它会马上开始挖房子。它孔武有力，生机勃勃。而且，我给它提供的泥土，和我把它搬走前它生活的泥土一模一样，非常适合挖掘。因此，我们预测很快就会看到狼蛛以自己的方式挖出一个竖井来。

然而，我们很失望。几个星期过去了，狼蛛什么也没有做，完全没动土。由于缺乏掩体，狼蛛情绪低落，对我提供给它的猎物看都不看。蝗虫即使就在它触手可及之处飞来飞去也是徒劳，大多数时候，它都视而不见。禁食郁闷慢慢地吞噬着它。最后它死了。

你这个可怜的傻瓜，快回去当矿工吧，只要你努力劳动，你就能再有一个家，在今后很长一段时间里，你的生活将会很幸福，因为你赶上了好时节，食物也很丰富。挖地，打洞，深入地下，你就能得救。如果你愚蠢地什么都不做，你就会死亡。你为什么要这样？

因为它忘记了以前的工作，因为坚持不懈地挖掘的时期已经过去，你可怜的智力不能让事情回到正轨。第二次做已经做过的事超出了你的认知。你表面上看起来很善于思考，但却无法解决做过的工作需要重新做的问题。

现在让我们来看看年轻的狼蛛的表现，它们正处在挖掘洞穴的季节。二月底，我挖出了半打年轻的狼蛛。它们的个头是老狼蛛的一半，它们洞穴的口径有小指般粗。我看到在竖井周围散落着很多挖掘出来的碎土，仍然是新鲜的，证明它们正在井下挖掘。

这些年轻的狼蛛被关在钟形罩里，它们的行为根据我给它们提供的泥土是不是含有一个我事先挖好的洞穴而有所不同的。我所说的洞穴是夸大其词了，其实我只给它们一个竖井的前半截——深度大约一英寸的洞口。有了这个简陋的住处，狼蛛毫不犹豫地继续刚才在田里被打断的工作。晚上，它奋力地挖掘。我从洞口外堆的大量废土得到确认。最后，它得到了一个它喜欢的家，洞口上建有堡垒，就像往常一样。

另一些狼蛛正相反，我没有用铅笔预先给它们留下一个洞穴的开端，这个开端就像我把它们搬出来的自然地洞一样，它们坚决拒绝重新挖掘洞穴，尽管有充足的食物，它们还是死了。

前者继续从事季节性的挖掘工作。当我抓住它们的时候，它们正在挖洞，在劳动进程的推动下，它们仍在我提供的洞里继续挖掘。它们被人造的竖井开端欺骗了，继续加深铅笔造出来的竖井，就像它们在加深它们真正的洞穴一样。它们没有重新开始工作，而是在继续以前的工作。

而后面的这些狼蛛没有这样的诱饵，没有让它们误以为是自己工作的洞穴的相似地洞，因此放弃了挖掘，自己等死，因为它们必须重复先前做过的一系列动作，重新用镐挖地。如何重新开始需要思考，这是一种对它们来说陌生的能力。

对于昆虫来说——在许多情况下，我们已经认识到这一点——做过的就是做过的，再也不会重做了。手表的指针不会倒着走。昆虫的行为也是如此。它的神经活动使它总是一味向前，不允许它后退，即使出现意外它必须要重新开始的时候，也不行。

这一点我们从石蜂和其他昆虫那里已经知道了，现在狼蛛以自己的方式又证实了这一点。当第一个家被毁时，它不能重新为自己创造第二个家，它就会四处游荡，闯进邻居的家，如果它不比邻居强壮的话，就会有被吃掉的危险，但它也不会再重新建造一个家了。

啊！昆虫独特的智力结合了机械的僵硬和大脑的灵活！它是否有清晰的计划性和追求目标的愿望？通过这么多实验之后，尤其是狼蛛的实验让我们对这个问题深表怀疑。

圆网蛛织网

捕鸟网是一个精巧而邪恶的人工装置。用绳索、木桩和四根棍子，把两张宽大的泥土色的网展开放在一片开阔地上，一张放在右边，另一张放在左边。在适当的时候，猎人躲藏在灌木丛里的藏身处，用一根长长的绳子把它们拉起来，它们突然就合上了，就像百叶窗关上一样。

在两张网之间，有几个引诱鸟过来的笼子，里面关着朱顶雀和燕雀，金翅雀和黄鹂，鹀（wú）和圃鹀，它们都有灵敏的听觉，能察觉到远处有一群它们的同类经过，并立即发出一声声简短的呼唤。其中一种叫桑贝的鸟，特别擅长诱惑其他鸟，让它们难以抗拒。它不停地跳跃和拍打翅膀，表面上看起来是自由的，实际上被一根绳子绑在监狱的柱子上。它这么扑腾是为了飞走，但是一直没有办法飞走，它感到绝望，又或是因为飞得筋疲力尽，趴在地上，拒绝再继续引诱其他鸟。捕鸟人可以不离开藏身处而轻易让桑贝苏醒过来。他只需要一根长长的细绳就能拉动一个可移动的小杠杆在支轴上发挥作用。桑贝就被这个狠毒的装置从地上带起来，随着细绳的每一次拉动，它飞起来，落下地，再飞起来。

在秋日清晨柔和的阳光下，捕鸟人等待着。突然间，笼子里发生了剧烈的骚动。几只雀一个接一个地发出它们集结的叫声："乒克！乒克！"天空中有什么飞来了。快点，桑贝。天真的鸟儿们来了，它们降落到这片有陷阱的区域了。埋伏者急忙拉动绳子。两张捕鸟网合上了，所有的鸟儿都被捉住了。

人类的血管里流着野兽的血。捕鸟人跑上前去，开始了对鸟儿们的大屠杀。他用拇指按住小鸟的心脏，打碎它们的头骨。小鸟成了可悲的猎物，从鼻孔里穿一根线，十几只鸟儿穿成一串，拿去市场售卖。要论这种邪恶的才智，自然界中圆网蛛的网可以与人类的捕鸟网相提并论，圆网蛛的网甚至超越了捕鸟网。经过耐心仔细的研究，我们发现圆网蛛的网具有高度完美的主要特征。这是一种多么高超的艺术，就为了捕捉几只苍蝇！在整个蜘蛛世界中，没有哪一种蜘蛛能比得上圆网蛛为了吃饭而激发出来的精湛艺术。如果读者认真阅读我下面的讲述，他一定会和我一样对圆网蛛表达钦佩。

首先，我们必须亲自看到圆网蛛织网，我们需要看它怎么编织，再看一遍，然后再多看几遍，因为如此复杂的作品的说明书只能分段阅读。今天的观察给我们一点儿细节，明天会给我们另外一点儿细节，给我们新的启发，每观察一次就会认识一个新的事实，证实其他事实或让我们获得意想不到的想法，丰富我们已获得的知识。

雪球在白色的雪地上滚动，无论每一次叠加多么单薄的一层，最终都会变成一个巨大的雪球。

科学观察中的真理也是如此，它是靠耐心观察积累起来的点点滴滴堆砌而成。虽然这些观察蜘蛛织网的人有这么一点一滴的收获是要耗费大量时间的，但至少他们不需要长途跋涉，靠碰运气来进行研究。因为在最小的花园里都有圆网蛛，它们是技艺超群的纺织女工。

在我居住的荒石园里，在我照看的最著名的蜘蛛中，我选择了六种不同的圆网蛛，所有六种圆网蛛个头大小合适，都很有织网的天赋，它们是彩带圆网蛛、圆网丝蛛、角形圆网蛛、苍白圆网蛛、冠冕圆网蛛和漏斗圆网蛛。

在整个天气温和的季节，这是蜘蛛织网的时间，我可以自由地观察它们，跟随它们的工作，有时观察这个，有时观察另一个，由这一天碰到哪些蜘蛛决定。我前一天没看清楚的东西，第二天可以在更好的条件下看清楚，在以后的日子里，我可以随心所欲地看清楚，直到我研究的事实完全呈现在眼前。

我们每天傍晚从一棵高高的迷迭香的一端一步一步地走到另一端。如果蜘蛛织网的时间太久，我们就干脆坐在灌木丛旁，正对着吐丝的蜘蛛，这儿有明亮的光线，我们凝神静气、不厌其烦地观察着。每次这样转一圈都能为我们带来一些细节，填补我们已经获得的知识中的空白。我承认，花了几年的时间，每年都在漫长的季节里，以这种方式观察蜘蛛织网是一项相当辛苦的工作。

我向上天证明，我并没有向它们收取租金。无论如何，这所学校带给我很多思想上的启发。

对于这六种圆网蛛中的每一种，特别是它们的工作进展，都是不必赘述的；这六种蜘蛛都用相同的方法，编织出相似的网，除了一些细节上有差异，这些细节我将在后面介绍。因此，我将其中一种蜘蛛或另一种蜘蛛提供的资料融汇成一个整体。

我的研究对象主要是年轻蜘蛛，它们身材矮小，在下一个季节会变得高大很多。它那装满丝的肚子几乎和梨种子一般大小。我们不能因为它们的肚子小就质疑它们的织网能力，在蜘蛛的世界里，织网才能和年龄不成正比。大腹便便的成年蜘蛛反而没有它们织得好。

此外，对观察者来说，初学织网的蜘蛛有一个非常宝贵的优势，它们在白天工作，尤其是在阳光下工作；而年长的纺织女工只在夜间工作，工作时间不适合观察。前者轻易地向我们揭示了它们作坊的秘密，而后者却对我们保密。织网工作在七月进行，从日落前几个小时开始的。

这时候，荒石园里的年轻纺织女工们离开了它们白天的藏身之处，选择好织网的位置，各就各位，就开始吐丝。它们数量众多，我们可以按我们的观察方便来选择。我们选择在这只蜘蛛面前停下来，现在它正在为织网工作打基础。它没有任何明显的工作顺序，沿着迷迭香树篱，从一根树枝的顶端走到另一根树枝的顶端，这两个树枝之间的距离是拇指和食指张开的两倍。然后它开始用后足上的像梳子一样的刚毛把一根丝从纺织器里拉出来。在它的这项预备工作中，看不到任何对蛛网结构进行设计的计划。

蜘蛛在网上仿佛是随意地爬来爬去，它一会儿往上爬，一会儿往下降，一会儿又上升，一会儿又再次下落，每次来回都用多条丝线来巩固分布在各处的连接点。最终形成一个单薄的、杂乱无章的脚手架。

它的脚手架是不是搭得乱七八糟的？也许并不是。在织网方面，圆网蛛比我更有经验，它已经规划了网的总体布局，然后建造了一座缆索的框架，在我看来不太好，但非常适合圆网蛛的建筑工程。它到底想要什么？它需要一个可以嵌入网络的坚固的框架。它刚刚建造的这个框架就很符合它的要求，它划定的这个框架内有一大片平坦而垂直的空间，能让它自由来去。这就是它需要的全部。

此外，现在整个蜘蛛网只是暂时的，因为每天晚上，它都要从头到尾重新整修一遍，因为猎物撞上蛛网之后就会使蛛网在一夜之间破败不堪。它织的网仍然太脆弱了，无法抵挡猎物被捕获时的拼命挣扎。相反，成年圆网蛛织的网由更结实的丝线构成，能够多维持一段时间，正如我们将在其他地方看到的那样，成年圆网蛛编织的框架会更细致。

在这个反复维修的有限区域里，有一根特殊的丝线，这是圆网蛛织网的第一根丝。它有别于其他的丝，它的位置远离周围任何可能妨碍它震荡摆动的小树枝。在它的中间，有一个巨大的白色圆点，由一个蛛丝垫构成。它是标志着未来蛛网建筑中心的里程碑，将会引导圆网蛛在令人眼花缭乱的织网进程中变得井然有序。

现在是编织狩猎网的时候了。蜘蛛从中心的白色圆点开始编织，借助于第一根横向长丝线，它迅速织出了一圈圆形的丝线，也就是环绕自由区域的不规则框架。它总是突然地从圆周回到中心，重新往外织，往返不止，向右，向左，向上，向下织网，它爬到网顶上，又落到下方，再次爬上去，再次降落到下方，不断地以最意想不到的辐射角度到达中心点的里程碑。每一次，一条射线似的丝被拉在这边，然后再拉一条在那边，接着又到其他地方，看起来好像是一团乱麻。

　　织网的工作进行得如此随心所欲，以至于我们需要持续地仔细观察，才能在最后把它的工作流程看清楚。圆网蛛通过一条伸展辐射丝到达织网区域的边缘。这个边缘离蛛网在灌木丛上的每个接触点都有一段距离，圆网蛛把丝固定在框架上，然后再沿着刚才走的路径返回网的中心。

　　圆网蛛在折线路径中吐出的丝，一部分是辐射丝，一部分缠绕在框架上，这些丝线比从网的周边到中心点之间的确切距离长得多。当蜘蛛回到中心点时，它会调整它的丝，把丝拉到适当的松紧度，并固定住，再把多余的丝聚集在中心点靶心上。每一个拉伸出来的辐射丝，都会有使用后剩余的部分，这样中心点的靶心就变得越来越大。中心点一开始是一个点，到最后变成一个球，甚至是一个相当大的垫子。

　　我们稍后将看到这个垫子会变成什么，蜘蛛就像一个勤俭持家的主妇，把剩余的蛛丝积攒在垫子上。就目前而言，让我们注意观察，蜘蛛在编织每一根辐射丝时怎么使用它的足、爪子和刚毛，它的勤奋刻苦是值得我们注意的。

通过这样做，它为辐射丝提供了一个坚实的共同支撑，类似于我们汽车车轮的轮毂（gǔ）。

蜘蛛网最后呈现出的规律性似乎表明，辐射丝是按照顺序排列在蛛网上的，每一根辐射丝都紧挨着另一根。事情以另一种方式进展着，起初看起来很混乱，但实际上是一种明智的组合。

在往一个方向拉伸了一些辐射丝之后，圆网蛛就跑到对面，在相反的方向上也拉一些辐射丝。这种方向上的突然变化是合乎逻辑的，向我们展示了蜘蛛是如何保证蛛丝的平衡。如果它们很有规律地只在蛛网的一边编织，另一边没有相反方向拉扯的辐射丝，就会因为一边的张力过大而让蛛网扭曲，甚至会因为缺乏稳定的支撑让蛛网破损。在继续之前，有必要在中心点的另一边拉一组反方向的蛛丝，这些蛛丝的阻力就能保持整体平衡。任何向一个方向拉的丝，都必须立即要伴随向相反方向拉的丝。这就是我们所说的静态平衡，圆网蛛也是如此做的，它在没有学习的情况下就掌握了缆索结构的秘密。

圆网蛛织网时看似不连贯，而且杂乱无章，我们禁不住怀疑，它织出的网也将一团糟吗？不是的，辐射丝之间是等距的，形成一个匀称美丽的太阳形状。每种圆网蛛织出来的辐射丝的数量各不相同。在它们的蛛网上，角形圆网蛛是21根辐射丝，彩带圆网蛛是32根，圆网丝蛛是42根。这些数字虽然不是绝对固定不变的，但误差很小。

那么，我们中有谁会在没有经过长时间的摸索和缺乏测量工具的情况下，能把一个圆圈平均分割成这么多个扇形呢？圆网蛛在被风吹得摇摇晃晃的丝线上背着沉重的丝袋，对这一切毫不在意，练习着这种精妙的划分。我们的几何学认为它们的方法是不可思议的，但它们却做到了。它们在看似凌乱的工作中，将网织得井井有条。

然而，我们也不要夸大它们的能力。角度的相等只是近似的，用肉眼看不出来，但却不能经受严格的测量。在这里，我们不能要求数学上的精确度。不管怎么说，蛛网能达到的结果已经令我们非常惊讶。

圆网蛛是怎样用如此奇怪的方式成功地解决这个困难问题的呢？我还在思考。

蛛网上的辐射丝安装完成了。圆网蛛又回到最初的靶心中心点了，蹲在用切断的丝堆积而成的垫子上。借助于垫子的支撑，它慢慢地原地旋转。它在忙于一项细致的工作。它用一种极其精细的丝，从中心开始，连接一根辐射丝和另一根辐射丝，画出一个非常紧密的螺旋线。在成年圆网蛛的蛛网上，以这种方式工作的中心区域可以达到手掌大小，在年轻圆网蛛的蛛网上，这个区域很小，但绝不会没有。我基于对此的研究稍后会解释这两者不同的原因，我现在暂且将这个区域称为休息区。

然后丝会变得更粗。开头的丝几乎看不见，第二圈的丝就清晰可见了。圆网蛛在倾斜的方向上大迈步移动着，转动了几圈，离中心点越来越远，它边走边将丝固定在经过的辐射丝上，最后它到达了框架的内边缘。它刚刚在蛛网上织出了一个个越来越大的螺旋圈。每一圈到下一圈之间的平均距离是一厘米。甚至在年轻圆网蛛织的蛛网里也是如此。

我们不要被"螺旋圈"这个词所误导，以为它织的是一条曲线。在圆网蛛的工作中，没有编织过任何一根曲线，它只使用直线和直线的组合。我们在这里看到的只是一条多边形的线，被列入了几何学所谓的曲线中。这条多边形线是一个临时的结构，会随着真正的捕虫网编织完成而消失，我给它起名叫辅助螺旋丝。

辅助螺旋丝是为了给圆网蛛提供像梯子一样的支撑，特别是在边缘区域，辐射丝之间彼此相距太远，不能提供适当的支撑。辅助螺旋丝也可以用来引导圆网蛛完成它即将开始的极其精细的工作。

但在此之前，需要做最后一件事。辐射丝之间的空间是非常不规则的，这是由于支撑它们的树枝高低错落导致的，永远都在变化中。如果在枝桠众多的角落里织网，辐射丝排列得太密，就会扰乱编织蛛网的顺序。圆网蛛必须要选择一个适宜织网的空间，在那里辐射丝的角度非常规则，它才可以在上面放置螺旋丝。此外，它绝不能在蛛网上留下猎物可以逃跑的空隙。作为织网的专家，圆网蛛很快就意识到了需要填补的缝隙。它先往一个方向，再往另一个方向往复移动，把吐出的丝放在辐射丝上支撑住，这根丝在有漏洞的区域的边界上突然横向弯折了两次，画出一个之字形，与希腊的装饰艺术有相似之处。

于是，当每个边角处都布满希腊风格的补充丝的时候，现在可以开始编织最重要的捕虫网了，前面所做的一切都只是为这个捕虫网打基础。

圆网蛛一方面抓住辐射丝，同时又抓住辅助螺旋丝，它沿着与放置螺旋时所走的路线相反的方向边走边吐丝。它逐渐远离中心点，现在它又向中心点靠近，而且它旋转的圈之间的距离更近，铺设了更多圈丝线。它最终从辅助螺旋丝的底部离框架不远的位置离开蛛网。

后面的情况观察起来非常痛苦，因为圆网蛛的动作快速，且不连贯。它可能突然一连串地猛冲、摇摆、蹦跳，使人目不暇接。我需要持续地关注和反复地察看，才能将圆网蛛的工作流程了解得更加清晰。

圆网蛛的两条后足是它的编织工具，一直在不停地忙碌。让我们根据这两条足在工作时所处的位置来称呼它们。我们称圆网蛛在蛛网上绕圈时靠近中心点的那条足为内足，绕圈时靠近外面的那条足为外足。

外足从纺织器中拉出丝线，并将丝传递给内足，内足以优美的姿势将丝安放在横穿而过的辐射丝上。同时，外足还要测量距离，它抓住已经安好的上一圈辅助螺旋丝，在当前的辐射丝上找好距离合适的点将丝线焊接到上面。丝线一旦接触到辐射丝，就因为蛋白凝固的原因固定在了上面。整个过程非常迅速，蛛丝不需要打结，自然而然就焊接上了。

然而，当圆网蛛织网旋转的圈越来越小时，它布的丝越来越接近刚刚用作支撑的辅助螺旋丝。最后，当两者非常接近时，这些辅助螺旋丝就该消失了，不然，它们会破坏蛛网的规则形状。

因此，圆网蛛为了支撑身体趴在上一级横线梯子上，它一边走着，一边一根接一根地收集那些不再为它服务的辅助螺旋丝，并把它们卷成一个丝线小球，放在下一级横线梯子的连接点上。由此，沿着消失的辅助螺旋丝的路径，产生了一系列丝粒子。

要想分辨清楚这些点，需要光线正好照到蛛网上，这些点是被撤回的辅助螺旋丝的唯一残留物。如果它们不是无懈可击的规律分布，让人想起已经消失的螺旋丝，我们还误以为那是灰尘颗粒。直到蛛网最终损坏的时候，这些点都一直存在，总是可以辨认出来。

圆网蛛不停地绕着中心点转圈，并逐渐从边缘向中心点靠近，边走边重复将蛛丝焊接到穿过的辐射丝上的动作。年轻圆网蛛在螺旋回路中织网要花费整整半个小时，成年圆网蛛甚至要花费一个小时。圆网丝蛛在螺旋回路中需要大约五十分钟，彩带圆网蛛和角形圆网蛛在螺旋回路中花费大约三十分钟。

最后，在离中心点还有一段距离的地方，在我所说的休息区的边缘，圆网蛛突然结束了它沿着螺旋线织网的步伐，而此时剩余的空间足够它旋转很多次。我们稍后将看到突然停止的原因。然后，不管是年轻的还是年老的，都急急忙忙地扑向中间的垫子，把它取下来，拉出卷成一个丝线球，我以为它会把球丢掉。

完全没有，它很精打细算，不允许这种挥霍浪费。它把垫子吞了下去，这个垫子以前是最初的里程碑，后来是一团多余的丝。这个垫子将在蜘蛛的消化器官中重新熔化，毫无疑问，它必须存进吐丝的宝藏中。这个垫子是咬不动的，只有靠胃来辛苦消化，但它非常珍贵，不应该丢掉。吞完垫子之后，圆网蛛的工作也就结束了。它立刻头朝下坐在蛛网中央，摆出捕猎的姿势来。

我们刚才看到的蜘蛛织网的过程启发了人们的思考。我们生来就是右撇子。因为一种无法解释的不对称，我们的右半部分比左半部分更有活力，动作更熟练，这种不对称在双手中尤其明显。

我们常用"灵巧""灵活""敏捷"等词语来形容右手，语言表达了我们偏爱一方的绝对优势。

反过来，动物是右撇子还是左撇子，或者没有明显区别？我们已经发现蟋蟀、螽斯和许多其他昆虫，它们演奏乐曲的时候，琴弓位于右侧的鞘翅，而发声器位于左侧的鞘翅。它们是右撇子。

如果让我们随意旋转身体，我们转的时候会用右脚后跟来作为支撑。用身体的右侧来作为旋转的枢轴，会更稳当，而如果用身体的左侧作为枢轴，会比较无力。类似的情况还有，涡轮壳软体动物几乎所有的涡纹都是从左向右旋转的。在水生动物和陆生动物的众多物种中，只有少数例外是从右向左旋转的。

了解一下二元结构的动物系列是如何分为右撇子和左撇子的，这是很有意义的。可以用来对比的不对称性是普遍存在的吗？有没有中间状态，也就是左右双方都同样的灵巧，同样的健壮有力？是的，有的，其中一种动物就是圆网蛛。它的本领非常令人羡慕，它的左边并不比右边差。正如我下面的观察结果所证明的那样，它左右都灵巧。

圆网蛛为了安装捕虫网的丝，它会朝一个方向或另一个方向旋转织网，我们持续的观察证明了这一点。它选择哪个方向旋转，至今还是个谜，我们无法解释。一旦采取了这样或那样的方向，圆网蛛就不会改变，即使在有扰乱工作进程的事发生之后也是如此。有时，一只虫子会撞上已经编织好的部分网。然后，蜘蛛突然停下它的织网工作，跑到猎物那里，把它捆绑起来，然后又回到停止点，按照之前的顺序继续螺旋前进。

在圆网蛛刚开始织网时，既会朝一个方向旋转，也会朝相反的方向旋转，我们可以看到，在它编织新网的过程中，在用丝绕中心点时，有时它用右侧身体，有时它用左侧身体。但是，我们说过，它总是用朝向中心点的内后足把丝安放好，也就是说在某些情况下，它用右边，在另一些情况下，用左边。这是一个灵巧的操作，在这个操作中，动作要迅速，并且每一次都严格保持相等的距离，所以必须有巧妙的技术。无论谁看到圆网蛛后足的高精确度运动——今天是右侧足，明天是左侧足——都会确信它的左右两只后足都是同样的异常灵巧。

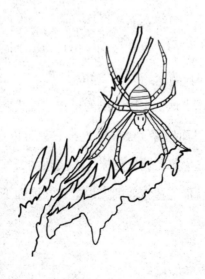

迷宫蛛

如果说圆网蛛是高超的捕虫网编织者，它的织网技艺无与伦比，那么还有许多其他的蜘蛛在填饱肚子和繁衍后代方面足智多谋，这是动物生存的基本法则。其中有一些非常著名，早已大名远扬，在所有讲蜘蛛的书中都会提到。

有些狼蛛栖息在洞穴里，比如法国狼蛛，但这种残忍的蜘蛛不重视对自己洞穴的修整完善。它只在洞口外竖起了一堵围墙，由小石子、碎木片和它吐的丝构成。而其他狼蛛则在洞口安装了一个可移动的圆形盖子，一个带铰链的护窗板，一个凹槽和门锁系统。当狼蛛回到家里，盖子被精确地推入凹槽中，以至于从外面很难辨别盖子。如果有敌人妄想侵入它的家，持续地试图抬起房门，狼蛛就会插上门闩，也就是说，用它的爪子插在铰链对面的一些洞里，自己靠在墙上，使房门无法打开。

另有一种，叫作水蛛，它用吐出的丝在水里建造一个形状优美的潜水钟，它在里面储存了空气。这样它就可以在水里呼吸，它在如此凉爽的环境中等待猎物到来。在炎热的天气里，它真是过着奢侈的生活，就像那些荒唐的人以前曾在海面下用大理石块和凿好的石头造房子那样。提比略①的海底宫殿只是一个可怕的回忆,水蛛精致的潜水钟会一直存在。

如果我有来自个人观察的资料,我想详细谈谈这些勤劳的水蛛,我想在它们的故事中增加一些从来没有描述过的事实。但是我必须放弃这个想法。因为在我生活的地区没有发现水蛛。在我家所在的地区曾发现过精通铰链关门技术的狼蛛,但极其罕见。我只在灌木丛旁的一条小路上见过它一次。我们知道,机会是转瞬即逝的。

观察者比其他人更有义务抓住机会。我当时全神贯注于其他的研究,只瞥了一眼好运给我提供的这个绝妙的实验对象就走了。机会一旦失去,就再也没有发现过它了。那就让我们用经常去观察平平无奇的蜘蛛来补偿这次失去的机会,这其实也有利于我们的深入研究。寻常可见的蜘蛛并不普通。我们只要密切关注它,就会发现由于我们的无知而没有看到的闪光点。只要耐心地观察,哪怕最微小的生物都在为生命的和谐曲增添自己的音符。

我在我家周围的田野里跑来跑去,一直在留心观察,苦苦寻觅,腿都跑酸了,只遇到过像迷宫蛛这样常见的蜘蛛。这里没有灌木丛,地面上只有野草,在安静而又阳光充足的角落里,生活着一些迷宫蛛。在光秃秃的原野上,尤其是在被伐木工人砍伐一空的丘陵地带,迷宫蛛最常扎营的地方就是岩蔷薇、薰衣草、仙人掌和迷迭香组成的灌木丛,这些植物都被牛群的牙齿啃食过。

① 提比略(公元前42—公元37),罗马帝国第二位皇帝,朱里亚·克劳狄王朝第二位皇帝,公元14年9月18日—公元37年3月16日在位。

这就是我所说的，适合给蛛网提供支撑的树枝相互之间必须有一定的空隙，那种密密匝匝的灌木丛是不行的。

在七月的清晨，太阳还没有晒得我脖子疼之前，我每周都要去原野上看几次我的迷宫蛛。孩子们陪着我，每人拿着一个橘子，准备用来解渴。他们借给我他们敏锐的视力，他们健步如飞。这次探险有望取得成功。

我们很快就发现了这些高大的丝质建筑，从远处就能看到，它们上面挂着小露珠，被黎明的晨光照得闪闪发光。孩子们对这个圆锥形的枝型烛台赞叹不已，以至于一时忘记了橘子。就我而言，我并不是对此无动于衷。我们的蜘蛛造出的迷宫是一个美丽的奇观，挂满了夜晚的泪水，被清晨第一缕阳光照亮。在乌鸫演奏的奏鸣曲的伴奏下，能亲眼看到这个情景而起个大早真的值了。

经过半小时阳光的烘烤，神奇的珠宝就随着露水消失而消散。现在是观察这个蜘蛛网的时候了。它把蛛网织在一大束岩蔷薇上，蛛网有一条手帕大小。蛛网的角度可以随时改变，周围大量分布的蛛丝把它固定在灌木丛上。在杂乱无章的蛛网上，没有一根突出的小树枝提供接触点。蛛丝到处缠绕，横七竖八，盖过树枝，灌木丛也被蛛网遮蔽而看不清了，仿佛披上一块白色的雪纺绸布。

尽管支撑蛛网的树枝高低不平，迷宫蛛的网边缘是在一个平面上，中间像火山口一样逐渐凹陷进去，整个形状就像一个喇叭，那是它的狩猎小屋。蛛网中心部分是一个圆锥形的深井，如同一个漏斗，它的颈部逐渐收窄，垂直地插入绿油油的灌木丛中，长度大约有拇指和食指张开的距离。

在令昆虫们胆寒的捕猎管子的入口处，站着一只迷宫蛛，它望着我们，对我们的到来漠不关心。

它是灰色的，胸前有两条黑色的丝带，腹部有两条条纹，上面间隔着白点和棕点。在腹部的末端，伸出两个短小的活动的尾巴，这在普通蜘蛛中是相当奇特的。

像陨石坑一样的蛛网，它的结构各部分并不相同。蛛网边缘部分是由稀疏的丝线织成的，往中心方向，蛛网逐渐变得像轻薄的雪纺纱，再往中心看，又变成了绸缎一样的质地，接着往前走，在靠近喇叭口的陡峭斜坡上，蛛网上的孔洞大致呈现出菱形。最后，在漏斗口，迷宫蛛通常站的地方，就是质地紧实的塔夫绸了。

迷宫蛛不停地在它的蛛网上工作，那里就像它的咨询台。每天晚上，它都来这里，在网周围走一圈，监视着它的陷阱，用新吐出来的丝继续结网，扩张它的领地。随着迷宫蛛不停地走动，源源不断地吐丝，它再把丝接连安放在蛛网上就完成了这项工作。漏斗的颈部比这所房子的其他部分更经常有人光顾，因此使用的是最厚的蛛丝地毯。再往外是火山口的斜坡，也是人来人往的地方。一些规则的辐射丝拉拽住了喇叭口，迷宫蛛走在这种菱形孔洞的辐射丝上总是摇摇晃晃的，需要尾巴的帮助。每个晚上迷宫蛛多次来这里劳作，对这片区域进行加固。最后是很少有人涉足的区域，因此铺的蛛丝地毯最单薄。

走廊的尽头插入了灌木丛中，我们以为那里能找到一间秘密的小木屋，一个有软垫的房间，迷宫蛛闲来可以在那里休息。根本不是这样的。长长的漏斗颈部在底端自由开放。那里有一扇后门，总是敞开着，如果遭到敌人猎杀，迷宫蛛可以通过这扇门穿过草地逃到原野里。

如果你想在避免伤害迷宫蛛的情况下捕获它，了解它家的布局是很重要的。迷宫蛛被正面攻击之后，就会往漏斗下面跑，从下面的后门逃走。在乱七八糟的蛛网里找它往往是徒劳的，因为它已经准备好了逃跑路线，而且，没有任何方向的搜查很可能造成它残废。我们不使用暴力，那样的成功算不了什么，我们要用计谋。

当我们在蛛网管子的入口处看到了迷宫蛛。唯一可行的办法就是用手握紧漏斗颈部插入的灌木丛的底部。这就够了，迷宫蛛就被抓住了。当它觉得自己的后路被切断的时候，就很容易钻进摆在它面前的纸筒里，必要时，也可以用一根稻草驱赶它，迫使它钻进去。用这个办法，我在我的钟形罩里收集了很多身强体健、精力充沛的实验对象。

做成火山口状的蛛网严格来说并不是一个陷阱。路过的昆虫的腿被丝质地毯缠住是有可能的，但是这样的情况很少出现，除非是头脑发昏的昆虫才会来蛛网上散步。因此，这儿需要一个陷阱，才能够抓住会跳会飞的猎物。

圆网蛛有凶险的黏性蛛网，灌木丛里的蜘蛛有它的迷宫，同样暗藏杀机。

让我们看看迷宫蛛的蛛网。简直是一个绳索的森林啊！就像一艘被暴风雨摧毁的船只上的缆索。它从支撑的每一根小枝开始，连接到每一根树枝的顶端，这些丝线有长有短，有垂直的，有倾斜的，有笔直的，有弯曲的，有拉紧的，有松弛的；所有这些丝都交叉在一起，纠缠在一起，杂乱无章，直堆到两个肘关节到中指尖的距离。就像一团乱麻，剪不断，理还乱，这就是一个迷宫，除了那些能一蹦三尺高的昆虫，没有谁能逃过。

这个蛛网并没有圆网蛛网上的那种胶水。丝不是黏性的，但它胜在千头万绪，混乱不堪。你们想看陷阱游戏吗？让我们把迷宫蛛爱吃的蝗虫扔到蛛网里。蝗虫在这个摇摇晃晃的支撑网上没有办法稳定地站立，它就会挣扎着想站起来，而它越是挣扎，混乱的丝线就越是把它的足缠得更紧。迷宫蛛在深井的门槛上望着它，任其挣扎，并不干涉。它不会跑过去把绝望的蝗虫吊上桅杆的绳索，它在等那些缠绕扭曲的丝线最终使猎物摔倒在蛛网上。

蝗虫摔倒了，迷宫蛛急匆匆地扑了过来。这次攻击并非没有危险。猎物精疲力竭，但没有被绑住，它的几个足乱踢乱蹬，几乎拖断了几根丝线。无所畏惧的迷宫蛛毫不担心。它没有像圆网蛛那样把猎物麻醉之后包裹起来，而是按住猎物，确认它肉质鲜美，尽管它可能会发起突然攻击，迷宫蛛还是插入了它的尖牙。

迷宫蛛通常咬的地方是昆虫后足根部，这并不是因为那里比其他皮肤薄的地方更脆弱，但可能是因为它更加美味。我为了了解迷宫蛛的食物而去观察了各种蛛网，我发现那里面有各种各样的双翅目昆虫和小型蝴蝶，还有几只残缺的蝗虫尸体，它们都没有后足，或者至少缺了一条。在蛛网的边缘，也就是屠宰场，经常挂着蝗虫的后足，但它们的肉质已经被掏空了。

当我还是个孩子的时候，当时我对吃的东西没有任何偏见，我和其他许多人一样，知道蝗虫的后足很美味。虽然它很小，和小龙虾的足差不多大。

我们刚刚扔了一只蝗虫到迷宫蛛的捕虫网上，它就这样从后足根部开始攻击猎物。一旦迷宫蛛插入了尖牙，它就会一直啃咬，不会再松开。它大口大口地吸吮着蝗虫的血。当第一口咬的地方被吸干时，它会转移到其他地方，尤其是第二条后足，这样猎物就变成了空壳而不改变外形。

我们看到圆网蛛以同样的方式进食——吸吮猎物的血液，喝血而不吃肉。然而，最终在几个小时的缓慢消化过后，它们拿起干涸的昆虫开始啃咬，重新咀嚼，直到把它变成一个不成形的球。吃甜点会让你的牙齿开心。迷宫蛛不懂饭桌上的消遣，它没有啃咬那些尸体，就把枯竭的昆虫外皮从它的蛛网上扔了出去。虽然它吃饭持续的时间长，但它吃饭的时候是绝对安全的。从咬第一口开始，蝗虫就已经死了，迷宫蛛的毒液把它放倒了。

迷宫蛛的蛛网只能算一件蹩（bié）脚的艺术品，虽然它是高级几何学的结合，迷宫尽管有它的独创性，但它并不能给它的建造者一个令人称道的好印象。它只不过是一个随意搭起的不成形的脚手架。

然而，在这个乱七八糟的丝质大厦里工作的工人，就像其他人一样，必须有正确的美感原则。像火山口一样的漏斗口，装饰着如此美丽的格子，已经使我们有了十足的好奇心。迷宫蛛妈妈通常的杰作——巢穴，将继续向我们展示这一点。

当产卵时间临近时，迷宫蛛会换一个居住地。它放弃了状况极佳的蛛网，再也不回来了。谁想要住在大厦里，都可以。现在是建立家庭的时候了。

但是在哪里安家呢？迷宫蛛很清楚怎样为家庭选址，但是我不知道。我每天上午都在研究这件事，但毫无头绪。我徒劳地在那些支撑着蛛网的灌木丛里寻找，我一直找不到任何能满足我期待的东西。

我终于知道这个秘密了。我发现了一个迷宫蛛的蛛网，没人值守，但还没有被损坏，应该是最近才被遗弃的。我不再到支撑蛛网的灌木丛里去搜寻，让我们检查一下蛛网周围，在方圆几步远的范围内。如果有一簇低矮茂密的树丛，迷宫蛛的巢穴就在那里面，躲开了别人的视线。它随身带着一份能证明它真实身份的证据，因为它的妈妈会一直照顾它。

通过这种调查方法，远离迷宫陷阱，我找到了尽可能多的迷宫蛛巢穴，大大地满足了我的好奇心。这样的巢穴让我对迷宫蛛妈妈的筑巢才能大失所望。它用丝将枯叶聚集起来捆成一捆而建成巢穴。在这个粗糙的天花板下面是一个细丝做成的布袋，里面装着蜘蛛卵。因为我从灌木丛中将巢穴拿出来，不可避免地将它弄坏了。当然，我不是因为巢穴破败不堪就妄自评判迷宫蛛妈妈的技艺。

从巢穴的结构看得出来，迷宫蛛有它的建筑规则，这些规则和解剖学特性一样一成不变。每个种群都有自己相同的规则，遵循淳朴的美学规律，但是，在许多情况下，修建巢穴的昆虫会遇到无法控制的环境问题：可供使用的筑巢空间、不规则的场地、建筑材料的材质和其他偶然的因素，都会使工人偏离了它原来的计划，使建筑不那么完美。然后想象中的规则变成现实中的混乱，秩序退化为无序。

当筑巢工作没有受到阻碍时，每个物种会建出什么样的房子将是一个有趣的研究主题。圆网蛛喜欢在开放的空间中编织它的巢穴，将巢穴吊在一根细小的树枝上，它的杰作像一个造型优美巧妙的灯泡。圆网丝蛛同样有随意编织巢穴的自由，它织的辐射状的有抛物面的巢穴也不失优雅。迷宫蛛是另一位出了名的巧手纺织娘，当它需要为孩子们编织帐篷时，难道它不知道美学的定律吗？我只看到它织了一个难看的巢穴。它难道只会这样做吗？

如果它的织网条件比较有利，我相信它会织得更好。它在茂密的灌木丛、横七竖八的枯叶和枝条中工作，织出的巢穴肯定会不漂亮，但是，当我们把它从困难的环境中搬出来，让它编织，这样一来，我非常确信，只要它毫不吝惜地运用它的才能，它就能证明自己精通建造优美巢穴的艺术。

在接近产卵的时候，大约在八月中旬，我捉到六只迷宫蛛，把它们分别放到六个大金属网钟形罩里，在罩子里的托盘上铺满沙子。在罩子中心，有一枝百里香将为建筑提供支撑，金属网格也能作为支点。这里面除了这些家具什么都没有。没有枯叶让巢穴变得歪歪扭扭，即使迷宫蛛妈妈决定把巢穴织在地面上也可以。我给它们提供食物，蝗虫每天都很受欢迎，它们想要鲜嫩、个头中等的蝗虫。

这个实验进行得很顺利。八月刚结束，我就有了六个巢穴，它们的形状很漂亮，洁白如雪。在钟形罩里工作自由自在，迷宫蛛能够不受任何阻碍地跟随它天赋的灵感来编织，它织出了一件既规则又美观的杰作，为了将巢穴悬挂在树枝上而拉出的几根丝线忽略不计。

这是一个由白色雪纺织成的卵球形的房子，精致而透明，迷宫蛛妈妈必须在里面待很长一段时间来照顾它的卵。房子大约一个鸡蛋大小。房屋有上下两个开口。上面的口逐渐扩展张开像个喇叭口，下面的口逐渐变细像漏斗的颈部。我不明白这个漏斗的颈部起什么作用。至于上面那个较大的开口，无疑是一扇供应食物的门。我看到迷宫蛛妈妈站在那里，伺机抓捕蝗虫，抓到后就在巢穴外面吃，小心翼翼地避免蝗虫的尸体玷（diàn）污了圣洁的住所。

巢穴的结构与狩猎时的栖息地非常相似。下面的开口仿佛是捕虫网上的漏斗通道，沿这个通道可以下到地面附近，在发生紧急情况时可供逃生之用。上面的开口呈喇叭状，从四面八方绷紧的丝线，使这个开口张开得很大，这是过去的捕猎网让猎物掉落深井的记忆再现。它的新家与老房子，有很多重合之处，甚至也有迷宫，只是缩小了规模，但是真的有。在喇叭口的前面，有乱七八糟缠绕的丝线，路过的昆虫可能就在那里被缠住手脚。因此，对于每一个物种来说，都有一个原型建筑结构，尽管条件不断变化，但它会大体上得以保持。

　　动物对自己的本领了如指掌，但它不知道，也永远不会知道其他的东西，因为它无法创新。然而，这座丝绸宫殿只不过是一个警卫室。

　　透过柔软的乳白色薄纱墙壁，可以看到里面的蜘蛛卵，星星点点的，模模糊糊的好像荣誉十字勋章方式排列着。整个卵袋是一个大口袋，呈现漂亮的哑光白色，通过辐射丝织的柱子将它固定在巢穴的中心位置，与周围都隔了一段距离。这些柱子中间细，一端膨胀成圆锥形的柱头，另一端膨胀成相同形状的底座，它们大约有十根，彼此相对，形成了拱形的走廊，使迷宫蛛妈妈能在中央房间的各个方向上自由来去。迷宫蛛妈妈在房子的拱廊下走来走去照管着它的卵，它一会儿停在这里，一会儿停在别处。它仔细检查卵袋，侧耳倾听缎子包裹里发生了什么。贸然打扰它是很不礼貌的。

　　为了能一窥巢穴内部，我们还是利用从原野里带回来的破败的巢穴。撇开柱子不谈，卵袋是一个颠倒的圆锥体，让人想起圆网丝蛛的巢穴。卵袋表面的丝织物具有一定的韧性和强度，我用镊子拉扯的时候不是那么容易就能把它撕开。在卵袋里，一层单薄的白色丝絮包裹着大约一百个蜘蛛卵，相对来说这些卵很大，因为它们每一个的长度达到一毫米半。它们就像淡琥珀色的珍珠，不会凝聚在一起，只要我铺开包裹它们的被子，它们就会自由滚动。让我们把所有东西都放在玻璃管里，看着它们慢慢孵化。

现在让我们再回顾一下过去。产卵的时候到了，迷宫蛛妈妈离开了它的捕虫网，离开了它那让猎物滚滚而来的陨石坑，离开了它那能困住小飞虫的迷宫，离开了完好无损的它赖以生存的工具。出于做母亲的责任，它在相隔很远的地方重新修建了一个家。它为什么要离开呢？

　　因为它的生命还有几个月，所以它必须要进食。那么，产卵地点就在离现在的家很近的地方，用它所拥有的极好的陷阱继续捕猎，不是更好吗？这样的话，照看巢穴和获得食物就可以齐头并进。迷宫蛛却有不同的看法，我想这就是它搬家的动机。迷宫蛛的网和上面的迷宫，由于是白色，而且位于高处，从很远的地方就可以看到。它们在阳光下闪闪发光，而且又处于昆虫们来往的必经之路上，就像我们公寓里的灯和捕鸟者的镜子，会招来小飞虫和蝴蝶。那些想近距离地查看这个光彩夺目的东西的昆虫，都会被自己的好奇心害死。没有比这更好的方法来欺骗来来往往的昆虫了，也没有比这更危及家庭的安全了。

　　在绿色植物上有这么明显的信号，广泛传播，迷宫蛛的敌人一定会纷至沓来，它们肯定能找到珍贵的卵袋，它们只需要沿着蛛网寻找就行。一只寄生虫狼吞虎咽一百个蜘蛛卵，就会毁了整个家。我不认识它的这些敌人，没有足够的资料来调查寄生虫。但有其他迹象表明，是有寄生虫来侵袭它的。

　　彩带圆网蛛认为它的巢穴像铜墙铁壁，固若金汤，所以它在众目睽睽之下筑巢，将巢穴挂在灌木丛上面，没有任何预防措施来隐藏。它的巢穴很快就遭遇了不幸。从它的巢穴中，我发现了一只姬蜂的卵壳，这是一种隐秘的寄生虫，它的幼虫就以蜘蛛的卵为食。在巢穴中央的卵袋内，除了干瘪的卵壳之外，什么都没有留下。这个巢穴里的卵已经全军覆没了。此外，我们知道，还有其他姬蜂科的昆虫也很喜欢以蜘蛛卵为食，一篮新鲜的蜘蛛卵是它们孩子的美味佳肴。

迷宫蛛和另一种蜘蛛一样害怕可恶的偷蛋贼的到来，它为此提前做了预防，为了尽可能地确实保护好家人，它选择了一个远离显眼的捕虫网的藏身之处。当它感觉到它的卵成熟了，它就开始搬家，晚上去探索周围的环境，寻找一个不那么危险的避难所。它最喜欢的藏身地点是匍匐在地上生长的矮小灌木丛，灌木丛冬季仍然保持茂密的绿色植被，枝桠间塞满附近橡树掉落的枯叶。几簇密密匝匝的迷迭香，因为生长在岩石上没有足够的养分能让它们长得更高，特别适合迷宫蛛。这就是我通常能找到它巢穴的地方，不是我搜索的时间不长，而是因为它隐藏得太好。

到目前为止，迷宫蛛的巢穴还无一例外是在这样的地方找到的。当世界上到处都是寻找娇嫩蜘蛛卵的侵略者时，每位母亲都有自己的担忧，所以它谨慎小心地选择在隐蔽之处建立家庭。很少有人会忽视这种预防措施，每位母亲都以自己的方式隐藏它的卵。

对迷宫蛛来说，它还会继续做另一件事来保护自己的卵。在绝大多数情况下，蜘蛛卵一旦被安放在安全的地方，蜘蛛妈妈就会弃之不顾，让卵顺其自然地孵化，吉凶未卜。相反，生活在灌木丛中的迷宫蛛具有崇高的母性奉献精神，它必须照顾自己的卵直到孵化完成，蟹蛛也是如此。

蟹蛛用几根线将几片小叶绑在一起，就在它的空中巢穴上方建造了一个站岗亭，它在那里一直站着，守卫着它的巢穴。蟹蛛因为已经产完了卵，并且完全不进食，所以身体瘦削干瘪，扁平的样子像一块满是皱纹的贝壳。它因为没有吃东西而瘦得皮包骨头，却勇敢地捍卫它的卵袋，可以跟任何接近卵袋的昆虫格斗。在幼小的蟹蛛离巢之后，它才会死去。

迷宫蛛更会享受一些。产卵后，它非但没有消瘦，反而保留了极佳的外表和丰满的肚子。此外，它还保持着良好的胃口，爱吸蝗虫的血。因此，它必须在照管卵袋的同时有一个狩猎的地方。我们知道，它的这所新房子是在我的金属钟形罩下按照严格的艺术规则建造的。

让我们再来回忆一下迷宫蛛宏伟的椭圆形警卫室，上下两端开口，卵袋悬挂在房子的中心，通过十几根柱子与外墙隔离，上部的开口扩张成喇叭形，像一个陷阱，上面有几根丝线拉扯住悬吊起来。通过半透明的外墙，我们可以看到迷宫蛛妈妈在家里忙忙碌碌，处理家务。房子的拱形走廊，使它能够随时触碰卵袋的任何一处。它孜孜不倦地在里面踱来踱去，时不时地停下来看看，它慈爱地抚摸着卵袋外皮，倾听着卵袋里面的秘密。如果我用一根稻草轻轻戳一下，巢穴摇晃起来，它立刻就会跑过来，查看发生了什么事。它的这种警惕性是在提防姬蜂和其他想要偷吃蜘蛛卵的昆虫吗？也许是的。但即使这样能避免这种风险，当迷宫蛛妈妈不在时，还会有其他危险。

严密的照看也不能忘记存在的危险。我不时地在钟形罩里放一只活的蝗虫，这只蝗虫很快就陷入了巢穴上方的一团丝线中。迷宫蛛匆匆赶到，一把抓住了动弹不得的蝗虫，将蝗虫的后足扯了下来，吃空了里面的肉，这是猎物最美味的部分。然后，根据迷宫蛛当时的胃口，尸体的其余部分或多或少也被吸干了。它在警卫室外吃掉了蝗虫，就在大门的门槛上，从来不带进里面去吃。

　　迷宫蛛此时并不是浅尝一口就扔掉了，它并不是把蝗虫作为长期照看孩子之后的消遣，这些是它大快朵颐的饭菜，而且时时保持新鲜。我们再来看看蟹蛛吧，它也热衷于守护自己的卵，但它拒绝了我送给它的蜜蜂，宁肯让自己饿死，这样的做法让我十分惊讶。那么现在的迷宫蛛妈妈需要吃那么多吗？答案是肯定的，它需要大量进食，并且它有令人信服的理由。

　　在筑巢之初，它花费了大量的丝，也许是它储存的全部了，因为要修双重住宅，对于它和它的孩子们来说，是一座宏伟的建筑，建筑材料非常昂贵。然而，将近一个月后，我看到它还在不断一层又一层地增加中央卵袋的墙壁，以至于包裹卵袋的起初是半透明的纱布，后来变成了不透明的缎子。外壳的厚度似乎永远不够，迷宫蛛妈妈一直在努力工作。因此，为了满足大量用丝，它必须通过进食来使纺织器里的丝线不断生长，然后它再耗尽丝线编织巢穴。食物是维持丝线取之不尽用之不竭的方法。

　　一个月过去了，大约在九月中旬，幼小的迷宫蛛孵化出来了，但并没有离开它们的围幕，它们必须在柔软的丝絮中度过冬天。迷宫蛛妈妈继续边照看着它们边吐丝编织，但它的活力一天不如一天。它进食蝗虫的时间间隔更长了，它有时对那些我扔在它陷阱中的蝗虫视而不见。这种食欲的逐渐减退是衰老的迹象，迷宫蛛妈妈将会减缓并最终停止筑巢的工作。

再过四到五周，迷宫蛛妈妈仍然拖着迟缓的脚步在各处检查，它很高兴地听到新生儿在卵袋里蠢蠢欲动。最后，当十月结束时，它紧紧抓住孩子们的房间壁，形容枯槁地死去。它已经完成了一个母亲所能奉献出的一切，剩下的事情就留给小蜘蛛们了。当春天到来时，小蜘蛛们会从舒适的卵袋中出来，利用空气静力学的方法用丝线将自己散布在巢穴周围，并在百里香丛中试着编织它们的第一个迷宫。

尽管巢穴的结构如此正确，丝织得如此整洁美观，钟形罩下的俘房巢穴并不能带给我们一切知识，我们应该回顾一下在复杂的原野条件下会发生什么。十二月底，在家人和年轻合作者的帮助下，我再次开始研究。在一条被铺满岩石的树木繁茂的小路边缘，我们搜查了矮小的迷迭香丛，抬起那些匍匐在地上的树枝。我们的热情得到了成功的回报。几个小时过后，我就得到了几个迷宫蛛的巢穴。

啊！可怜的蜘蛛巢穴，被糟糕的气候打击得面目全非！必须要仔细辨认才能在这些房屋中识别出大致相当于钟形罩里修建的建筑物。外形难看的巢穴连接在拖曳晃动的树枝上，现在躺在雨水聚集的沙地上。用几根丝线混乱地捆绑起来的橡树叶，从四面八方包裹着它。其中一片树叶比其他的宽大，成了屋顶并连接到整个天花板。如果不是看到两个开口处有剩余的丝线露出来，如果我们在分离外面包裹的树叶时没有感觉到一点阻力，我们就会把这个东西当作一堆偶然出现的树叶，是暴风雨的杰作。

让我们近距离观察这个奇形怪状的发现。这是一栋大房子，迷宫蛛妈妈的房间随着外面包裹的树叶逐渐清除，被撕开了，这是警卫室的环形走廊，这是中央的房间和柱子，全部由白色织物制成，完美无瑕。潮湿的污泥无法进入由落叶围栏保护的房屋。

现在让我们打开孩子们的房间。这是什么？令我万分惊讶的是，房间里好像有一个泥土做的核，仿佛是充满泥沙的雨水渗透进来了。我们的这个想法不对，我们刚才已经说过缎面墙的内部非常干净。这其实是迷宫蛛的作品，它有意为之，小心翼翼地做到的。泥沙被它用丝质凝胶聚集起来，我们用手指按上去可以感觉到有点儿硬度。

我们继续往里面剥，就会发现在这个泥沙层的里面，还有最后一层丝质外衣，包裹着新生的小蜘蛛。在这个天寒地冻的季节，一旦撕开这最后一层包衣，小家伙们受到惊吓，异常敏捷地逃离分散开来。

简而言之，当迷宫蛛可以随心所欲地筑巢时，它会在卵袋外面包裹的两块缎子之间建造一堵由大量泥沙和一点儿丝组成的墙。为了抵挡姬蜂和其他寄生虫的牙齿啃咬，它找不到比这套盔甲系统更有效的防御手段了，它完美结合了鹅卵石的硬度和编织品的柔韧。

这种防御手段似乎在园蛛科的蜘蛛中经常使用。我家房子里的大蜘蛛——家蛛，把它产的卵包裹在一个坚硬的外壳中，这个外壳是用丝和从墙壁上掉下来的涂料碎片制成的。生活在田野里石头下的其他种类的蜘蛛，也是用类似的方式来筑巢。它们将卵包裹在由丝和泥沙混合制成的壳中。同样的担忧激发了同样的保护方法。

那么，在我的钟形罩下长大的五位迷宫蛛妈妈中，为什么没有一位修建有土坯的城墙呢？而且，沙子比比皆是，钟形罩里的托盘都被沙子填满了。另一方面，在自然条件下，我遇到了没有泥土层的巢穴。这些没有泥墙的巢穴悬吊在离地面有点儿距离的地方，在浓密的灌木丛里，相反，其他配备了泥墙的巢穴都直接放在地上。

这些迷宫蛛妈妈的工作方式不同造成了这样的差异。我们的泥瓦匠砌墙使用的混凝土是通过搅拌小鹅卵石和砂浆获得的。同样，迷宫蛛混合了丝质凝胶和沙粒，丝质凝胶在空气中会快速固化，迷宫蛛在吐丝的同时，几条足也在不停地往丝质凝胶里面抛撒在身边唾手可得的固体建材。如果在每砌完一段泥墙之后，必须暂停工作和吐丝，再到远处去取其他的泥沙材料，那么这样是修不了泥墙的。这些建筑材料必须在它的面前，不需要它去寻找，否则迷宫蛛就会放弃修建泥墙，并继续它的编织工作。

在我的钟形罩里，沙子离它们太远了。要想使用沙子，就必须离开在金属网圆顶上面挂着的巢穴，然后爬到地面上，巢穴与地面的距离有张开的拇指和食指之间那么远。

工人拒绝了去这么远的地方取土，而且在修筑泥墙的时候需要不断重复这个过程，这会让筑巢的工作变得难如登天。出于我不了解的原因，它选择筑巢的位置在迷迭香的树枝上时，也拒绝堆砌泥墙。但如果巢穴就在地面，夯土的泥墙永远不会少。

我们是不是能从这件事中看出本能也是可以改变的？有可能是在倒退的道路上，在一定程度上忘记了老祖先的传统，有可能是在进步的道路上，在犹豫中学会砌泥墙的艺术。我们还不能得出结论迷宫蛛是在朝哪个方向走。

迷宫蜘蛛的实验告诉我们，本能需要有相应的资源才能付诸实践，或者说本能也可以根据当时的条件做一些改变。

如果我们把沙子放在迷宫蛛的足下，它就会砌泥土墙；如果我们不让它挨近沙子，让它离得远一点，迷宫蛛就仍然会织一个单纯的塔夫绸材质的巢，只要条件允许，它随时可以砌泥土墙。我们所能观察到的所有材料都证实，期望迷宫蛛在筑巢上有其他创新是不切实际的，比如彻底地改变它的筑巢工艺，使它放弃彩带圆网蛛那样的梨形巢穴，或者改变它的双开口的小屋结构和星光闪烁的卵袋。

天　牛

　　我年轻的时候在著名的孔狄亚克①的雕像前有过几次美好的思考瞬间，他称颂嗅觉，比如闻到一朵玫瑰花之后，就从这种香气带来的印象出发，创造出一整个想象的世界。我二十多岁的时候，将孔狄亚克的三篇哲学文论奉为经典，满足于追随这位神甫哲学家的演绎推理。我看着雕像，我想我看着它，只要用鼻子去嗅一下它，它就会变成活人，获得注意力、记忆力、判断力和所有心理活动，就像扔一粒石子到一潭死水里，就会激起涟漪。在我的好老师昆虫的指教下，我从幻想世界中归来。天牛告诉我们，昆虫提出的问题比神甫告诉我的要晦涩难懂得多。

　　灰色天空预示着冬天就要来临，我到处收集准备冬天用来取暖的柴火，这是我最喜欢的放松活动，可以在我日常写研究论文的时候有个消遣。在我的明确建议下，伐木工人帮我挑选了最苍老、最破败的树干。他嘲笑我的选择，他想知道我是怎么想的，我为什么更喜欢腐烂的木材，而不是完好的木材，要知道完好的木材可更耐烧。我对此有自己的打算，这位好伐木工人也遵从了

---

① 孔狄亚克（1714—1780），法国18世纪著名作家、哲学家。代表作有《论人类知识的起源》。

我的想法。

现在摆在我们俩面前的是美丽的有伤疤的橡树树干，伤口裂开，从里面渗出棕色的眼泪，散发出制革厂的味道。树干被木棍敲击，插入楔子，树干裂开。树干的裂缝里有什么？这是我要研究的真正财富。在树干中干燥的隐蔽处，有各种昆虫群落。它们要在这里度过寒冷的季节，纷纷占领它们的冬季栖息地。有一些吉丁的巢，在扁平的窄缝里。壁蜂用咀嚼过的树叶渣堆成它们的巢。在废弃的房间和门廊里，切叶蜂们囤积了一大堆树叶。在鲜活多汁的树干中，是天牛幼虫的家，它们是毁坏橡树的罪魁祸首。

事实上，相对于有优越身体结构的昆虫来说，天牛幼虫是一种奇特的生物：就像爬行的肠子！每年的这个时候，秋天已经过半，我就会遇到两种年龄的天牛幼虫。年龄较大的几乎和我手指一样粗，其他的只有铅笔那么细。此外，我还发现了已经显出颜色的天牛若虫，它们像发育完全的昆虫，肚子滚圆，在天气炎热的时候会从树干里爬出来。所以天牛在树干里的寿命是三年。那么它是如何度过这段漫长而孤独的隐居生活的？是不是懒洋洋地在橡树厚实的树干里闲逛，沿途以开路时挖出的木屑为食。修辞学中讲约伯的马吞噬了大地[1]，天牛的幼虫一口一口地吃掉了它走的路。它那粗壮的黑色上颚如同木匠的凿子，虽然上颚较短，也无锯齿，但像勺子一样边缘很锋利，能在前方挖出一条走道。凿

---

[1] 参见《圣经·约伯记》第39章。

下来的一块正好它一口吞下，胃分泌不多的胃液来消化吸收，接着排出的粪便形状仿佛一只只蠕虫堆积在它身后。开路过程中留下的碎木屑给天牛幼虫爬行留下了自由来去的空间。挖掘的工作一举两得，随着工程的推进，它边开路边进食。当它不断向前挖掘时，它身后逐渐被粪便阻塞。因此，所有钻木头的昆虫都是这样，它在挖掘道路的同时得到食物和住所。

天牛的幼虫把它的肌肉力量集中于身体的前部，头部像杵一样隆起，这样便于两个半圆凿一样的上颚完成艰苦的工作。吉丁的幼虫，和其他"勤劳"的钻木昆虫，也有类似的体型，它们身体前部的杵状隆起甚至更加明显。天牛幼虫的头部需要凿开坚硬的木头，必须有健壮的肌肉组织，身体的其余部分只需要跟随头部蠕动，因此保持瘦弱。最重要的是作为挖掘工具的上颚具有坚实的支撑和强大的动力。天牛幼虫用包围着它的嘴部的黑色角质的盔甲加固它的上颚，但是，除了它的挖掘工具和头骨，天牛幼虫的皮肤薄得像缎子，洁白得像牙齿。这种哑光的白色来自体内大量的脂肪，由于它单一的饮食。的确，天牛幼虫夜以继日，任何时候都在吃木屑，这是它唯一的事情。木屑进入它的胃里为它补充了稀缺的营养。

天牛幼虫的足由三部分组成，第一部分是圆球状的，最后一部分是针状的，都是退化了的器官。它们的长度不到一毫米。因此，它们对身体前进毫无用处，它们甚至够不着支撑平面，因为胸部太过肥胖使它们与支撑平面还有一段距离。爬行的器官是另一种类型。金匠花金龟幼虫向我们展示了它是如何利用身上的刚毛和脊椎的隆起来背朝下行走的，这样的行走方式扭转了我们普遍接受的昆虫行走的认知。天牛幼虫的聪明才智超过了它：它可以既背朝下行走，也可以肚子朝下行走，它用爬行器官代替了毫无用处的胸部长出来的足，这种爬行器官非常独特，长在背部。

在天牛幼虫腹部的前七个体节，每个体节的上面和下面都各有一个长有粗壮乳突的四边形的平面，这些平面可以随心所欲地膨胀、鼓出、塌缩、变平。上面的每个平面沿着背部的血管分为两个小平面。下面的平面没有这种一分为二的外观。这就是它的爬行器官，也叫作步带。当幼虫想要前进时，它会鼓起它的后步带，不管是背部的还是腹部的后步带，并使前步带塌缩。由于步带表面粗糙，后步带就能把它固定在狭窄的通道壁上，给它一个支撑。前步带塌陷下去，通过减小直径的方式，使幼虫向前滑动，爬行半步。为了完成爬行一步的动作，它余下的就是把刚刚伸长身体而落在后面的那部分再拉拽上来。为了达到这个目的，前步带膨胀并提供支撑，而后步带塌陷，为体节的自由收缩提供空间。

天牛幼虫借助背部和腹部的双重支撑，以及交替的肿胀和塌陷，在自己挖掘的隧道中轻松地前进或后退，隧道就像是一个模具，它爬过之后隧道又填满了，没有空隙。但如果只有一侧的步带隆起，就不可能前进了。

我把一条天牛幼虫放在我实验室光滑的桌子上，它缓慢地弯曲身体，先伸长，再收缩，但却不能呈直线移动。如果把幼虫放在一块凹凸不平的开裂橡木的表面，这里是粗糙的，是用楔子在橡树干上划拉而产生的裂口，它扭曲着身体，身体的前部非常缓慢地从右到左，从左到右移动，稍微抬起头，又放低，接着又不停重复。这些动作是幼虫运动幅度最大的活动了。退化的足保持不动，完全没起作用。那它们为什么还留在身体上？

如果天牛幼虫为了能在橡树里爬行，而确实让一开始好用的足失去了效用，那就此把足完全丢掉岂不更好？环境的影响使天牛幼虫得到灵感生出了行走的步带，同时也给它留下了退化的足。它的足是不是遵循其他规则，而不受环境的影响？

如果这些无用的足是成虫未来足的雏形，那么成虫天牛的睛眼却在幼虫的身上没有一点痕迹。它从外貌上看完全没有视觉器官。在树干深处的黑暗里，它的视觉有什么用？它同样缺乏听觉。在橡树树干中从来不受打扰，一片寂静，听觉更是无稽之谈。在没有声音的地方，为什么需要听觉？如果各位读者对以上这些叙述有怀疑，我将用下面的实验来反驳。我把幼虫的住处纵向剖开，留下了半边通道，我就可以一直观察幼虫的活动。我不去打扰它，有时它在边往前挖通道边吃木屑，有时它停下来休息，它的步带把它卡在通道的两侧中固定住。我利用它安静下来的时刻来测试它对声音的感知。用硬物相互撞击，金属物体发出共鸣，锯子被锉刀磨得吱吱作响，一切测试都是徒劳。天牛幼虫对此无动于衷。它身上看不出一点皮肤的起皱的变化，也没有觉察到的迹象。我已经竭尽所能了，用一个坚硬的尖头刮木头的侧边，模仿附近一些幼虫吃木头的声音，这些幼虫和天牛幼虫一样会蚕食木头。我人为制造的声响就像一个没有生命的物体，天牛幼虫对此漠不关心。天牛幼虫没有听觉。

它有嗅觉吗？一切都表明没有。嗅觉是寻找食物的辅助工具。但天牛幼虫并不需要寻找食物：它以自己的家为食，以栖息的树干为食。此外，我还做了几个实验。我在一根新鲜的柏树树干上挖了一条直径和天牛幼虫挖出来的通道直径相当的沟渠，我把幼虫放到里面。柏树有浓浓的气味，它具有大多数针叶树特有的树脂香气。接着，在香气扑鼻的通道里，幼虫一直蠕动到死胡同的底部，然后就不动了。这种静止不动不就证实了它没有嗅觉吗？这种软木的气味对它来说是如此陌生，因为它一直住在橡树里，这种气味应该会使它心烦意乱，忐忑不安，这种难受的感觉应该表现为一些骚动——多次想要搬家的行动。但现实并不是这样的：幼虫一旦在沟渠中找到合适的位置，就再也没有移动。我还做了更多实验：我把一撮樟脑放在离它很近的前方，在它自己挖的通道里。还是没有任何效果。拿走樟脑之后，又放了萘。还是什么动静也没有。在这些没有结果的实验之后，我不认为说天牛幼虫没有嗅觉有什么不对。

天牛幼虫有味觉，这点不用置疑。多好的味觉啊！它吃的食物没有什么花样，三年里一直吃橡木，别无他物。在这种单调的饮食中，幼虫的味觉能享受到什么呢？它吃到新鲜可口、汁液丰沛的橡树木屑时会觉得是美味，如果遇到又干又硬，没有调味品的橡树木屑，它会认为难吃，这可能就是它的味觉感知的范围。

剩下的就是触觉，触觉是分散的，被动的，每一个活生生的昆虫在针扎痛苦的刺激下身体都会颤抖。因此，天牛幼虫的感觉可以归结为味觉和触觉，两者都非常迟钝。我们又想起了孔狄亚克的雕像。哲学家认为理想的生物只有一种感觉——嗅觉，与我们人类的嗅觉一样敏锐。而现实中橡树的害虫，有两种感觉，两种感觉加在一起也比不上前面提到的能分辨出玫瑰花香与其他气味的嗅觉。现实和虚构对比强烈。

一个拥有如此强大的消化器官和如此微弱的感觉功能的昆虫的心理状况是怎样的呢？我经常会有一个不切实际的幻想：能够用狗愚笨的大脑思考几分钟，用一只苍蝇的复眼来看世界。事情会变得多么不同！如果用天牛幼虫的智慧去理解世界，就会发生更大的变化！触觉和味觉能给它退化的躯体带来什么呢？很少，几乎什么都没有。幼虫知道最好吃的木块有一种收敛性的味道，通道四周的墙壁如果没有小心地刨平就会剐蹭表皮。对它来说，这就是智慧的最终极限。相比之下，这尊嗅觉灵敏的雕像才是一个科学奇迹，是被它的创作者慷慨利用的典范。人类可以回忆、比较、判断、推理，而天牛幼虫一直在昏昏欲睡地消化着食物，它有记忆吗？它在比较吗？它在推理吗？我把天牛幼虫定义为一段行走的肠子。这个真实的定义给了我一个答案：天牛幼虫具有一段肠子所能拥有的所有感官。

而这个一无是处的幼虫却能够做出神奇的预测，它对现在几乎一无所知，对未来却看得很清楚。让我来解释一下这个奇怪的话题。在三年的时间里，幼虫在树干深处游荡，一会儿爬上去，一会儿爬下来，斜着爬，从这里爬到那里；它离开一处到味道更好的另一处，但它一直保持在树干深处活动，因为那里的温度适宜，安全性更高。那一天终究会到来，对这位隐士来说是危机四伏的，它被迫离开极好的隐居地，要去面对外界的危险。它不仅仅要吃东西，还得离开这里。它有精良的挖掘工具和强壮的肌肉力量，它想去哪里就去哪里，在木头上钻孔对它来说易如反掌；但是未来的天牛成虫，它的短暂生命必须在户外度过，它拥有这样的本领吗？在树干里孵化出来的高大的带触须的昆虫能找到一条出来的路吗？

这是天牛幼虫要靠本能来解决的困难。对未来的预测上，我不像它那样精通，尽管我有理性的洞察力，但我还是用实验来探讨这个问题。首先，我注意到天牛为了离开树干的内部，绝对不可能利用幼虫挖掘的通道。这是一个很长且毫无规则的迷宫，里面塞满了压在一起的幼虫粪便。通道的直径从最初的洞到最末端的死胡同逐渐增大。幼虫刚钻进树干时，身体就像一根小稻草一样粗，它现在长到手指那么粗了。在三年的旅行中，它总是根据自身的体型来挖掘合适的通道。很明显，对天牛成虫来说，幼虫的进出路线不可能是它的出路，它夸张的触角、长长的足、无法折叠的盔甲，在狭窄蜿蜒的通道里会遇到不可逾越的障碍，必须清除幼虫的粪便，而且将通道扩大。在新的树干上开路，一直朝前挖掘，就不那么费力了。天牛成虫能做到吗？这还有待观察。

在劈成两半的橡树树干上，我挖了能让天牛在里面自由生活的坑，我在每一个人工制造的房间里都放了一个刚刚孵化的天牛成虫，就是十月份我在堆在角落的碎木料里找到的。

然后，这两个半边木料被拼在一起，并用几根铁丝牢牢固定在一起。转眼到了六月份。我能听到木头里传出的刮擦声。天牛出得来吗？它们没有能力出来吗？在我看来，从橡树树干里出来并不费力，只要钻开两厘米厚的橡木。没有一只天牛爬出来。当再也听不到动静时，我打开了拼在一起的两块木料。关在里面的所有俘虏都死了。里面只有一小撮木屑，比抽一口烟的烟灰还少，这就是它们做的全部努力。

我曾对它们坚硬的上颚寄予厚望，那是挖掘的好工具。但是，正如我们已经看到的那样，好工具不一定能造就好工人。尽管它们有钻探工具，但由于缺乏技术，隐士们最终都死在我造的房子里。我再让其他天牛成虫接受难度更小的考验。我把它们放进宽敞的芦苇秆里，芦苇秆的直径与它们之前的小屋相当。它们要钻过的障碍物是一层厚度为3至4毫米天然软隔膜。有的天牛逃出来了，有的没有。最懦弱的连低矮的篱笆也越不过，如果它必须钻厚实的橡木树干，那会是什么结果！

我们因此确信，尽管天牛外表健壮，但它却不能只靠自己就走出树干。因此，正是外形像肠子一样的幼虫用它的聪明才智，负责准备逃出去的路。天牛幼虫在某些方面呈现出了卵蜂的壮举，卵蜂的若虫身上长着钻头，能钻进凝灰岩，帮助将来柔弱的双翅目昆虫顺利逃出来。在对我们来说深不可测的神秘预感的驱使下，天牛幼虫离开了橡树的内部，离开了宁静的隐居之地和坚不可摧的堡垒，向外层挖去，那里可能会遇到它的敌人啄木鸟，啄木鸟最喜欢享用肥美的幼虫。它冒着生命的危险，顽强地挖啊，啃啊，直到到达树皮层，它只留下一层薄薄的树皮，就像是吹弹可破的窗帘。有时候鲁莽的幼虫也会捅破这层窗帘，打开一个窗户。

这是天牛成虫的逃生出口。想要出去，天牛成虫只需要用上颚末端捅一捅窗帘，用前额顶一下，就能把它戳破。有时候窗户已经打开了，所以它什么都不用做就能出去了，这是常有的事。当炎热的季节来临，这位无能的木匠就会戴着它夸张的头饰从橡树树干的黑洞中钻出来。

在预想过未来之后，天牛幼虫从现在开始做准备了。天牛幼虫刚打开逃生的窗户，就顺着来时的通道往回走，到了树干中间，在出口的旁边，它为化蛹后的自己预先挖了一个房间。我还从未见过这么豪华的家具和完备的保护屏障。这是一个宽敞的壁龛，呈扁平的椭圆形，总长度从80毫米到100毫米不等。椭圆形横截面的两个中轴长短不同：水平面为25至30毫米；垂直方向缩小到15厘米。这个房间的尺寸比以往都大，是在天牛成虫孵化出来的时候用的，可以给它一些自由活动的空间。天牛成虫需要闯过我即将提到的壁垒才能顺利出逃，这样的房间不会让它的逃跑计划泡汤。

刚才我所说的壁垒，是天牛幼虫在面对外部危险时修建的栅栏门，是双重的，有些甚至是三重的。外面是一堆木屑，是幼虫挖掘通道时残留的碎木片，里面是一个白色的矿物材质的凹进去的半月形盖子，仅此一个。很多时候，当然也有例外，在这两层壁垒里，都塞了一堆木屑。在这几道壁垒的后面，幼虫摆好姿势，准备化蛹。天牛幼虫刮蹭房间的墙壁，磨细的木质纤维被它

312

做成羽绒，并截断成小条。然后，天牛幼虫将这种天鹅绒材料连续不断地又贴回到墙壁上，形成至少一毫米厚的毛毡。最终，房间的整个墙壁都挂上了细密的羊毛毯，这是质朴的幼虫为柔弱的蛹所做的一种细致的保护措施。

让我们回到壁垒中最奇特的部分，也就是入口处的矿物质盖子。它是一个白粉笔色的椭圆形帽子，像石灰岩一样坚硬，靠房间里面的这一侧光滑，外面坑坑洼洼，外形很像橡树果实上面的小帽子。从外面的这些凹凸不平可以看出这个盖子是由天牛幼虫一小口一小口吐出来的糊状物凝结而成的，在外部形成轻微的突起，由于它无法去外面，所以外表面没有修饰，它只能将内表面打磨光滑。天牛幼虫为我提供的这样一个盖子样品，这个奇异的活动门有什么性质？它又脆又硬，就像一片石灰石。它不需要加热即可溶于硝酸，并释放出小气泡。溶解过程十分缓慢，一小片盖子需要几个小时的时间才能逐渐溶化。所有的东西都溶解了，剩下一些淡黄色的沉淀，看起来是有机物。事实上，在加热的条件下，盖子变黑了，这证明盖子的成分是有机物和矿物质凝集在一起的。如果在溶液中加入草酸氨，溶液就会变得浑浊，留下大量的白色沉淀物。从这些现象中可以看出溶液里有碳酸钙。我原来以为盖子的成分含有尿酸氨，因为尿酸氨经常出现在昆虫化蛹的过程中。但这里面没有，我没有找到任何有的迹象。因此，盖子完全由碳酸钙和一种有机黏合剂组成，这种有机黏合剂无疑是蛋白质，才能使碳酸钙凝结得如此结实。

如果当时的条件允许，我就会研究天牛幼虫的哪些器官会分泌石灰质。然而，我确信应该是它的胃，这样一个能乳化的器官为天牛幼虫提供了钙质。它从吃的木屑中分离出钙质，或从木屑中分离出草酸钙。当幼虫期结束时，它会清除掉钙中的所有异物，并将钙储存起来，直到排出来制作壁垒为止。这家石材厂并不让我感到惊讶，随着生产任务的变化，它又开始承接各种化学工程。某些芫菁科昆虫，比如西塔利芫菁，通过化学反应在体内生成尿酸氨。泥蜂、长腹蜂和土蜂能在体内制造覆盖茧的虫漆。随后的研究肯定会发现更多昆虫器官的产品。

为成虫准备好逃跑的路线和出口，用天鹅绒装饰房间，修筑三层壁垒封闭化蛹的房间，勤劳的天牛幼虫完成了它的任务。它放下它的挖掘工具，开始蜕皮，变成了一个蛹，这个柔弱的蛹裹在襁褓中，躺在一张柔软的床上熟睡。它的头总是朝向门口。表面上看，这是一个微不足道的细节，事实上，非常必要。在椭圆形的房间里朝一个方向或朝另一个方向躺着，对天牛幼虫来说是无关紧要的，幼虫非常柔软灵活，在狭窄的房间里也能转过身来，摆出它想要的任何姿势。未来的天牛成虫可没有同样的特权。它身上的角质盔甲僵硬，不能随意在房间里转身，从这一头调到另一头。如果树干发生突然弯折，就会使它通过变得困难，它甚至不能弯曲身体。因此它必须把头朝向门口，否则就有死在房间里的危险。如果幼虫忘记了这个小细节，如果天牛蛹在睡梦中，把头朝向房间的尽头，那天牛成虫肯定会迷路：它的摇篮将成为一个它无法逃脱的地牢。

但是不必担心这样的危险：以这段肠子的智慧和它对未来的

事情未雨绸缪，不可能忽略把头朝向门口的睡觉姿势。春天结束的时候，天牛成虫积蓄了所有的力量，它想享受晒太阳的欢乐。它想离开房间。在它面前有什么？一团木屑，用爪子划拉几下就能驱散，然后是一个不需要打碎的石盖子：天牛只需要用前额顶几下，它就可以整个松动了，再用爪子推一推，它就可以从框架上掉下来。事实上，我在废弃的小屋的门槛上发现的盖子都完好无损。最后是第二堆木屑，和第一堆一样容易驱散。现在道路畅通无阻了：天牛只需要沿着宽敞的通道朝前走，通道会把它引向出口。如果窗户没有打开，它只要啃一口单薄的窗帘，这对它来说易如反掌。它现在出来了，它长长的触须激动地摇摆着。

　　天牛成虫教给我们什么？什么也没有，但它的幼虫，却教给我们很多。这种蠕虫，在感官能力上是如此的糟糕，但却因为它的先见之明让我们刮目相看。它知道未来的天牛成虫将无法在橡树上开辟一条出路，于是冒着生命危险为它准备一条逃生的路。它知道，天牛成虫有一个坚硬的盔甲，将无法在孵化的房间里掉头走出房间的门，于是故意在化蛹时把头朝向门口躺下。它知道蛹的身体柔弱，就用羊毛毯装饰了房间。它知道敌人可能会出现在它变成蛹，再由蛹变成成虫的缓慢过程中，为了预防敌人的侵害，它在胃里积攒了一团钙质。它清楚地知道未来会发生什么，我们还不如说，它表现得好像它经历过一样。那么，它的动机是从哪里来的呢？这当然不是在感官的经验中。它对外面的世界了解多少？让我们重复一遍：那只是一段肠子能知道的所有了。而这个没有什么感觉的生物却让我们惊叹不已！我感到遗憾的是，这位聪明的逻辑学家想象出来的是一尊能闻到玫瑰香气的雕像，却没有想象出它有某种本能。他应该很快就会意识到，除了感官之外，动物，包括人类，还有一些潜在能力，一些先天的灵感，而不是后天获得的！

蟋蟀出世记

　　蟋蟀几乎与蝉一样出名，它们是草地的主人，乡村典型的昆虫之一，数量不多，但名气很大。它的名气主要来自它的歌声和住所。只有其中一项本领它都不会有这么大的名气。让动物说话的艺术大师拉封丹只给了它两句台词，对它的这种忽视真让人遗憾。

　　在拉封丹创作的一则寓言中，他向我们讲述了一只野兔看到自己耳朵的影子时感到害怕，因为它怕别人把它的耳朵说成是角，当时凡是头上长角的动物都要被驱逐。谨小慎微的野兔收拾好包裹，准备离开。

　　"再见了，蟋蟀邻居，"它说，"我要离开这里，我的耳朵终有一天也会成了角。"

　　蟋蟀回答："这也是角！你拿我当傻瓜吗！你这是上帝创造的耳朵。"

　　野兔坚持认为它的耳朵将被误认为角。

　　仅此而已。真可惜，拉封丹没有让蟋蟀再多说一些话！在这两句精彩的寓言诗中，已经刻画出了一个善良的蟋蟀形象。不，它当然不傻，它的大脑袋说出了绝妙的话。毕竟，野兔缩短了告别时间可能没有错。当针对你的谣言就要来时，最好的办法是逃跑。

弗洛里安[1]在另一个主题上写了蟋蟀的故事，使我们更加了解它。但是，我们在他的书中，没有看到蟋蟀的神韵！在他的寓言《蟋蟀》中，有花草有蓝天，有花花公子蟋蟀和大自然女士，最终却词不达意，只有死气沉沉的辞藻。他的寓言里缺乏质朴的真实，就像是做菜时不可或缺的调味品——盐粒。

此外，让蟋蟀成为一个绝望不满、自怨自艾的人，这是多么愚昧的想法？经常见到它的人反而知道它对自己的才华和住所感到非常满意。寓言作家让蝴蝶惨败之后，让蟋蟀亲口承认：

我会多么喜欢我的家啊！

为了幸福地生活，让我们隐居吧！

我在一位匿名的朋友所写的诗中找到了蟋蟀更多的勇气和真实情况，我曾经从他那里得到普罗旺斯语的寓言诗《蝉和蚂蚁》。请原谅我第二次不问他的意见，让他冒着仿作之嫌，将这首写蟋蟀的寓言诗展示给大家。下面就是他写的诗：

蟋蟀

一个动物的故事：

那曾经是一只可怜的蟋蟀，

他在家门口晒日光浴，

---

[1] 让-皮埃尔·克拉里斯·德·弗洛里安（1755—1794），法国作家，法兰西学院院士，主要作品是五卷《寓言诗》。

看到一只美丽的蝴蝶经过。

蝴蝶长着长长的尾巴，

披着五彩霞衣，

上面有一排排蓝色的月牙花纹，

黑色条纹和大金点。

"飞吧，飞吧，"隐士对它说，

"你从早到晚徘徊在花朵上，

你的玫瑰，还是雏菊，

都比不上我简陋的住处。"

它说的是实话。这时来了一场雷阵雨，

蝴蝶被淹死在泥潭中，

浑身泥污，

它身上的天鹅绒残破不堪。

但这场变故并不令人意外，

蟋蟀待在它的庇护所里，

任凭雨打风吹，

它安静地生活，唱着格里—格里的歌。

啊！我们不用向往那个充满快乐和鲜花的世界，

简陋的房子，却给我深深的安全感，

我们将节省很多眼泪。

从这首诗里，我认出了我的蟋蟀。我看到蟋蟀在洞穴的门槛
上卷曲它的触角，它的腹部凉爽，趴在阳光下。它不嫉妒蝴蝶，

相反，它为它们感到难过，就好像那些住着临街的房子，在门口看到一些衣衫褴褛、无家可归的人，所表露出的熟悉的怜悯。它没有抱怨，它对自己的家和小提琴都非常满意。作为一个真正的哲学家，它知道人都有虚荣心，它赞赏适度享乐、远离喧嚣躁动的享乐主义者。

是的，这首诗这样来写蟋蟀，但还非常不够，没有给人留下深刻的印象。蟋蟀仍在等待，并将继续等待很长时间，自从被拉封丹遗忘之后，它还期待着别的作家能为它奉献出几行展示它优点的文字。

对我这个博物学家来说，这两则寓言提到的最主要的一点，毫无疑问就是蟋蟀的洞穴，那是一切故事的基础。因为我的杉木书架上只有几本零散的相关书籍，所以我会在其他地方去寻找的。弗洛里安谈到蟋蟀的洞穴很深，而后一位作家赞美它简陋的房屋。因此，首先引起我们注意的是蟋蟀的住所，甚至也引起了通常不关心现实的诗人的注意。

在建筑巢穴方面，蟋蟀确实很了不起。在形形色色的昆虫中，只有蟋蟀，当它们成年时，拥有固定的住所，这是它们辛苦劳作的成果。当糟糕的季节来临，其他大多数昆虫就躲进地下，蜷缩在临时避难所的底部，这些避难所因为很容易获得，所以遗弃的时候也不会觉得遗憾。有很多各种各样的昆虫，为了建立家庭，创造了建筑的奇迹：用棉花做的袋子、用树叶编织的篮子、水泥做的塔楼。

一些靠捕猎为生的昆虫幼虫会一直埋伏起来，在那里等待猎物。其中就有虎甲虫的幼虫，它先挖了一口垂直的竖井，然后用扁平晒黑的头部顶在上面做盖子。冒险在这条路上行走的昆虫，一不小心触发了陷阱的洞口，盖子就会在它身下陷落，它就消失在深渊中了。蚁蛉的幼虫会在沙子里挖一个漏斗，蚂蚁路过漏斗的陡坡就会顺着沙子滑下去，被猎人从漏斗底部扔上来的石头砸死，蚁蛉的幼虫用脖子做发射弹丸的投石器。以上我讲的这些都是临时避难所、巢穴、捕虫洞。

辛苦建造一个家，昆虫在家里安顿下来不再迁徙，无论是在生机勃勃的春天，还是在天寒地冻的冬天，这个真正的家园，为了让自己过得幸福而修建，与狩猎或成家无关，只有蟋蟀了解其中真谛。在洒满阳光的草坡上，它拥有一个隐居之所。当所有其他昆虫都在星空下或偶然遇到的树皮、枯叶、石头下睡觉时，它定居在自己的房子里，享有独一无二的特权。

房子这个重要的问题，最开始是蟋蟀、兔子解决了，最终人类也解决了。在我的邻居中，狐狸和獾有洞穴，它们的洞穴多半是利用岩石上的缝隙来修建的。它们只是稍微对这些天然形成的岩洞进行了修缮。兔子比它们还费脑筋，因为没有能让它不费力就能定居的天然形成的地洞，所以它会找一个合适的地方自己挖掘一个家。

蟋蟀超越了它们所有人。它对偶然遇到的庇护所不屑一顾，总是精心选择自己小屋的地点，地面要干净，有很好的视野。它不会利用偶然遇到的别人遗弃的洞穴，有可能不适合它，而且破败不堪了。它要亲手从前厅的门口一直挖到最里面的卧室。

要论修建房屋的技能在它之上的，我只能想到人类了。而人类在浪费砂浆凝结碎石块之前，在搓揉黏土做墙，用树枝覆盖屋顶之前，他们还在与野兽争夺岩石下的庇护所和洞穴。

那么这项修建家园的本能，大自然如何分配的呢？为什么蟋蟀就有这个特权呢？它是最不起眼的动物之一，它却知道如何修建一个完美的住房。它的家里有一个许多文明社会的人都不知道的优点，它隐居在里面过着安静祥和的生活，这是幸福的首要条件，它家周围没有其他动物居住。只有我们人类，没有谁可以和它相比。

这样的天赋从何而来？它是利用了什么特别的工具吗？不存在的：蟋蟀不是挖掘界的专家。如果考虑到蟋蟀柔弱的工具，那我们就会对它修建了这么大一个工程的结果感到惊讶了。

难道是因为蟋蟀的表皮特别脆弱，它才必须要有一个固定的住所？不是这样的。在与蟋蟀同类的昆虫中，有一些的表皮也和它一样脆弱，但它们都不惧怕户外生活。

难道是解剖学上的身体结构的原因，造成它有如此高超的建筑才能？不是的，我的邻居还有另外三种蟋蟀（双斑蟋、沙漠黑蟋、布德悍蟋），它们在外观、颜色、结构上与田野蟋蟀非常相似，乍一看容易将它们混淆。第一种双斑蟋和田野蟋蟀个头差不多，甚至还更大一些。第二种沙漠黑蟋大约只有它的一半大小。第三种布德悍蟋还要更小。好吧，这些忠实的模仿者，这些和田野蟋蟀长得这么像的蟋蟀却都不知道如何挖洞。双斑蟋栖息在潮湿腐烂的草堆中，第二种孤独的蟋蟀在园丁铁锹挖起的干燥土块裂缝中徘徊，第三种波尔多的蟋蟀不怕进入我们的家，它八月和九月时待在我家的某处黑暗而凉爽的角落里小心翼翼地唱着歌。

没有必要再继续描述下去了。我们的每个问题都用"不"来回答了。有些本能在这个动物上显露，在那个动物身上消失，尽管这些动物的组织结构都非常相似，本能永远不会告诉我们答案。这种本能并不怎么依赖动物身上的工具，以至于没有解剖学数据可以解释它，更不用说预测它。四只几乎一模一样的蟋蟀，只有其中一只具有挖洞的本领，将它们的事例添加到我们已知的很多事例中去，它们深刻地反映了我们对本能起源的无知。

谁不知道蟋蟀的家？谁到了在草地上翻滚玩耍的年龄，没有在蟋蟀孤独的小屋前停下来？不管你的脚步有多轻，它都能听到你在靠近，它会立即退回房子里，逃到最下面的藏身之处。当你到达它的家门口，房屋的门槛上空无一人。

找回失踪蟋蟀的方法，众所周知。只需要找来一根草秆，插到洞穴中，边插边微微转动。蟋蟀对上面发生的事情感到惊讶，再加上被草秆扰乱了心绪，身上也痒痒的，就会从它的秘密庇护所里爬出来。它通常会停在房子的前厅，犹豫一下，通过晃动它头上的细触须来感知发生了什么。它朝着光明一路前进，上到了地面，现在它很容易被捕捉，因为太多的事情困扰着它可怜的头脑。如果你错过了第一次捕捉的机会，让蟋蟀成功逃脱，它就会变得更加警惕，它可能对草秆的挑逗会更加谨慎，不会轻易出来，这时候只有一杯水才能将顽固的蟋蟀冲出来。

在我美好的童年时光，我很喜欢在草地小径边缘捕捉蟋蟀，并把它们关进笼子里，每天拿生菜叶喂食。我今天再来看你，探索你的洞穴，是为我的研究寻找实验对象。我发现你的时候，你好像还是第一次遇到捕捉蟋蟀的人。我的同伴小保罗，现在俨然是一位草秆战术的高手，在与顽固的忍耐者进行了长期的充满耐力和技巧的斗争后突然站起来，在空中挥舞着他握紧的手，激动地大喊："我抓住了，我抓住了！快进纸锥里去，小蟋蟀。我们会善待你，但请你告诉我们一些知识，首先请你向我们展示你的家。"

它的家位于阳光充足的长满草的斜坡上，下大雨的时候，有利于雨水快速流走。它的家里有一个倾斜的通道，几乎和手指一样粗，根据土壤里的地形，通道可能是弯曲的或笔直的。通道的长度和一个平底锅一样长。

蟋蟀的生存法则是，当它外出吃草时不会吃它家门前的这一簇草，因为这簇草可以遮蔽一半房屋的大门，还能用作大门口的遮阳篷并在门口投下阴影，使别人不容易发现洞口。房屋的门槛微微倾斜，仔细地打扫干净，往前延伸了一段距离。当周围的一切都安静下来时，蟋蟀就驻足在这个眺望台上，弹响它的琴弦。

房屋的内部并不奢华，光秃秃的墙壁，但不粗糙。蟋蟀闲来无事就会长时间地修缮墙上那些令它不满意的突起。通道的尽头是它休息的卧室，像一个壁龛在通道的尽头，这里的墙面比其他地方更光滑，直径略有放大。总之，房屋陈设非常简单，十分干净，一点儿也不潮湿，当然卫生条件极好。从另一方面来说，如果我们考虑到蟋蟀的挖掘工具是如此缺乏，建造这样一间房屋就是一项巨大的工程了。让我们来试着了解它是怎么工作的。我们想要知道这项工程是从何时开始修建的，那就要从蟋蟀产卵的时候讲起。

所有希望观察蟋蟀产卵的人都不需要做任何准备工作：他只需要多一点儿耐心，根据布封^①的说法，这是观察者的天赋，我更谦逊地称之为观察者的美德。最迟在四五月份，我将蟋蟀配成对之后，每一对放在一个花盆里，并铺好一层泥土。我不时地给它们提供新鲜的生菜叶作食物。我在花盆上面盖了一块玻璃，防止它们逃跑。

通过我上述的实验器材获得的数据有些奇怪，如果需要的话，我想再做第二次实验，这次我把它们放到金属网钟形罩里面，那是最好的实验装置。我们将再次回到这个问题。目前，让我们先观察蟋蟀产卵的过程，我们得全神贯注，不要错过它的产卵时间。

在六月的第一周，我的频繁造访终于有了令人满意的开端。我无意中撞见一动不动的正在产卵的蟋蟀妈妈，它将产卵管垂直插进土里。它对我这个不速之客毫不在意，很长一段时间都待在同一个地方。最终，它从土里抽回了产卵管，没有仔细地抹去产卵管扎孔的痕迹，只是休息了片刻，然后走到旁边，又开始产卵。在这里产完，又去那里，把它可以使用的整片区域都产上了卵。这种产卵方式比较缓慢，我们曾经观察过螽斯产卵也是一样

---

① 布封（1707—1788），法国18世纪博物学家、作家。

的。过了二十四小时，在我看来产卵已经完成了。但为了更加确定，我又等了几天。

这之后，我翻开花盆里的土壤。蟋蟀卵，有像稻草一样的黄色，中部呈圆柱体，圆柱体的两端是两个半球形，长度约三毫米。它们被埋在地下，垂直排列，因为蟋蟀妈妈在不同的地点产的卵数量不同，所以这些卵一堆堆地聚集在一起，有的堆大，有的堆小。我在整个花盆里都能找到它们，在几厘米深的土里。由于在放大镜下挨个检索大量土地实在是困难重重，我只能估计蟋蟀妈妈这次产的卵有五六百个。这样庞大的家族肯定会在短时间内损失很多家庭成员。

蟋蟀卵是机械学的一个小小的奇迹。孵化后，卵的外壳呈现不透明的白色，在顶部开了一个圆形的孔，边缘非常规则，在边缘上粘着一个帽子，起到盖子的作用。盖子不是在新生儿的推动或剪切下随便裂开的，而是沿着提前准备好的一条线自己裂开的，外壳在这条线的位置上是最薄的。蟋蟀卵独特的孵化方式值得一看。

在产卵后约十五天，两个圆形的大眼点，发红发黑，出现在了蟋蟀卵的前端。在这两个点的上方，也就是圆柱体的末端，出现了一个微微隆起的圆圈。这是正在准备破裂的裂开线。很快，半透明的蟋蟀卵就沿着那根线开裂了。现在是需要格外仔细观察的时候，并且要增加观察次数，尤其是在上午这段时间。

财富青睐有耐心的人，上天会补偿我的勤奋。在精致的盖子沿着外壳最薄弱的那根线裂开之后，蟋蟀卵末端的这个盖子被里面的蟋蟀幼虫的前额顶了起来，与外壳分离，盖子先是升起来，然后就落到一边了，仿佛是一个可爱的小瓶子的盖子。蟋蟀幼虫就出来了，就像是从一个惊喜盒子里弹出来的小鬼。

它一下就跳走了，纯白色的卵壳仍然鼓鼓囊囊的，非常光滑，完好无损，只是在开口处附有一个盖子。小鸟在鸟蛋里时，当它要孵化出生了，喙的顶端会变硬，然后在这个硬肉瘤的敲击下鸟蛋就破裂了。蟋蟀幼虫出生的方式，更加高级，就像打开一个象牙盒。它的额头一顶就足以让卵上的盖子掉到旁边。

蟋蟀卵孵化的速度可与螳螂相媲美，在一年中最适宜的气候条件的激发下，孵化几乎不需要观察者等待。夏至还没有到，被我罩在玻璃板下研究的十户蟋蟀家庭已经成了人丁兴旺的大家族。因此，蟋蟀卵的发育时间约为十天。

我刚才只说了，蟋蟀幼虫从带盖子的象牙盒子中出来。这种说法还不完全准确。出现在蟋蟀卵外边的是包裹着褓褓的幼虫，它身上裹着薄膜，所以不好辨认。我等待着这个褓褓在经过最初几个小时之后脱落，我这样预测是因为我以前的实验对象螽斯也是出于同样的原因，出生时幼虫包裹着褓褓。

我想蟋蟀在土里孵化。它也有很长的触角和夸张的长腿，在出生的时候难免会磕磕碰碰，多有不便。因此，它必须要穿一件罩衣。

我的预测，原则上是正确的，但只实现了一半。初生的蟋蟀确实有一件暂时的褓褓，但是，它非但没有利用褓褓让自己顺利地从卵里出来，反而在从卵里出来的同时就脱下了这层褓褓。

产生这种例外情况的原因是什么呢？也许是这样的。在孵化之前，蟋蟀卵只在土里停留几天，而螽斯卵在土里一待就是八个月。蟋蟀卵除了遇到极少数的干旱季节之外，躺在一层薄薄的、干燥的、粉末状的土下面，出生时不需要费力。相反，螽斯卵处在被秋冬季的连绵不断的雨水浸泡过的变硬的土壤中，出生会遇到很大的困难。

此外，蟋蟀幼虫比螽斯幼虫粗短，腿也没有那么长。这些似乎是两种昆虫在孵化方面存在差异的原因。螽斯幼虫在更深的压实的土层下出生，因此需要包裹一件可以脱的褴褛，蟋蟀幼虫就没有那么需要，因为蟋蟀幼虫出生的地方靠近地面，土层疏松，它只需要穿过粉末状的土层就到达地面了。

那么，在蟋蟀幼虫一从卵里出来就丢弃的这件褴褛又起了什么作用呢？对于这个问题，我将用另一个问题来回答：蟋蟀在鞘翅下拥有两个白色的退化的残端，那是两只苍白的翅膀雏形，最后转变成巨大的发声装置，这又有什么用呢？它们没有什么价值，生长在那里也是负担，以至于昆虫肯定不会利用它，就像狗也不会用它的拇指一样，所以狗的拇指附着在爪子的后部不起什么作用。

由于对称的原因，人们有时会在房子的墙上用油漆画出虚拟的窗户，以配合真实的窗户。这就是秩序的要求，达到美的至高无上的条件。同样，生命也有它的对称性，有它对一般原型的重复。当它移除一个失去功能的器官时，它会保留残余物来维持大自然最基本的安排。

狗无用的拇指确定了狗的高等动物特征，也就是有五个指头。蟋蟀退化的翼状突起证明这种昆虫适合飞行，在从卵里出来时就蜕皮，让人联想到在土里出生的蝗虫艰难地脱掉包裹着它的外衣。这些都是多余的对称性，是一种虽然过时但尚未废除的规则的残留物。

　　这只苍白的蟋蟀幼虫从卵里孵出来立刻脱掉了它那件精致的外套，奋力扒拉着它头顶上的土壤。它用上颚猛击，清除前进道路上的障碍，把粉尘状的土壤向上推，几乎不需要费多大的力气。现在，它站在地面上，享受着阳光带来的欢乐，同时也处在生存的危险中，它还如此虚弱，个头还没有跳蚤大。在24小时之后，它身上有了颜色，变成了漂亮的黑檀色，可以与成虫的乌木色相媲美。它最初的苍白体色给它留下了一圈白色的印迹，环绕在它的胸部，让人想起了童年时的背带。

　　它高度警觉，用长长的不断抖动的触须探索着外部世界。它疾步快走，一跃而起的轻盈动作，在未来身体长胖之后就做不到了。它的胃此时也处于脆弱的状态。它需要吃什么食物？我不知道。我给了它和成虫一样的款待：生菜的嫩叶。它不屑于吃，或者它咬了几口但是我没有发现，因为它实在是太小了，咬的痕迹也小。

　　在短短的几天里，我要饲养的十个蟋蟀家庭使我感觉自己背负了沉重的家庭负担。我有五六千只蟋蟀要照顾，当然这是一群可爱的蟋蟀，但在我不知道它们需要什么样的照顾的情况下，我所知道的关于它们的饲养方式都是不切实际的，我该怎么办？我将给你们自由，我可爱的小昆虫们，我会把你们托付给大自然，这个至高无上的教育家。

我于是就这么办了。在适宜它们生活的地方，我把它们放一些在这里，放一些到那里，我把我的蟋蟀军团全部扔进了荒石园的围墙里。如果一切都顺利的话，明年在我家门口将举办一场多么美妙的音乐会！但事与愿违，交响乐团很可能会沉默，因为蟋蟀妈妈的多产会引起凶猛的掠食。只有几对大如能在这场灭顶之灾中幸存下来，这就是我们所能期待的。

就像在研究螳螂的时候一样，第一个跑来吃蟋蟀幼虫的，也是最热衷于抢劫的强盗是小灰蜥蜴和蚂蚁。蚂蚁是可恶的暴徒，恐怕不会给我的花园里留下一只蟋蟀。它抓住这些弱小的蟋蟀幼虫，剖开它们的肚子，疯狂地把它们撕成碎片，狼吞虎咽。

啊！这该死的野兽！真不敢相信我们还把蚂蚁放在昆虫的前列。在书里颂扬它、赞美它，博物学家对它的评价很高，它的声誉与日俱增。的确，动物和人类一样，要想被载入史册的方法有很多种，最可靠的方法就是伤害别人。

没有人去了解那些弥足珍贵的大自然的清洁工——蜣螂和埋葬虫，人人都认识吸血的库蚊，脾气暴躁、长着毒刺的胡蜂，以及破坏大王蚂蚁，蚂蚁在法国南部的村庄里就像掏空无花果一样，损坏和危害房屋的托梁。我不需要再举例说明，每个人都会在人类的档案中找到类似的例子：好人被忽视，坏人得荣誉。

蚂蚁和其他以蟋蟀幼虫为食的生物对我花园里的蟋蟀进行了大规模的屠杀，以至于起初人口众多的蟋蟀，现在所剩无几，都不够我继续研究所用了。我必须要去外面寻找研究的目标。

八月，在落叶堆中，在热浪没有烤焦的某些草地上，我发现蟋蟀幼虫已经长大了，像成年蟋蟀一样通体黝黑，身上已经没有刚出生时那道白带子的痕迹。它还没有安家。一片枯叶的庇护，一块扁平的石头的隐蔽，对它来说已经足够了，它就像游牧民族不在乎将要在哪里休息。

直到秋季过半，它还在流浪。这时候，黄翅泥蜂开始抓捕流浪的昆虫，因为蟋蟀是最容易捕食的猎物，有很多蟋蟀被抓住之后储存在了泥蜂的地洞里。躲过蚂蚁大屠杀的幸存者们又难逃一劫。在此之前几周如果挖掘好固定的房屋，就可以保护自己不被绑架。但受害者想都没有去想。几个世纪的悲惨经历没有教会它们任何东西。它们已经有足够的能力挖掘一个保护自己的小屋，它们却仍然坚定不移地忠于古老的习俗，到处流浪，任由泥蜂刺死它们家族的最后一名成员。

一直到十月底，随着首次寒潮的临近，蟋蟀开始挖掘洞穴了。根据我观察钟形罩里的蟋蟀所了解的一点知识，筑巢工作非常简单。挖掘工作永远不会在裸露的地面上进行，它选择一片枯萎的生菜叶当遮阳篷，这是我给它们提供的食物残渣，在那下面开始挖掘。因此这片生菜叶就替代了草地上的那一簇草，像一幅窗帘，起到了对蟋蟀巢穴至关重要的遮蔽作用。

矿工用前腿刨土，使用上颚夹住并搬开大块砾石。我看到它用强壮的长有两排锯齿的后腿又蹬又踢，将挖出来的废土耙向身后，然后将废土铺成一个斜坡。这就是它建造巢穴的所有工艺。

筑巢工作一开始进行得很快。我钟形罩里的土很容易挖掘，蟋蟀只用了几个小时，挖掘工人就消失在了地下。每隔一段时间，它就会回到洞口，总是倒退着上来，将废土推到身后。如果它工作累了，它就会站在还未完工的房子门槛上休息，头朝门外，触须轻轻抖动。接着它休息好了，又继续开始用钳子和耙子工作。很快，休息的时间越来越长，我观察得也疲惫不堪。

最要紧的部分完成了。洞穴挖掘了几英寸深，小屋足以满足蟋蟀当下的需求。剩下的将是一项长期的工作，每天在闲暇时做一点儿，随着季节逐渐寒冷和住的人身体逐渐长大而将这个洞穴再挖得更深更宽。即使是冬天，只要天气温和，太阳晒到房子的大门口，常常会看到蟋蟀把挖掘的废土带到地面上来，说明它还在整修房子和继续挖掘。当充满欢乐的春天到来时，蟋蟀仍在装修它的家，它一直不断修复，完善，直到它去世。

四月结束了，蟋蟀开始歌唱了，起初只有很少的几只，悄悄地独唱，很快就汇成了一首交响乐，每一簇草丛都有人在表演。我很乐意让蟋蟀担任辞旧迎新合唱团的领唱。在长满灌木丛的荒地上，当百里香和薰衣草盛放的时节，蟋蟀和百灵鸟一唱一和，百灵鸟将抒情的曲调带到天上，歌喉婉转，从看不见的云层中传来，在田野上空播撒甜美的乐章。在地面上回应它的是蟋蟀的旋律。虽然蟋蟀的歌声是单调的，缺乏艺术趣味，但是，由于它的质朴，非常切合万象更新的乡村图景！它是万物苏醒的序曲，是唤醒谷物发芽和小草萌生的圣歌。在这首二重唱中，谁唱得更好？我会把票投给蟋蟀。蟋蟀歌手众多，还能连续不断地歌唱，因此在这场歌会中占据主导地位。当薰衣草田变成蓝紫色，在阳光下迎风摇晃、香气扑鼻的时候，百灵鸟停止了歌唱。这个时候只有蟋蟀还在低吟浅唱，庄严地歌颂着。

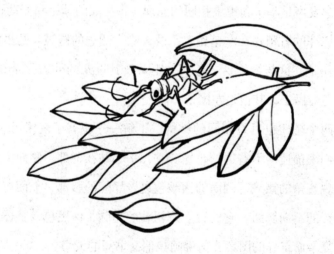

蟋蟀的歌声

解剖学家此时跑来，粗鲁地对蟋蟀说："给我们展示一下您的发声器官。"它的乐器非常简单，就像任何真正有价值的东西一样。它发声是基于和蝗虫相同的原理：带齿条的琴弓和振动膜。

蟋蟀的右鞘翅在左鞘翅上重叠，除去侧边的褶皱，几乎完全覆盖住了。这与绿蚱蜢、螽斯、距螽及其近亲的外表完全相反。蟋蟀是右撇子，其他是左撇子。

两个鞘翅也具有相同的结构。了解一个也就了解了另一个。让我们来描述一下右边的鞘翅。它几乎平贴在背部，侧面突然缩小呈现直角的褶皱，侧面的褶皱包裹着蟋蟀的腹部，上面有细细的平行的斜向脉络。它的背上有粗壮的翅脉，深黑色，整体形成一个复杂而奇异的图案，仿佛阿拉伯文书写的天书。

鞘翅透明，呈现出淡红色，两处大的重合部分除外，其中前面的重合部分一个较大，呈三角形，后面的较小，是椭圆形。每个鞘翅上都由一条粗壮的翅脉框住，上面有轻微的皱纹。第一处重合部分还带有四五个人字形翅脉，第二处重合部分，只有一个弧形的弯曲翅脉。这两个重合部分和蝗虫的很像，它们构成了发声部位。

事实上，这两处的翅膜比其他地方更薄，而且透明，有点烟熏色。前四分之一光滑，略带棕红色，在后边缘有两条平行的弯曲的翅脉，这两条翅脉中间形成一个凹槽，里面排列着五六个黑色的小褶皱，类似于一个梯子的小阶梯。左鞘翅精确地复制了右鞘翅的结构。这些褶皱构成了翅脉上的摩擦点，通过增加与琴弓接触的摩擦点，使振动更加强烈。

在鞘翅下面，其中在凹陷的阶梯状摩擦点边缘的那条翅脉，变成一条带齿的翅脉，那是琴弓。我数了数大约150个齿，好像完美的几何形状的三角棱。

这确实是精美的乐器，比螽斯的乐器好得多。琴弓的150个棱咬在对面鞘翅的阶梯梯级上，振动四个鼓室，下面的鼓室通过直接摩擦发出声音，上面的鼓室则因为摩擦工具的抖动发声。它们发出的声音雄壮有力！螽斯只被赋予了一个微不足道的镜膜，声音只能传到几步之遥。拥有四个振动发声器的蟋蟀可以将它的歌声传到几百米外。

蟋蟀的歌声在亮度上可与蝉的相媲美，没有令人不快的嘶哑。更妙的是：这位有天赋的歌手知道在歌声中加入停顿。我们知道，蟋蟀的鞘翅各自向体侧延伸，形成宽阔的边缘。这是制振器，根据它们折叠起来的多少，就可以改变声音的强度，并随着它们与腹部柔软部分的接触程度，有时是浅吟低唱，有时是放声高歌。

值得注意的是蟋蟀的两个鞘翅完全一样。我清楚地看到上琴弓的作用以及它的四个发声区域怎么振动发声。但是下琴弓，也就是左鞘翅上的琴弓又有什么用呢？它的下面什么都没有，它那精密的锯齿状的翅脉下面没有可以和它咬合的褶皱。它就完全没有用，除非左右鞘翅的顺序颠倒过来，并将下面的左琴弓放在上面。

这样反转之后，由于蟋蟀的发声器有着完美对称性，所以它必然也能奏响乐曲，蟋蟀就能用它一直没有用过的左琴弓来演奏了。它放在下面的琴弓变成上面的，它会像往常一样刮擦，歌声会保持不变。

蟋蟀自己有办法交换琴弓来演奏吗？它是否能够轮流使用左右两个琴弓？因为老使用一边的，会很疲劳，如果两边换着用，更适合长时间奏乐。有没有存在着左撇子的蟋蟀呢？

我觉得是有可能的，因为左右鞘翅有着严格的对称性。但观察结果使我信服了我的错误判断。我从来没有抓过一只不符合普遍规律的蟋蟀。我检查过的所有蟋蟀，数量众多，无一例外地右鞘翅都压在左鞘翅上。

让我们尝试干预一下，人工创造出自然条件下无法实现的条件。我用镊子的尖端，当然保证动作轻柔，不要扭伤蟋蟀的鞘翅，我将鞘翅交换方向叠加在了一起，只需要一点技巧和耐心就能轻松办到。大功告成。一切井井有条。蟋蟀的肩部没有脱位，翼膜上也没有增加褶皱。

在通常情况下，情况并没有发生大的改变。用倒置过来的乐器，蟋蟀还会唱歌吗？

我希望它还是一如既往地歌唱，因为从外表看这件事是可行的。我很快就发现自己错了。蟋蟀平静了一会儿，发现这种倒置让它不方便了，于是努力将乐器又放回原来的顺序。我又重新给它调换了位置，但还是徒劳，它的固执战胜了我。换位的鞘翅总会恢复到正常的排列顺序。这个实验方法行不通了。

那么当鞘翅还处于刚出生的柔弱时期，我会更幸运能实现蟋蟀乐器的倒置吗？在现阶段，蟋蟀的鞘翅已经成了刚性膜，不容易改变了。我们一开始在鞘翅还没有定型的时候就采取人为的干预。我们将从全新的器官，也就是鞘翅还柔软的时候，开始让左右鞘翅实现位置交换，结果会怎么样呢？这是值得尝试的。

为此，我转而研究蟋蟀幼虫，并留心观察它蜕皮到成虫的那一刻，那个过程就像是第二次诞生。翅膀和未来的鞘翅在它背上形成了四个小燕尾，它们的形状简洁，向两边分开，让我们想到澳维涅奶酪工的短夹克。我为了不错过这个难得的观察时刻，一直持续地守候在幼虫身边，我终于有机会亲眼看着幼虫蜕皮。在五月的头几天，大约上午十一点，一只幼虫在我眼前脱去了它质朴的旧衣服。蜕皮过后的蟋蟀变成棕红色，除了鞘翅和翅膀是美丽的白色。

蟋蟀刚蜕完皮，所以翅膀和鞘翅变成了皱巴巴的一小截。翅膀差不多一直处于这种初级状态。而鞘翅逐渐变大，伸展开来，铺到身上，鞘翅的内边缘，以一种难以感知的缓慢速度，在同一平面上慢慢伸展。暂时还看不出来左右两个鞘翅中的哪一个会重叠到另一个上。现在两个鞘翅的边缘开始触碰了。再过一会儿，右边缘将越过左边缘搭在左边的上面。该我进行人工干预了。

我拿了一根稻草秆，轻轻地改变左右鞘翅的叠加顺序，我把左边缘抬起叠加在右边缘上面。蟋蟀挣扎着抗议了一下，打扰了我正在进行的动作。我竭尽所能地继续我的干预行动，又生怕损害这个柔软的器官，它们仿佛是用一张轻薄而潮湿的纸雕刻而成的。我成功了，左鞘翅覆盖到右鞘翅上，并慢慢向前推进，虽然幅度很小，只有一毫米。现在就让它自己生长吧，我的干预到现在为止，后面的事情就顺其自然了。

　　左右鞘翅果然可以随意调换位置。左鞘翅仍在蔓延，最终覆盖了整个右鞘翅。下午三点左右，蟋蟀由红色变为黑色，但鞘翅仍然是白色的。再过几个小时，鞘翅就将变成正常的颜色。

　　一切都结束了。左右鞘翅在我的人工干预后已经生长成熟，它们按照我的设计展开并成型，它们有相同的宽度，而且一模一样，可以说是按照与通常情况反向的叠加顺序伸展的。在现在的情况下，这只蟋蟀是左撇子。它会永远保持左撇子吗？在我看来，第二天、第三天我的希望与日俱增，因为左右鞘翅的位置保持不变，没有任何问题，它们处于不寻常的叠加状态。我希望很快看到艺术家演奏这把它的族人从未使用过的琴弓。我就加倍留心观察这把小提琴的演奏。

　　第三天，新乐手粉墨登场。我只听到几声短暂的吱吱声，好像一台出毛病的机器发出的噪音，接着这台机器将它的齿轮按原来的样子安装回去了。然后歌唱以寻常的音色和节奏开始了。

　　蒙上你的脸吧，无能的实验者，你对你的稻草笔的恶作剧太过于自信了！你以为你创造了一位新的乐器演奏家，结果你什么也没得到。蟋蟀挫败了你的阴谋，它还是右琴弓演奏，它永远都用右琴弓演奏。它为了纠正反方向叠加的已经硬化的左右鞘翅，付出了痛苦的努力，肩膀都脱臼了。尽管它的左右鞘翅在长大的时候已经固定了，但它还是将它们倒换了位置，让该放在下面的放在下面，该放在上面的放上面。你想让蟋蟀成为左撇子缺乏科学依据。它挫败了你的诡计，并让自己回到了右撇子。

富兰克林为左手留下了雄辩的请求，左手应该像它的右手姐妹一样学习精细的动作。如果拥有两个同样灵巧的仆人，这是一个多么巨大的优势！当然可以，但是，除了一些罕见的例子之外，双手在力量和技巧上完全相同真的可能吗？

这是不可能的，蟋蟀给了我们回答，因为蟋蟀左边身体有一个天生的弱点，无法平衡，即使通过改变它的习惯和后天的干预可以在一定程度上纠正，但不会使这个缺陷完全消失。

我们在它出生时改造它，使它将左鞘翅固定在右鞘翅之上，当蟋蟀想要唱歌时，左鞘翅无法返回右鞘翅的下面。至于这种天生缺陷的原因，要从胚胎学里找答案。我的失败表明，即使在人为的帮助下，左鞘翅的琴弓也是用不了的。

左鞘翅上琴弓的精致程度丝毫不亚于右鞘翅上的琴弓，那么，它的作用是什么呢？我们可以援引对称性作为理由。如果像我之前所做的那样颠倒原有的左右鞘翅顺序，因为没有更好的方法，所以我把刚从椭圆形卵中孵化出来的蟋蟀作为实验对象。但是，我更愿意承认，这只是一种表面上的解释，属于信口开河。

事实上，当螽斯、蚱蜢和其他蝗虫向我们展示它们的鞘翅，一只鞘翅上只有琴弓，另一只鞘翅上是镜膜，它们会质问我们："为什么我们亲密的朋友蟋蟀就是对称的，而对我们所有其他蝗类昆虫来说，就是不对称的？"对它们的反对意见，我没有办法回应。就让我们承认我们的无知，谦卑地说一声："我不知道。"要把我们的高谈阔论逼到墙脚，一只虫子的翅膀就足够了。

我们已经在蟋蟀的乐器上说得够多了，现在让我们来听听它的演奏吧。在灿烂的阳光下，蟋蟀在自己的家门口歌唱，它从来不在房子里唱歌。它的鞘翅是两个倾斜的平面，向上抬起，只有部分重叠，演奏出"格——里——格——里——"的声音，还带着柔和的颤音。歌声洪亮，铿锵有力，节奏明快，长音好像永无止境。因此，整个春天，它都靠着歌唱消遣孤独的时光。这位隐士首先是为它自己而唱。它对生活充满热情，歌颂太阳对它的造访，草地对它的滋养，宁静的住所对它的庇护。赞美幸福的生活是它拉动琴弦的首要目的。

单身汉也在为女邻居们唱歌。我相信，如果我能不那么费力地捕捉蟋蟀来观察婚礼的各种细节，它们的亲事将是一个奇特的场景。想要寻找观察蟋蟀婚礼的机会是徒劳的，因为蟋蟀是如此的胆小。我们只能等待。我有一天能亲眼见到它们的婚礼吗？极端的困难并没有使我绝望。就目前而言，我的钟形罩下面发生的一切就够我们了解的了。

蟋蟀是雌雄两性分开居住的，它们都很喜欢隐居在自己家里。那么谁是那个搬家的人？歌手会找到它的知音吗？是知音搬到歌手家去吗？在交尾期，如果蟋蟀的歌声是这些距离很远的房子之间唯一的向导，那么沉默的雌蟋蟀就应该去找唱歌的雄蟋蟀。但是，蟋蟀为了维持礼节，也为了适应我圈养的环境，我想应该有特殊的方法引导雄蟋蟀走向沉默的雌蟋蟀。

它们什么时候见面，怎么见面呢？我怀疑事情是在黄昏的微光中发生的，它们是在美人家的门槛上，在洞穴入口前铺满细沙的院子里见面的。

这样的旅程，在夜里要走大约二十步远，对雄蟋蟀来说困难重重。当它的朝圣之旅结束了，它怎么能找到自己的家？它一天到晚都待在家里，对周围的地形并不熟悉。它不可能再回到它的土地上。恐怕它得在冒险中游荡，流离失所。由于它再没有时间和精力去挖一个新的能遮风避雨的洞穴，它将痛苦地死去，成为夜间巡游的蟾蜍的一顿美食。它对雌蟋蟀的这次拜访让它倾家荡产，甚至命丧黄泉。它最在乎的是什么？它已经履行了作为雄蟋蟀的职责。

因此，我把野外可能发生的情况和钟形罩下真实的情况结合起来，大致了解了蟋蟀的婚礼。我将几对蟋蟀夫妇养在同一个钟形罩下。一般来说，我的俘虏们不会为自己建造房子。想要有一个自己的家并为此长期努力挖掘的时期已经过去了。它们在钟形罩里游荡，不在乎是不是有一个固定的家，它们依偎在一片生菜叶的下面。

只要交尾期的竞争本能没有被激发，房间里就会保持和平。所以，求婚者之间时常会爆发激烈的争斗，但结局并不严重。两个情敌面对面站在一起，互相咬住对方的头骨，它们都戴着坚硬的头盔，能够抵挡对方的钳子攻击，它们扭打在地上，滚来滚去，重新站起来之后，与对方拉开一段距离。失败者以最快的速度逃跑了，胜利者用一曲高歌来羞辱它，然后，胜利者调低音量，转过身来，绕着梦寐以求的美人低声吟唱。

求爱者风度翩翩，看起来百依百顺。它用手指把一根触须拉到上颚下面，让触须卷曲，在上面涂上唾液美容膏。它那修长的长着小刺和红色饰带的后腿，急不可耐地跳动着，在空中蹬踢着。它由于太过激动，竟然唱不出歌来。它的鞘翅，快速地颤抖，奏不出任何音符，只能发出一种杂乱无章的声音。

求爱没有得到回应。雌蟋蟀跑到一片沙拉叶底下躲了起来。不过，它把窗帘拉开一道缝，偷偷朝外看，它想被求爱者看见。

两千年前，一首《牧歌》①中曾写出这种欢愉："急入柳林中自匿，然回身前必欲邀男一盼。"爱人间的打情骂俏，在任何地方都一样！求爱者的歌声再次响起，中间穿插着沉默和低声颤音。被如此浓烈的激情所折服，迦拉蝶娅②——我是说雌蟋蟀——从它的藏身之处出来了。而求爱者跑来迎接它，求爱者突然转过身来，背对着它趴在地上，肚子贴地后退着爬行，好几次试图滑到雌蟋蟀的下面。这种后退的奇异姿势终于奏效了。它们终于交配成功了。这对蟋蟀结成了夫妻。

一个精囊，一个比针头小的白色颗粒附着在雌蟋蟀的尾部。明年草地上就会有新的蟋蟀出生了。雌蟋蟀紧接着就开始产卵

① 古罗马诗人维吉尔创作的《牧歌》中的诗句。
② 指《牧歌》中的女主角。

了。因此，如果这对蟋蟀夫妇共同生活在钟形罩里往往会导致家庭内部的争吵。蟋蟀爸爸甚至被殴打致残，它的小提琴也坏了。在我的房子外面，自由的田野里，被打的蟋蟀可以马上逃跑，显然它这么做是有原因的。

这一点值得我们思考，即使在最平和的昆虫中，母亲对父亲的厌恶却是如此猛烈。昔日的心上人如果落在了蟋蟀美人的牙齿上，就会被吃掉，最后的见面只会让蟋蟀爸爸带着残缺的腿和破烂的鞘翅离开。蝗虫和蟋蟀都是旧世界低等生物的代表，它们告诉我们：雄性在原始生命机制中只发挥了次要作用，必须在短时间内消失，为真正繁殖后代的勤劳的母亲腾出空间。

后来，在更高等的生物类别中，甚至有时也在昆虫中，父亲扮演了与母亲合作的角色，没有比这更好的了，整个家庭都可以从中受益。但蟋蟀还没有进化到那个地步，它还忠于古老的传统。因此，往日的情人变成了厌恶的对象，惨遭虐待，开膛破肚，填饱了别人的肚子。

即使雄蟋蟀可以自由地逃离那脾气暴躁的伴侣，这只已经完成使命的蟋蟀也会很快死亡，寿终正寝。在六月，我所有的蟋蟀俘虏都死了，有的是自然死亡，有的死于暴力打斗。其中有一段时间，蟋蟀妈妈们和刚刚孵化出的小蟋蟀一起生活。但是，蟋蟀爸爸由于独自生活，所以事情发生了变化：雄蟋蟀的寿命显著增长。事实就是如此。

据说，热爱音乐的希腊人把蝉关在笼子里，以便更好地欣赏它们的歌声。我对此是一点儿也不相信。首先，蝉发出烦人的噪音，在它旁边待久了，对有点儿敏感的耳朵来说是一种折磨。希腊人的听觉恐怕受不了这种在田野的合奏音乐会的嘶哑噪音。

其次，蝉是绝对不能养在笼子里的，除非把一棵橄榄树或一棵梧桐树整个放进钟形罩下，这样就可以在窗台旁搭建一个不那么方便的养蝉笼子。在一个狭小的笼子里待一天，这种喜欢飞翔的昆虫会无聊得要死。

难道我们不会把蟋蟀和蝉混为一谈，就像把蟋蟀和绿蚱蜢混为一谈一样吗？现在正是观察蟋蟀的好时候。它在钟形罩下面一样很快乐，它深居简出的生活习惯，使它对被关在钟形罩下面并不反感。蟋蟀被关在一个不比拳头大的笼子里，只要每天都有人给它沙拉叶，它就会快乐地生活，不停地歌唱。雅典的孩子们不就是把它关在小笼子里挂在窗框上养大的吗？

普罗旺斯和整个法国南部的小孩子们也保留了同样的趣味。对城市里的孩子来说，拥有一只蟋蟀是一大笔财富。蟋蟀作为讨人喜爱的宠物，为它的主人唱起了小曲，向他们讲述乡村的天真和快乐。它的死会使整个家庭陷入悲伤。

我饲养的这些隐士们，被迫单身的雄蟋蟀现在都已经儿孙满堂。当它们在草地上生活的伙伴早就已经去世时，它们仍然悠闲地活着，一直歌唱到九月份。随着它们又多活了三个月，它们作为成虫的寿命增加了一倍。

长寿的原因是显而易见的。它们除了活着没有什么可操心的。那些生活在大自然中的自由自在的雄蟋蟀们兴高采烈地和雌蟋蟀邻居们一起消耗着能量储备。它们为激情燃烧的速度越快，它们的死亡速度就越快。而其他雄蟋蟀，被我关起来了，过着非常平静的生活，因为被剥夺了太过珍贵的欢乐，所以获得了更长的寿命。这些雄蟋蟀由于没有履行作为蟋蟀的最终职责，因此能坚持活到可能的寿命极限。

我家附近还有另外三种蟋蟀，经过我粗略的研究，我并没有得到任何感兴趣的新东西。它们都没有固定的房子，没有洞穴，它们从一个临时的庇护所游荡到另一个，有时候住在干枯的草堆下，有时候住在土块的裂缝中。所有这三种蟋蟀使用的发声器官都和田野里的蟋蟀是一样的，只是细节略有变化。不管是谁来演奏，歌曲都差不多，它们只有个头大小的区别。这个蟋蟀家族中最小的一种是波尔多蟋蟀，它在黄杨木丛边缘的掩护下，在我的门前唱着歌。有时它冒险进入我家厨房的黑暗角落里，但它的歌声是如此的微弱，以至于需要非常仔细地倾听才能听到，并最终辨别出昆虫隐藏的地方。

我这里缺少的是经常出现在面包店和农民家里的家养蟋蟀。但是，如果在我的村子里，壁炉板下的裂缝里没有蟋蟀的歌声，那么作为补偿，夏天的夜晚蟋蟀将会给田野带来迷人的旋律，这在北方是很难听到的。春天，在阳光明媚的时候，有田野里的蟋蟀来演奏交响乐。在夏天宁静的夜晚，有树蟋蟀，或者叫意大利蟋蟀在歌唱。一个在白天，一个在晚上，它们分享了美好的季节。当前一位的歌声停止的时候，后一位的小夜曲很快就接着上演了。

意大利蟋蟀没有蟋蟀种群特有的黑色西装和粗壮的身形。相反，它纤细、瘦弱、苍白，体色几乎是纯白色，这使它适应夜间活动的习性。我们用手指捏住它，都害怕把它捏碎了。它生活在半空中，在各种灌木丛上方，在高高的草丛上方，很少下到地面上。从七月到十月，它在温暖而平静的夜晚，演奏着优美的音乐，从日落开始，一直持续到大半夜。

它的歌声在这里人人都听过，因为即使是最小的灌木丛都有它自己的交响乐队。它甚至在谷仓里演奏，那是因为有时蟋蟀会被运草料的人连着草料一起运进来，结果在里面迷了路。但是，因为这种苍白的蟋蟀的习性十分神秘，没有人确切地知道小夜曲的来源，在那个时候普通蟋蟀还很年幼，还不会唱歌，小夜曲却被错误地认为是普通的蟋蟀唱的。

这首歌的曲调缓慢而柔和，"格——里——伊——格——里——伊——"，通过轻微的颤音使歌曲变得更富有表现力。听过它的歌声，你就能猜到振动膜应该是非常轻薄和宽大的。如果没有外界的干扰，意大利蟋蟀站立在低矮的草垛上，声音就不会改变，但只要有哪怕一点儿别的声音，表演者就会突然变成用腹部发声。你可以听到它在那里，就在你面前，突然你又听到它在那边，它在二十步开外的地方继续演唱着，好像是由于距离远而使声音变弱了。等你走过去，什么也找不到，它不在那边。这个时候又听到它的歌声来自刚才的地方。但还不完全是那样。这次声音从左边发出，好像又是从右边发出的，怎么又像是从后面发出的。你完全没了主意，无法通过听觉来定位意大利蟋蟀演奏歌曲的地方。只有借助灯笼的光照才能抓到这位歌手，同时还需要极大的耐心和加倍的小心。

　　我就是在这样的条件下捉住了几只用来做实验的意大利蟋蟀，我把它们放进金属网钟形罩里。这些实验对象使我加深了对这位音乐大师的了解，它们用独特的演奏技巧完全迷惑住了我的耳朵。

　　它的左右鞘翅都是由一片宽大而透明的干燥的膜构成的，薄得像一片白色的洋葱皮，并且能够在整个范围内振动。鞘翅的形状是圆形，只在顶端收缩变小。鞘翅的圆端沿着一根粗壮的翅脉以直角的角度向下折叠，折叠后的这部分鞘翅边缘下垂，在意大利蟋蟀休息的时候包裹住昆虫的侧身。

　　它的右鞘翅重叠在左鞘翅上。右鞘翅内边缘的下表面，靠近底部，有一个胼胝，从那里开始辐射出五条翅脉，两条向上，两条向下，第五条大致呈横向。最后这一根翅脉略带棕红色，是基本的部分，也就是琴弓，在它上面有很多细小的锯齿就说明了它的功用。鞘翅的其余部分有其他一些较小的翅脉，这些翅脉能帮助膜保持张力，并不是摩擦器的组成部分。

　　左鞘翅，或下鞘翅，具有相同的结构，不同之处在于琴弓，胼胝和从胼胝辐射出来的翅脉现在占据了上表面。此外，我们可以看到有两个琴弓，一个在右鞘翅上，一个在左鞘翅上，它们是斜着交叉的。当蟋蟀引吭高歌时，两个鞘翅都高高地抬起，就像帆船上挂起了宽大的纱布，两个鞘翅只有内边缘相互接触。然后两个琴弓彼此倾斜地啮合，它们之间的摩擦使两张紧绷的膜产生了震动，从而发出声音。

当歌声需要变调时，蟋蟀就会让每个琴弓刮擦的部位在相对的鞘翅的粗糙胼胝上，或者是在四条辐射光滑的翅脉中的一条上。于是就可以解释为什么我们在听它演奏时会产生幻觉，歌声一会儿从这里唱出，一会儿从那里传来，一会儿又从其他地方传来，那是昆虫因为恐惧而故意误导我们。

蟋蟀用声音的微弱或强烈，响亮或低沉来给人造成自己所在位置距离不同的幻觉，这主要是它掌握了腹部发声的艺术，还有另一个原因，很容易被发现。当它需要发出响亮的声音时，鞘翅完全抬起，需要发出低沉的声音时，鞘翅就会降低一些。在鞘翅降低的姿势中，鞘翅的外缘就不同程度地倾斜接触蟋蟀柔软的腹部侧面，从而减少鞘翅振动部分的范围，声音也随之削弱了。

如果你用手指小心翼翼地按在一个叮当作响的玻璃杯上，就会使它的音色变成一种模糊而沉闷的声音，仿佛是从远处传来的。苍白的蟋蟀知道这个声学的奥秘。它把振动的鞘翅边缘贴在腹部柔软处，从而使寻找它的人误入歧途。我们的乐器有自己的制振器、消音器，意大利蟋蟀也有同样的一套，完全可以与我们的乐器相媲美，而且它在演奏方式的简单和演出效果的完美性方面远超过我们。

田野里的蟋蟀和它的同类也是通过鞘翅的边缘来达到消音器的作用，它们根据想发出的声音大小，决定鞘翅的边缘与腹部重叠的多少；但没有谁能像意大利蟋蟀那样采用这种方法达到如此出神入化的效果。

只要我们的脚步在靠近它的时候产生了一点儿动静，它就会在清亮的歌声中加入柔和的颤音，使我们产生这种距离忽远忽近的错觉。在八月的夜晚，万籁俱静，我再也没有听过比它更动听、更清脆的昆虫之歌了。有多少次，我躺在迷迭香灌木丛旁的草地上，"穿过幽静可亲的月光"①，倾听着这美妙的音乐会！

我家的花园里晚上有成群的蟋蟀在唱歌。每丛红色岩蔷薇都有它的合唱团，每一束薰衣草都有自己的乐队。茂密的野草莓树丛和笃薅香丛，都变成管弦乐团。从一丛灌木到另一丛灌木，每一只蟋蟀都在用它那清澈甜美的声音互相问候，一唱一和。或者，它对别人的歌声漠不关心，只为自己的快乐而歌唱。

在天空中，就正好在我的头顶上，天鹅星座在银河系中展现出它的大十字，在地面上，在我周围，昆虫的交响乐此起彼伏。这么微小的生物在述说着它的欢乐，让我忘记了星星的奇观。我们对天上眨着眼睛的星星知之甚少，星星的眼睛安静而冰冷地注视着我们。

科学告诉我们这些星星离我们距离有多远，运行速度有多快，质量和体积有多大，这些数字十分巨大，使我们惊叹于宇宙的浩瀚，但却并没有成功地打动我们。为什么会这样？因为它们缺乏伟大的秘密，也就是生命的秘密。太空中有什么？那么多的太阳在温暖着什么？理性告诉我们，那里有和我们相似的世界，那里有生命在无穷无尽的多样性中进化的行星。这是一个伟大的宇宙概念，但基本上就是一个纯粹的概念，没有确凿的事实作

---

① 原文为拉丁文，出自古罗马诗人维吉尔所作《埃涅阿斯纪》。

为支撑，这才是至高无上的证明，所有人都能了解的事实。"也许""非常可能"，这样的词语表达的不是显而易见的事实，事实是不容反驳的，没有任何怀疑的余地。

与之相反的是，我的蟋蟀啊，在你们的陪伴下，我感到了生命在颤抖，感受到泥土中的灵魂。这就是为什么，在迷迭香树篱旁，我只心不在焉地看了天鹅星座一眼，就全神贯注于你演奏的小夜曲。一小块有生命的蛋白，能感受愉悦和痛苦，我对它的兴趣远远超过了数量庞大而无生命的物质。

朗格多克蝎的家庭

　　科学书对解决生活中的问题没有太大帮助，与其求助于藏书丰富的图书馆，还不如对事实进行认真地讨论。在许多情况下，无知反而更好，心灵保持着对未知世界探求的自由，才不会被书本上的死知识引入歧途。这样的事情，我刚刚经历过一次。

　　一本关于解剖学的论文，是一位大师的作品，告诉我朗格多克蝎在九月份会添丁进口。啊！我要是不参考这篇论文就好了！实际上朗格多克蝎在九月之前很久就产子了，至少在我家所处的气候条件下，而且，由于蝎妈妈带小蝎子的时间非常短暂，如果我等到九月，我将什么也看不到。我已经观察朗格多克蝎三年了，我已经等得疲惫不堪，为了最终能亲眼看到我期望的非常有趣的场景。如果没有特殊的情况，我将会错过这个转瞬即逝的机会，白白浪费一年的时间，也许甚至会放弃这个研究课题。

　　是的，无知是有好处的，远离老路，开辟新路。我们最杰出的大师之一，他几乎不相信书本上的知识，曾经给了我很大启发。有一天非常突然的，我的门铃响了，门口站着巴斯德[①]，他不

──────────

[①] 路易斯·巴斯德（1822—1895），是19世纪法国微生物学家和有机化学家，被誉为"微生物学之父"。

久之后就会成名。

我知道他的名字。我读过这位学者关于酒石酸不对称性的大作，我饶有兴趣地关注着他关于纤毛虫繁殖的研究。

每个时代都有自己的科学热点，今天我们有进化论，那时我们有自然发生论。巴斯德用他的蒸馏瓶，无论是无菌的，还是有菌的，做一些科学严谨、方法简单的高超实验，彻底摧毁了一个谬论，就是在腐烂物内部发生的化学反应中能看到新的生命出现。

我知道他的实验成功地推翻了这种谬误，所以我尽我最大的努力欢迎这位杰出的来访者。这位科学家来找我，首先是想要了解一些信息。我之所以获得这一殊荣，是因为我和他是研究物理和化学的同行。啊！我是个身份低微、默默无闻的同行。

巴斯德访问阿维尼翁地区的目的是解决这个地区养蚕的麻烦。在过去的几年里，养蚕场一直处于混乱状态，被一种未知的瘟疫扰得鸡犬不宁。这些蚕虫无缘无故就腐烂了，然后变硬，变成像石膏壳包裹的果仁豆。蚕农们惊愕地看着自己的一项主要收入就这样消失了，他们对蚕虫付出了大量的心血，花费了很多钱，但最后却不得不把蚕扔进粪肥里。

我们在没有任何铺垫的情况下，就对正在发生的这场灾难，开始了交谈：

"我想看看蚕茧，"我的访客说，"我还从没见过蚕茧，我只知道它们的名字。您能帮我找一些来吗？"

"你的要求太容易做到了。我的房东就是做蚕茧生意的，我们门对门。请您稍等我一会儿，我去把您想要的蚕茧带回来。"

我三步并作两步就跑到邻居家，在口袋里塞满蚕茧。当我回来的时候，我把蚕茧拿给科学家看。他拿起一个，在手指之间转来转去，奇怪的是，他看着蚕茧，就像我们看着一个来自世界另一端的奇珍异宝一样。他把蚕茧放在耳朵前摇了摇。

"这里面有声音，"他吃惊地说，"这里面有什么东西吗？"

"是有东西。"

"是什么东西？"

"蚕蛹。"

"什么，蚕蛹？"

"我是说毛毛虫在变成蝴蝶之前变成的木乃伊。"

"每个蚕茧里都有这样的东西？"

"当然，毛毛虫是为了保护蛹才吐丝结茧的。"

"啊！"

就这样，蚕茧被放进了科学家的口袋里，等他有闲暇时再研究这个伟大的新奇事物——蛹。他的这种极度自信使我大吃一惊。巴斯德对毛毛虫、蚕茧、蚕蛹、蚕的变态过程一无所知，他却是来拯救蚕虫的。古代体操运动员一丝不挂地参加比赛。巴斯德是一位伟大的抗击蚕虫瘟疫的斗士，同样的，他也赤身裸体地奔向战场，也就是说，他对想要拯救的昆虫连一点儿简单的概念也没有。

我目瞪口呆，甚至十分惊讶。

我对后来的事情就不那么惊讶了。巴斯德当时关心的另一个问题是通过加热来改进葡萄酒的质量。他在谈话中突然话锋一转：

"带我看看你的酒窖。"他说。

要把我的酒窖给他看，我那简陋的酒窖，当时我作为一个教师的工资微不足道，连一点儿酒都买不起，就抓一把红糖和一些磨碎的苹果放在一个坛子里发酵，我自己酿了一罐带酸味的劣质酒！他想看我的酒窖！想让我展示我的酒窖！他难道以为我有装满酒的木桶，还有打上年份和成熟度的标签的满是灰尘的酒瓶！我的酒窖！

我很困惑，我回避了这个要求，试图转移话题。但他一直很坚持地说："请带我看看你的酒窖。"这种坚持是很难抗拒的。我指着厨房角落里的一把没有在座位上铺稻草的椅子，那把椅子上有一个容量为十多公升的大酒坛子。

"那就是我的酒窖，先生。"

"你的酒窖？"

"是的，我再没有别的了。"

"这就是全部？"

"唉！是的，就是这样。"

"啊！"

这位科学家再没有说话，也没有发表任何看法。显然，巴斯德并不知道贫苦老百姓喝的这种口味浓烈的酒。如果说我的酒窖——那把旧椅子和那个空着的大酒坛，并没有不能被暖气加热的酵母，那么酒窖里肯定有另一个东西，但我的贵宾似乎不知道。他错过了这种最可怕的微生物之一，这是一种扼杀探索热情的微生物。

尽管我们之间有关于酒窖的尴尬对话，但巴斯德自始至终充满了自信仍然给我留下了深刻的印象。他对昆虫的变态一无所知，他第一次看到蚕茧，得知在这个蚕茧里有一样东西，那是未来蝴蝶的雏形。就连我们南方乡下的一个小学生都知道的他却不知道，而这个新手，他天真的请求让我大为吃惊，现在却要彻底改变养蚕场的卫生状况，也将给医学和公共卫生带来变革。

他的武器是他的思想，不在乎细节，始终保持高屋建瓴的姿态。变态、幼虫、若虫、茧、蛹壳、蛹，以及昆虫学的成千上万个小秘密对他来说并不重要！他要解决问题，也许就应该忽略所有这些，思想才能更好地保持独立性和大胆的创新，行动才能更加自由，才能从已知的边界中解放出来。

巴斯德听到这是蚕茧后的惊讶表情还历历在目，我受到这件事的鼓舞，制定了一项规则，我在研究昆虫的本能时要采用这种没有先入为主概念的方法。我很少读相关的研究资料。我没有博览群书，这对我来说是很昂贵的，我负担不起，也没有咨询别人，而是坚持与我的实验目标面对面，直到我设法让它说话。在此之前，我什么都不知道。

更妙的是，我的探索变得更加自由，今天朝一个方向，明天朝相反的方向，所获得的认识也随之逐步清晰。如果我偶然翻开一本书，我就会小心翼翼地在我的脑海里保留一个很大的怀疑的盒子，使我已经开垦的土地上不要长满了野草和荆棘。

由于我原来没有采取这种预防措施，我差点儿浪费了一年的时间。我非常相信书上写的内容，我没想到朗格多克蝎的家庭会在九月之前人丁兴旺，出乎我的意料，我在七月份就见到了朗格多克蝎生儿育女。我把实际日期和预计日期之间的这种差异归结于气候的差异：我在普罗旺斯观察，给我提供信息的莱昂·杜福尔在西班牙观察。尽管写这篇论文的人有很高的权威，我还是应该保持警惕。如果不是偶然的机会，有幸遇到普通的黑蝎把这件事泄露给我，我就错过机会了。啊！巴斯德不知道蚕蛹是多么正确啊！

　　这种普通的黑蝎比朗格多克蝎小得多，也不像朗格多克蝎那样活泼，我饲养它们是作为朗格多克蝎的对照组，它们被放在我实验室桌子上的一个不起眼的广口瓶里。这些简陋的设备体积小，检查方便，每天都可以观察。每天早晨，在我开始在记录本上密密麻麻地写上字之前，我都会抬起那块遮蔽我的房客们的硬纸板，猜想前一天晚上发生了什么事。而在养朗格多克蝎的大玻璃笼子里，这种日常的探访不太可行，因为里面有许多箱子，需要一个接一个地揭开，然后再有条不紊地恢复原貌。有了装着黑蝎的广口瓶，观察蝎子的动态简直易如反掌。

　　幸运的是，我亲眼见到了两种蝎子相同的繁殖情景。七月二十二日早上六点左右，我掀开广口瓶上的纸板，发现下面有一位黑蝎母亲，刚出生的小家伙们趴在它的背上，就像给它披上一件白色的斗篷。立刻，我心里涌起一种甜蜜而温馨的惊喜感觉，是对我辛苦观察的补偿。这是我第一次看到蝎子妈妈背着它的小宝贝们的美丽景象。

小蝎子们刚出生不久，一定是昨天晚上生的，因为昨晚蝎子妈妈身上还一丝不挂。

喜讯接二连三地到来了：第二天，第二位蝎子妈妈也被它的孩子爬满了，后背变成了白色。两天后，又有两位蝎子妈妈同时产子。总共有四位蝎子妈妈。这比我想象的要多得多。有四个蝎子大家庭和几天安静的日子，我感觉到了生活的幸福和甜蜜。

更重要的是，幸运之神对我的眷顾。从广口瓶里首次发现黑蝎大家庭开始，我就想到了我的玻璃笼子，我想知道朗格多克蝎会不会像黑蝎一样早熟。我们赶快去看看吧。

二十五块瓦片全都翻了个底朝天。我获得了巨大的成功！我感觉到一股温暖的属于二十岁的热情洪流在我古老的血管里流淌。在所有的盖板里，其中三个下面，我发现了蝎子妈妈在照顾它的孩子。

其中一位蝎子妈妈的孩子已经长得很大了，大约有一个星期大了，正如我从后续的观察中了解到的那样。另外两位是在前一晚新近才当妈妈的，一些被小心翼翼地放在蝎子妈妈肚子下面的残留物可以证明。我们稍后再看看这些残留物是什么。

七月结束了，紧接着八月和九月都过去了，我再也没有观察到新产子的蝎子妈妈。因此，不管是黑蝎，还是朗格多克蝎，它们生儿育女的时间都是七月下旬。从那以后一切都结束了。然而，在玻璃笼子里的房客中，仍然有一些大腹便便的雌蝎，就像我已经看到生蝎宝宝的那些雌蝎一样。我本来指望它们也能添丁进口，因为表面上看我这样的希望是可以实现的。但是直到冬天，它们都没有满足我的期望。看起来即将发生的分娩，实际上被推迟到下一年：这就为我们提供了一个蝎子的孕期可以很长的新证据，这样的现象在低等动物中是非常奇特的。

在中等大小的容器里，可以使难以观察的活动变得更容易看清一些，我把每一位蝎子妈妈和它的宝宝单独倒入一个中型容器里。当早晨我来探望它们时，前一天晚上分娩的蝎子妈妈肚子下面还遮蔽着一些刚出生的小蝎子。我用一根稻草秆的末端把蝎子妈妈挑开之后，发现在一大群还没有爬上蝎子妈妈的背上的小蝎子中，有一些东西彻底颠覆了我从书本上学到的关于蝎子分娩的一点点知识。书上说蝎子是胎生的。这样的学术表达缺乏准确性，小蝎子并不是以我们熟悉的面貌直接出生的。

而且事实就应该是这样。你怎么能让伸出的钳子，展开的脚爪，卷曲的尾巴出现在蝎妈妈的产道中呢？这种身形笨重的昆虫永远不可能穿过蝎妈妈狭窄的产道。它不可避免地必须包裹身体，节省空间才能来到这个世界上。

事实上，在蝎子妈妈身体下面发现的残留物中我发现了蝎子卵，真正的蝎子卵，与蝎子妈妈怀孕晚期从它肚子里提取的卵非常相似。小蝎子为了节省空间被包裹成一粒米大小，尾巴紧贴着肚子伸展，两只大钳子放在胸前，足爪紧贴着体侧，如此一来，这一大堆蝎子卵就变得光滑而柔软，便能很顺利地从蝎子妈妈的产道中通过。在小蝎子的额头上，有墨黑色的斑点，那就是它的眼睛。小蝎子就漂浮在一滴透明的液体中，这里暂时是它的天地，它的大气层，外面被一层精致的薄膜所包裹。

这些东西真的是蝎子卵。一开始，朗格多克蝎的窝里有三四十只卵，黑蝎的窝里少一点。我去查看的时候有点儿迟了，蝎子妈妈在晚上分娩，我只看到了尾声。剩下的这一点卵也足以让我相信了。蝎子实际上是卵生的，只是卵孵化得很快，产卵之后紧接着小蝎子就孵化出来了。

那么，蝎子卵是如何这么快就孵化的呢？我特别幸运亲眼见证了这一切。我看到蝎子妈妈用上颚的尖端轻轻地挑起卵膜，把它撕开，剥下来，然后再吞下卵膜。它在为新生儿剥去褓褓时，十分小心谨慎，就像母羊和母猫吃掉新生儿的胎盘那么温柔慈爱。尽管蝎子妈妈的工具很粗糙，这些刚成形的小蝎子身上却没有伤口，也没有伤筋动骨。

我大吃一惊，久久不能平静：蝎子最先展现出了和我们人类相近的充满母爱的行为。在遥远的石炭纪，当第一只蝎子出现的时候，母亲对子女的温柔呵护就已经准备好了。

就像长时间睡眠的种子的卵，当时爬行动物和鱼类就拥有的卵，在那之后鸟类和几乎所有昆虫都拥有的卵，是一个极其微妙的有机体，预示着高等胎生动物即将出现。从此以后胚芽的孵化不再是在体外，在可能有的各种危险冲突中，而是发生在母亲的腹部内。

生命的进化并不是从普通到更好，从更好到完美的渐进阶段，生命总是跳跃式地进化，在一些情况下是前进，在另一些情况下是倒退。大海有潮涨潮落。生命是另一个大海，比海洋更深不可测，也有自己的起起伏伏。生命还会再有起伏吗？谁能回答呢？谁能说没有呢？

如果母羊不插手，用嘴来剥下羊羔身上包裹着的胎盘，并吞下去，那么羊羔就永远不会从包裹它的襁褓中解脱出来。同样，小蝎子也需要蝎子妈妈的帮助。我看到一些小蝎子被困在破了一个口的黏稠卵囊里摇摇晃晃，无法自己爬出来。它需要妈妈的牙咬一下才能完成孵化。小蝎子能自己孵化出来这个说法也值得怀疑。小蝎子柔弱无力，连像洋葱皮的内膜一样薄的卵囊也无法挣脱。

小鸡的喙尖上长有一个临时的老茧，用来从里面敲击蛋壳，使它破壳而出。而小蝎子为了节省空间，团缩成一粒米粒大小，不能动弹，只能等待来自外部的帮助。蝎子妈妈必须做这一切。它的工作尽职尽责，以至于分娩过后的残留物都消失了，甚至包括分娩时一起排出的罕见的不育卵子也都清理干净了。现在所有的残留物都是有用的，一股脑都进了蝎子妈妈的胃里，地面上刚才产卵的地方被打扫得干干净净。

因此，现在这里的小蝎子都经过妈妈的精心照顾，干净整洁，自由自在。它们是白色的。朗格多克蝎从额头到尾尖的长度是9毫米，黑蝎的长度是4毫米。当它们从卵囊里解脱出来之后，它们就一个接一个地爬上蝎子妈妈的背。蝎子妈妈为了便于孩子们攀爬而把钳子垂在地上，它们就沿着妈妈的双钳不慌不忙地爬上去。它们密密麻麻地挤在一起，随意地堆叠，在蝎子妈妈的背上形成一件斗篷。多亏了它们的小爪子，才能牢牢地抓住妈妈。

我十分艰难地用刷子的尖端把它们从妈妈背上扫下来，而尽量不损伤这些小家伙的身体。

在现在这种状态下，蝎子妈妈和背上的小蝎子都静止不动，正是做试验的好时机。

蝎子妈妈披着白色的小蝎子构成的斗篷，这是一个值得注意的景观。它一动不动地站着，尾巴卷起来竖得老高。如果我用麦秆靠近它的家庭，它就会立刻举起两只钳子，这是一种表达愤怒的姿势，这种姿势很少出现，只有在它想要自卫时才会这样。它的两只手臂以攻击的姿势竖立，钳子张开，随时准备反击。尾巴很少摆动，如果突然放松尾巴就会使脊背发生震动，也许会将部分小蝎子抖下去。双钳的威胁就足够了，它是如此奋不顾身、反应敏捷、威风凛凛。

我并不觉得这有什么好奇怪的。我把其中一个小家伙从它妈妈背上拨到地上，把它放在蝎子妈妈面前，有一根手指宽的距离。蝎子妈妈似乎并不关心这次事故，它过去一动不动，现在仍然一动不动。为什么要为这次坠落而激动？冒冒失失的小家伙会找到办法自己渡过难关。

小蝎子着急得手足乱舞，六神无主，当它发现蝎子妈妈的一只钳子就在它触手可及的范围内时，它迅速爬上去，又回到它那群兄弟姐妹们中间。它又回到了马鞍上，动作笨拙，没有表现出狼蛛的孩子们的那种敏捷，狼蛛宝宝可是精通高空特技飞行的杂技演员。

再一次的实验将以更大的规模开展。这次我拨拉下来一部分小蝎子。这些小家伙们散落在离蝎子妈妈不远的地方。小蝎子们犹豫了相当长的时间。当小蝎子们四处乱爬，不知道该去哪里的时候，蝎子妈妈终于开始担心孩子们会遭遇不测。它用它的两只胳膊——我用这个词来代指它的手臂和双钳——围成一个半圆形，像一个耙子一样围拢沙子，把迷路的孩子带到它身旁。它的动作笨拙而粗鲁，完全不顾会不会伤害到小蝎子。鸡妈妈发出温柔的召唤，散开的小鸡就会聚集到它的怀里；蝎子妈妈用耙子把它的孩子们聚集在身边。不过，每只小蝎子都毫发无伤。一旦与蝎子妈妈接触，它们就爬上妈妈的背，重新聚集在妈妈的背上了。

蝎子妈妈对它背上的这一群小蝎子，不管是别人的，还是它亲生的都一视同仁。如果我用刷子把一个蝎子妈妈背上的孩子全部或部分扫下来，如果我把这些小蝎子放在另一位蝎子妈妈触手可及的范围内，这位蝎子妈妈本身也背着自己的孩子，它就会像对待自己的孩子一样，把它们耙到面前，聚集在一起，心甘情愿地让新来的小蝎子爬到它的背上去。它好像是"收养"了它们，如果用"收养"这个词是不是太夸大了，它其实没有"收养"。就像狼蛛妈妈，它无法区分自己亲生的孩子和他人的孩子，只要在它面前活蹦乱跳的孩子它都接纳。

我曾经期望能看到朗格多克蝎妈妈像狼蛛妈妈那样背着孩子们外出散步，我在灌木丛生的荒地上经常看到狼蛛妈妈背上背着它的一大堆孩子走来走去。但朗格多克蝎妈妈并不知道这样的消遣方式。它一旦当了妈妈，有很长一段时间就不再出门了，即使是在晚上，其他昆虫都在外面嬉戏的时候。它把自己关在房间里，也不怎么吃东西，守护着孩子们成长。事实上，这些虚弱的小家伙还要经历一重困难的考验：它们必须重生，也可以说，是第二次诞生。

它们一动不动地做着准备，这个准备工作是在它们身体内部悄悄发生的，这与幼虫完美蜕变成成虫的工作相类似。尽管它们的体型很像成年蝎子，但它们的轮廓线条却有些模糊，就像是透过雾气瞥见似的。我们怀疑它们还包裹着一件婴儿的罩衣，它们必须脱掉才能变得苗条，获得清晰的身体轮廓。

要完成这项准备工作需要在蝎子妈妈的背上一动不动待一个星期。接着小蝎子们的表皮就开始脱落，我不愿用"蜕皮"这个词来形容这个过程，因为这与后来发生的几次真正的蜕皮是如此不同。如果是真正的蜕皮，皮肤会在蝎子的胸腔上裂开一道口，通过唯一裂开的这个口子，蝎子从里面爬出来，留下一个干燥的外皮，就仿佛蝎子刚刚脱掉它的外衣一样。空了的模具外壳还保留着原来蝎子的身体轮廓。

现在的情况和后面的几次蜕皮完全不同。我把一些表皮正在脱落的小蝎子放在一块玻璃片上。它们一动不动，似乎经受了很大的痛苦，几乎支持不住。它们身上的皮肤开始皲（jūn）裂，但并没有特别的断裂线，在前面、后面和侧面同时开裂，它的足爪从鞋套里拔出来，双钳从护手甲里抽出来，尾巴从鞘里伸出来。遍地都是它们脱落的表皮。这次脱皮没有任何顺序，表皮变得支离破碎。表皮脱落之后，小蝎子看起来就像普通的蝎子一样，它们还变得更加灵敏了。虽然它们的体色仍然苍白，但它们变得很机警，很快就到地面上去玩耍，并在母亲身边跑来跑去。在这一进程中最值得注意的是它们的身体突然就长大了。朗格多克蝎的幼虫刚出生时有9毫米长，现在变成14毫米长。黑蝎的尺寸从4毫米增加到6毫米或7毫米。长度增加了原来身长的一半，体积增加到大约原来的三倍。

我对这种突然的生长感到十分惊讶，很想知道它是如何做到突然生长的，因为幼虫自出生后就没有吃过任何食物。小蝎子的体重并没有增加，相反，当它的表皮脱落之后，它的体重反而减少了。体积变大了，但质量却没有增加。因此，在某种程度上，这是一种膨胀，就像被热加工的物体发生的膨胀。小蝎子的身体内部发生了一种隐秘的变化，将生命分子重新组合在一起，形成一个更大的身体，因此体积在没有新材料加入的情况下增加了。我想如果谁有极大的耐心和适合的工具，能够观测到小蝎子这种身体的迅速变化是如何发生的，就能收获到有价值的资料。由于我缺乏研究资料，我就把这个问题留给别人去探索吧。

剥落的表皮像一条条白色缎子一样的带子，并没有落到地上，反而被聚集到了蝎子妈妈的背上，就像一块编织而成的柔软的地毯铺在小蝎子们的足下，供那些刚脱过皮的小蝎子躺在上面休息。小蝎子们的坐骑现在套上了一个方便骑士们活动的鞍褥。小骑士们一会儿爬下去，一会儿攀上来，这一层破布条，变成了坚固的鞍鞯，为小蝎子快速生长提供了支撑。

当我轻轻用刷子把小蝎子们从蝎子妈妈背上赶下来时，我很高兴地看到它们身手敏捷地又迅速爬回到马鞍上。它们抓住鞍褥垂下的边缘，尾巴作为杠杆，纵身一跃，骑手再次翻身上马。

这个奇异的鞍褥，边缘垂下的线利于攀登，是真正的上鞍绳，可以坚持大约一个星期不会散开，也就是说，能一直到小蝎子长大了离开妈妈独立生活。然后鞍褥自发地脱落，要么是一块一块地掉落，要么是一根一根地拆散，当小蝎子们长大后散落在蝎子妈妈周围时，这个鞍褥也就消失了。

然而，小蝎子的颜色开始改变了，腹部和尾巴呈金黄色，双钳呈现出半透明的柔和琥珀色。青春的一切都是美好的。年幼的朗格多克蝎真的很漂亮。如果它们一直保持这种状态，如果它们没有危险的毒液针，它们就是一种优雅的生物，人们会很乐意饲养它们。没过多久，小蝎子们摆脱妈妈独立生活的愿望就开始表现出来。它们兴致勃勃地从妈妈的背上爬下来，在附近快乐地嬉戏。如果它们离开得太远，妈妈就会警告它们，用它的胳膊和双钳合抱在沙地上当耙子，把孩子们重新聚到一起。

在午间休息的时候，蝎子妈妈和它的孩子们的表现几乎和鸡妈妈和小鸡们一起休息的场景一模一样。孩子们大多都躺在地上，紧紧地依偎着母亲，有的趴在妈妈背上白色的鞍褥上，那是多么舒服的软垫。有的爬上妈妈的尾巴，在尾巴尖上安营扎寨，从这个最高点看下面的人群似乎很开心。接着新的杂技演员出现了，把正在欣赏美景的小蝎子赶走，接替它的位置。每个小蝎子都想知道在这里瞭望能看到什么。

大多数孩子都聚集在蝎子妈妈身边，孩子们蜂拥而至潜入妈妈的肚子下面，在里面挤挤挨挨地蜷曲身体，只剩额头还露在外面，小黑点似的眼睛闪闪发光。最活泼好动的小蝎子喜欢蝎子妈妈的足，把它们当成健身房的锻炼器材，它们在那里练习空中技巧。然后，在休息时，所有孩子又爬上妈妈的背，找好位置，坐下来，无论是妈妈还是孩子都一动不动。

小蝎子逐渐长大成熟，为离开妈妈做准备的时间持续了一个星期，和不吃不喝体积却变成三倍的特殊时期时间一样长。总的来说，小蝎子们要在蝎子妈妈的背上待两个星期。狼蛛妈妈会背着小狼蛛生活六到七个月，尽管没有喂食，小狼蛛们一样动作敏捷，活蹦乱跳。蝎子妈妈的孩子们会吃什么呢？它们第一次脱落了表皮之后变得强健有力，仿佛经历了第二次出生。蝎子妈妈有没有喂它们吃东西，有没有为它们保留最柔软可口的食物？蝎子妈妈并没有给任何一只小蝎子食物，也没有为孩子们预留任何东西。

我给它送上了一只蚱蜢，这是从我认为适合小蝎子们娇弱的胃的菜单中精挑细选出来的。它一拿到蚱蜢就开始大口啃食，毫不关心周围的小蝎子，其中一个小家伙从它的背上爬下来，爬到它的额头上，弯下腰想看看发生了什么事。小蝎子的爪子触碰到了蝎子妈妈的上颚，它突然就退缩了，好像吓坏了。然后它小心翼翼地逃走了。蝎子妈妈正在忙着咀嚼食物，非但不能给它留一口，反而会毫不留情地把它也抓起来，合着一起吞下去。

另外一只小蝎子爬到蚱蜢的尾部挂在那里，蝎子妈妈正在啃着蚱蜢的头部。小蝎子用力啃咬、拉扯，渴望能吃到一块肉。它的努力没有成功，蚱蜢的这一端太硬了。

我已经观察得够多了：小蝎子们已经在一旁垂涎欲滴了，如果蝎子妈妈能稍微顾念一下孩子，喂它们一口食物，小蝎子们会兴高采烈地接受，特别是适合它们娇弱的胃的食物。但是它只顾着自己吃，仅此而已。

你们想要吃什么，给我带来了美好时光的可爱的小蝎子们？你想要出去寻找食物，用一些小虫子充饥。我从你们躁动不安地东奔西跑中就看到了。你们想逃离母亲，因为它已经不认识你们了。你们现在身强体壮，是时候离开家了。

如果我恰好有适合你们吃的小虫子，如果我有足够的时间去给你们买食物，我还想继续养育你们，而不是让你们待在出生的瓦片下，在都是成年人的社会里。我知道它们不会容忍你们。恶魔会吃掉你们的，我的孩子们。即使是你们的母亲也不会放过你

们。对它们来说，你们现在是陌生人了。明年，当繁殖季到来的时候，它们会吃掉你们，因为它们嫉妒你们。为了你们的安全着想，现在你们必须要离开家了。

你们住在哪里，吃什么呢？最好的办法就是离开此地，我虽然不免有些遗憾。总有一天，我会把你们带到你们的领地，那是阳光和煦温暖的有很多小石子的山坡。你们在那里会发现一些同伴，它们几乎和你们一样大，已经独立生活在不比指甲宽的小石子下面，在那里，你会比在我家里更了解为生活而奋斗的艰辛。